高等教育（本科）新形态教材

程序设计
基础及应用

（C语言版）

王宜怀　索明何　葛恒清　张庆海　林新华／编著

COMPUTER PROGRAMMING

机械工业出版社
CHINA MACHINE PRESS

本书按照"由简到难、循序渐进"的教学原则，共设置了8个单元：C语言程序设计入门、利用三种程序结构解决简单问题、利用数组处理同类型的批量数据、利用函数实现模块化程序设计、灵活使用指针处理问题、利用复杂的构造类型解决实际问题、利用文件进行数据管理、应用软件设计。读者通过对本书的学习，既能掌握C语言编程基础，也能掌握模块化程序设计方法及软件工程文件组织方法，可为后续的其他软件语言程序设计和嵌入式软件设计奠定良好的基础。

本书配有微课视频，扫描正文中的二维码即可观看。为了方便教学，本书还配有电子教案、电子课件（含程序源代码）、同步练习答案、习题库及参考答案等教学资源。凡选用本书作为授课教材的教师，均可通过QQ（1043510795或2314073523）咨询教学资源等事宜。

本书可作为本科院校电子信息类、计算机类、自动化类、机电类等专业的C语言教材，也可作为相关技术培训的教材，还可供从事相关技术开发的工程技术人员参考。

未经许可，不得以任何方式复制或抄袭本书的部分或全部内容（含文字、创意、版式、案例和设计等），书中配套资源不得用于在线课程建设、微课制作等。版权所有，侵权必究。

图书在版编目（CIP）数据

程序设计基础及应用：C语言版 / 王宜怀等编著.
北京：机械工业出版社，2024.7. -- ISBN 978-7-111
-76196-9

Ⅰ. TP312.8

中国国家版本馆 CIP 数据核字第 2024KS5740 号

机械工业出版社（北京市百万庄大街22号　邮政编码100037）
策划编辑：李馨馨　　　　　　　责任编辑：李馨馨
责任校对：李小宝　张亚楠　　　责任印制：常天培
北京机工印刷厂有限公司印刷
2024年9月第1版第1次印刷
184mm×260mm・16.75印张・399千字
标准书号：ISBN 978-7-111-76196-9
定价：69.90元

电话服务　　　　　　　　　　　网络服务
客服电话：010-88361066　　　　机　工　官　网：www.cmpbook.com
　　　　　010-88379833　　　　机　工　官　博：weibo.com/cmp1952
　　　　　010-68326294　　　　金　书　网：www.golden-book.com
封底无防伪标均为盗版　　　　机工教育服务网：www.cmpedu.com

前言

产生于 20 世纪 70 年代的 C 语言既是通用计算机软件设计的基础语言，也是当前嵌入式软件设计的主流语言。读者通过对本书的学习，既能掌握 C 语言编程基础，也能掌握模块化程序设计方法及软件工程文件组织方法，可为后续的其他软件语言程序设计和嵌入式软件设计奠定良好的基础。

编写理念：

1）根据党的二十大精神，本书秉承"为党育人、为国育才"和"立德树人"的育人理念，坚持以学习者可持续发展为中心，注重从"素质""知识""能力"三个维度提高学习者的 C 语言程序设计能力，注重培养学习者的基本职业素质、团结协作素质、自主学习素质，使学习者具有一定的辩证唯物主义运用能力、发现问题和解决问题的能力，以及安全意识、劳动意识、节约意识、创新意识、创新能力，培养强烈的爱国主义精神，以为中国式现代化建设和中华民族伟大复兴不懈奋斗、贡献力量。

2）按照"以学生为中心、学习成果为导向、促进自主学习"的思路进行设计，充分体现"做中学、学中做""教、学、做一体化"等教育教学特色。

3）注重产教融合、科教融合，使学校教学过程与企事业单位的软件开发过程相对接，增强学习的实用性和针对性。

本书特点：

1）按照"由简到难、循序渐进"的教学原则组织内容。知识点描述言简意赅、通俗易懂。例题丰富，注重"讲透原理、突出应用"，先用简单例题阐述原理，后用复杂例题体现应用。灵活引入对比法、类比法、启发法、实验法等多种教学方法和学习方法，以增强学习效果。

2）引导学习者注重学练结合，通过"思考与实践""同步练习"等环节，及时检验学习效果，达到学以致用的目的。通过最后一个单元"应用软件设计"，引导学习者注重软件设计的工程规范和可靠性，学会模块化程序设计方法和软件工程文件组织方法。

3）注重 C 语言在嵌入式软件设计中的应用，为后续的单片机与嵌入式课程奠定良好的嵌入式 C 程序设计基础。

本书由王宜怀、索明何、葛恒清、张庆海、林新华共同编著，黄鑫参与了部分例题程序的编写和测试工作。王宜怀和索明何负责本书的策划、内容安排、案例设计、统稿工作和在线课程资源建设。

本书在编写过程中，得到了意法半导体（ST）大学计划部、上海睿赛德电子科技有限公司和南京优奈特信息科技有限公司的热心帮助和指导，在此表示衷心的感谢。

由于作者水平有限，书中难免存在疏漏之处，恳请广大专家和读者提出宝贵的修正意见和建议。作者联系方式：1043510795@qq.com。

编著者

封底刮刮卡使用说明

1. 请确保所购买图书封底的刮刮卡完整无刮开。
2. 扫描天工讲堂二维码,进入"天工讲堂"页面。
3. 点击"我的"-"使用",进入兑换页面。
4. 输入封底的兑换码(刮开涂层可见)和验证码,完成课程绑定。
5. 在"我的"中登录后,可在"学习"中看到兑换的课程或资源。
6. 课程绑定完成后,扫描正文中的二维码,即可获取相应的数字化资源。

天工讲堂公众号

注意:

每个刮刮卡上的编码或二维码仅可使用一次,不可重复使用或转让给他人。请妥善保管好您的刮刮卡,避免遗失或损坏。受硬件限制,部分型号手机可能无法实现购买。

受硬件限制,部分型号手机可能无法实现购买或扫码功能。如果您在操作过程中遇到问题,建议尝试更换其他手机或设备进行操作,或登录天工讲堂网址:https://www.cmpjjj.com/ 进行操作。

目录

前言

第 1 单元　C 语言程序设计入门 ………… 1

1.1 了解通用计算机和嵌入式计算机的区别 ………… 2
1.2 使用 VC++2010 软件开发简单的 C 程序 ………… 2
 1.2.1 VC++2010 开发环境的使用方法和步骤 ………… 2
 1.2.2 初识简单的 C 程序 ………… 9
1.3 理解数据的基本类型及其表现形式 ………… 10
 1.3.1 常量与变量 ………… 11
 1.3.2 整型数据 ………… 12
 1.3.3 字符型数据 ………… 16
 1.3.4 实型数据 ………… 18
 1.3.5 变量的初始化 ………… 19
 1.3.6 常变量 ………… 20
1.4 利用基本的运算符解决简单问题 … 21
 1.4.1 算术运算符及其表达式 ………… 21
 1.4.2 强制类型转换运算符及其表达式 ………… 24
 1.4.3 赋值运算符及其表达式 ………… 25
 1.4.4 关系运算符及其表达式 ………… 27
 1.4.5 逻辑运算符及其表达式 ………… 28
 1.4.6 位运算符及其表达式 ………… 29
 1.4.7 逗号运算符及其表达式 ………… 32

第 2 单元　利用三种程序结构解决简单问题 ………… 34

2.1 知识储备 ………… 34
 2.1.1 算法及流程图表示 ………… 35
 2.1.2 程序的三种基本结构 ………… 35
 2.1.3 C 语句及其分类 ………… 36
2.2 利用顺序结构程序解决实际问题 ………… 37
 2.2.1 数据输入输出函数 ………… 37
 2.2.2 顺序结构程序设计应用 ………… 43
2.3 利用选择结构程序解决实际问题 ………… 44
 2.3.1 if 语句及应用 ………… 44
 2.3.2 switch 语句及应用 ………… 50
2.4 利用循环结构程序解决实际问题 … 52
 2.4.1 while 循环结构程序设计 … 52
 2.4.2 do…while 循环结构程序设计 ………… 54
 2.4.3 for 循环结构程序设计 …… 57
 2.4.4 循环嵌套 ………… 58
 2.4.5 break 语句和 continue 语句 … 60
2.5 利用预处理命令提高编程效率 …… 63
 2.5.1 宏定义 ………… 63
 2.5.2 文件包含 ………… 66
 2.5.3 条件编译 ………… 67
2.6 三种结构程序设计的综合应用 …… 68

第 3 单元　利用数组处理同类型的批量数据 ………… 72

3.1 利用一维数组处理同类型的批量数据 ………… 72
 3.1.1 定义一维数组的方法 ……… 72
 3.1.2 一维数组的初始化 ………… 73
 3.1.3 一维数组元素的引用 ……… 74
 3.1.4 一维数组的应用 ………… 74
3.2 利用二维数组处理同类型的批量数据 ………… 78
 3.2.1 定义二维数组的方法 ……… 78

3.2.2 二维数组的初始化 ………… 79
3.2.3 二维数组元素的引用 ……… 80
3.2.4 二维数组的应用 …………… 81
3.3 利用字符数组处理多个字符或字符串 ……………………………… 82
3.3.1 定义字符数组的方法 ……… 82
3.3.2 字符数组的初始化 ………… 83
3.3.3 字符数组元素的引用 ……… 84
3.3.4 字符数组的输入、输出 …… 85
3.3.5 字符串处理函数 …………… 87

第4单元 利用函数实现模块化程序设计 …………………………… 92

4.1 熟悉C程序的结构和函数的分类 … 92
4.2 掌握定义函数的方法 ……………… 94
4.2.1 定义无参函数 ……………… 94
4.2.2 定义有参函数 ……………… 95
4.3 掌握函数的调用方法 ……………… 96
4.3.1 函数的一般调用 …………… 96
4.3.2 函数的嵌套调用 …………… 101
4.3.3 函数的递归调用 …………… 103
4.4 利用数组作为函数参数进行模块化程序设计 ……………………… 105
4.4.1 数组元素作为函数实参 …… 106
4.4.2 数组名作为函数参数 …… 106
4.5 灵活设置变量的类型 ……………… 110
4.5.1 局部变量和全局变量 …… 111
4.5.2 变量的存储方式 …………… 114
4.6 使用内部函数和外部函数进行模块化程序设计 …………………… 120

第5单元 灵活使用指针处理问题 … 122

5.1 理解指针的基本概念 ……………… 123
5.2 利用指针引用普通变量 …………… 123
5.2.1 定义指针变量的方法 ……… 123
5.2.2 指针变量的引用 …………… 124
5.2.3 指针变量作为函数参数 …… 126
5.3 利用指针引用数组元素 …………… 129
5.3.1 指向数组元素的指针 ……… 129

5.3.2 通过指针引用一维数组元素 ……………………………… 130
5.3.3 用数组的首地址作函数参数的应用形式 …………………… 132
5.3.4 通过指针引用多维数组 … 136
5.4 利用指针引用字符串 ……………… 140
5.4.1 字符串的引用方式 ……… 141
5.4.2 使用字符数组与字符指针变量的区别 ……………………… 142
5.4.3 字符串在函数间的传递方式 ……………………………… 143
5.5 利用指针调用函数 ………………… 145
5.6 利用指针数组、指向指针的指针引用多个数据 ……………………… 148
5.6.1 指针数组 …………………… 148
5.6.2 指向指针的指针 …………… 153
5.7 通过函数调用获取指针值 ………… 155
5.8 利用内存动态分配函数建立动态数组 ……………………………… 156
5.8.1 内存动态分配的概念 …… 156
5.8.2 内存动态分配的方法 …… 157
5.9 指针小结 …………………………… 159

第6单元 利用复杂的构造类型解决实际问题 ……………………… 161

6.1 声明一个结构体类型 ……………… 161
6.2 利用结构体变量处理一组数据 … 163
6.2.1 定义结构体变量的方法 … 163
6.2.2 结构体变量的初始化 …… 165
6.2.3 结构体变量的引用 ……… 165
6.3 利用结构体数组处理多组数据 … 167
6.3.1 定义结构体数组的方法 … 167
6.3.2 结构体数组的初始化 …… 167
6.3.3 结构体数组的应用 ……… 168
6.4 利用结构体指针引用结构体数据 ……………………………… 170
6.4.1 指向结构体变量的指针 … 170
6.4.2 指向结构体数组的指针 … 172

6.4.3 结构体指针变量作函数
参数 …………………… 173
6.4.4 结构体指针数组及其
应用 …………………… 175
6.5 利用共用体类型节省内存空间 … 177
6.5.1 共用体类型的概念 …… 177
6.5.2 共用体类型的变量 …… 177
6.5.3 共用体的应用举例 …… 179
6.6 利用枚举类型简化程序 ………… 181
6.7 用 typedef 声明类型别名 ……… 183
6.8 利用链表处理一组数据 ………… 185
6.8.1 链表概述 ……………… 185
6.8.2 链表的建立 …………… 187
6.8.3 链表的输出 …………… 191
6.8.4 链表的查找 …………… 191
6.8.5 链表的插入 …………… 193
6.8.6 链表的删除 …………… 194
6.8.7 链表操作综合应用 …… 195

第 7 单元 利用文件进行数据管理 … 199

7.1 熟悉文件的分类和文件类型
指针 ……………………………… 199
7.1.1 文件的分类 …………… 199
7.1.2 文件缓冲区 …………… 200
7.1.3 文件类型指针 ………… 201
7.2 文件的打开与关闭 ……………… 201
7.2.1 用 fopen 函数打开数据
文件 …………………… 202
7.2.2 用 fclose 函数关闭数据
文件 …………………… 203

7.3 顺序读写数据文件 ……………… 204
7.3.1 对文件读写一个字符 … 204
7.3.2 对文件读写一个字符串 … 207
7.3.3 格式化读写文件 ……… 209
7.3.4 用二进制方式对文件读写
一组数据 ……………… 211
7.4 随机读写数据文件 ……………… 214
7.4.1 文件位置指示器及其
定位 …………………… 214
7.4.2 随机读写 ……………… 216

第 8 单元 应用软件设计 …………… 219

8.1 数据处理系统软件设计 ………… 219
8.1.1 需求分析与软件设计
规划 …………………… 219
8.1.2 软件设计 ……………… 220
8.2 学生信息管理系统软件设计 …… 230
8.2.1 需求分析与软件设计
规划 …………………… 230
8.2.2 软件设计 ……………… 230

附录 ……………………………………… 244

附录 A 字符与 ASCII 代码对照表 … 244
附录 B ANSI C 的关键字 ………… 245
附录 C 运算符的优先级和结合性 … 246
附录 D C 库函数 …………………… 247
附录 E Dev-C++ 的使用步骤和方法 … 253

参考文献 ………………………………… 257

第1单元

C语言程序设计入门

单元 导读

产生于20世纪70年代的C语言是国际上广泛流行的计算机高级编程语言,C语言具有的优点包括:①灵活的语法和丰富的运算符;②模块化和结构化的编程手段,程序可读性好;③可以直接对硬件进行操作,能够实现汇编语言的大部分功能;④生成的目标代码质量高,程序执行效率高,C语言一般只比汇编程序生成的目标代码效率低10%~20%;⑤用C语言编写的程序可移植性好(与汇编语言相比),基本上不做修改就能用于各种型号的计算机和各种操作系统。鉴于这些优点,C语言既是通用计算机软件设计的基础语言,也是当前嵌入式软件设计的主流语言。

知识 图谱

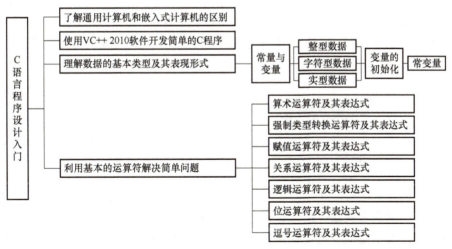

本单元的学习目标:首先了解通用计算机和嵌入式计算机的区别;然后通过上机练习,掌握VC++2010软件开发C程序的方法和步骤;最后能利用基本的数据类型和运算符解决简单的问题。

1.1　了解通用计算机和嵌入式计算机的区别

计算机是不需要人工直接干预，能够自动、高速、准确地对各种信息进行处理和存储的电子设备。通用计算机和嵌入式计算机是计算机技术在发展过程中形成的两大分支。

20世纪70年代，微处理器的出现极大地推动了计算机技术的发展。以微处理器为核心的微型计算机在运算速度、存储容量等方面不断得到提高，并通过联网实现了硬件资源和软件资源的共享。微型计算机具有很大的通用性，所以又称通用计算机。

与此同时，人们对计算机在测控领域中的应用寄予了更高的期待。测控领域的计算机系统是嵌入到应用系统中，以计算机技术为基础，软、硬件可裁剪，适应应用系统对功能、成本、体积、可靠性、功耗严格要求的专用计算机系统，即嵌入式计算机系统，简称嵌入式系统（Embedded System）。通俗地说，除了通用计算机（如台式计算机和笔记本计算机）外，所有包含 CPU 的系统都是嵌入式系统，其中以微控制器（Micro Controller Unit，MCU，国内也称为单片机）为核心的嵌入式系统应用最广泛。嵌入式系统广泛应用于智能手机、智能笔记本计算机、工业控制、农业控制、智能仪器仪表、智能家电、汽车电子、机电产品等领域。

> **我国在嵌入式应用领域取得了令人瞩目的成就**
>
> 在航空领域，有先进的载人航天飞行器、天问一号火星探测器、嫦娥月球探测器、北斗卫星导航系统等，这为和平利用外太空，促进人类文明和社会进步，造福全人类做出了杰出贡献，并有效提高全民科学素质，维护国家权益，增强综合国力，加速自主创新。
>
> 在智能家电领域，我国研发生产的很多智能洗衣机、空调、冰箱等畅销国内外市场，提高了人民的生活水平。请读者列举出更多的应用实例，并加倍努力学习，争取为中国式现代化建设贡献自己的一份力量。

> **简单的温度测控系统应用实例**
>
> 嵌入式计算机采集温度传感器信号后，对其进行运算与分析，若温度值超过设定的范围，则通过指示灯或蜂鸣器报警。

随着技术的发展，嵌入式计算机芯片的硬件集成度越来越高，使得嵌入式硬件设计难度不断降低，因此嵌入式软件设计在整个嵌入式系统开发中所占的比例越来越大，而当前嵌入式软件设计的主流语言是 C 语言。关于嵌入式软件设计的具体内容，读者可通过本书参考文献中相关的嵌入式技术教程进一步学习。

1.2　使用 VC++2010 软件开发简单的 C 程序

1.2.1　VC++2010 开发环境的使用方法和步骤

目前用于开发 C/C++ 程序的集成开发环境（Integrated Development Environment，IDE）

有多种，其中常用的 IDE 有全国计算机等级考试（二级 C/C++）指定的 VC++2010、蓝桥杯全国软件和信息技术专业人才大赛等比赛指定的 Dev-C++ 等。下面简要介绍在 VC++2010 环境下开发 C 语言程序的基本步骤和方法。关于 Dev-C++ 的使用步骤和方法，读者可参阅附录 E。

1）启动 VC++2010。单击"开始"→"程序"→" Microsoft Visual C++ 2010 "命令，或者双击桌面上的"Visual C++ 2010"快捷方式，打开 VC++2010 开发环境界面，如图 1-1 所示。

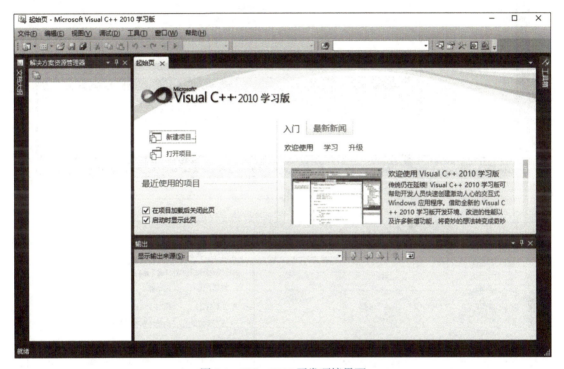

图 1-1　VC++2010 开发环境界面

初次使用 VC++2010，需要进行必要的工具设置。单击菜单中的"工具"→"设置"命令，选择"专家设置"项，如图 1-2 所示。

单击工具栏右侧的"添加或移除按钮"→"自定义"命令，弹出"自定义"对话框，如图 1-3 所示。

然后单击图 1-3 对话框中的"添加命令"按钮，弹出图 1-4 所示的"添加命令"对话框，在"类别"列表中选择"调试"项，在"命令"列表中选择"开始执行（不调试）"项，单击"确定"按钮，即可实现向工具栏中添加"开始执行（不调试）"按钮；用同样的方法，在"类别"列表中选择"生成"项，在"命令"列表中分别选择"生成选定内容"项和"编译"项，实现向工具栏添加"连接"按钮和"编译"按钮。这样就在工具栏的左侧增加了"编译"按钮、"连接"按钮和"开始执行（不调试）"按钮，如图 1-5 所示。

2）新建项目。单击图 1-1"起始页"窗口中的"新建项目"命令，或单击菜单中的"文件"→"新建"→"项目"命令，弹出图 1-6 所示的界面。

程序设计基础及应用（C语言版）

图 1-2　进行工具设置

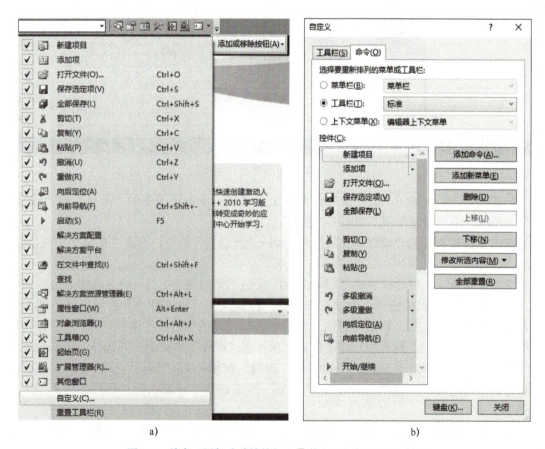

a)　　　　　　　　　　　　　　　　　b)

图 1-3　单击"添加或移除按钮" 弹出"自定义"对话框

第 1 单元　C 语言程序设计入门

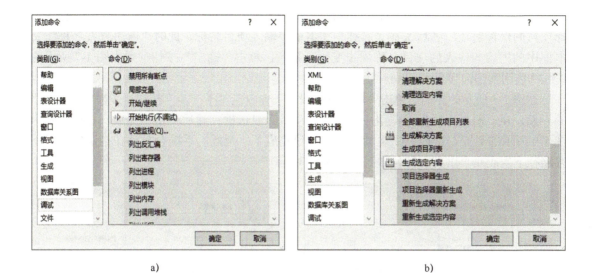

图 1-4　在工具栏中添加命令按钮

图 1-5　添加命令按钮之后的工具栏

图 1-6　选择项目类型和项目保存路径、输入项目名称

首先,选择项目类型为"Win32 控制台应用程序";然后,在"位置"下拉列表框中选择项目的保存路径;随后,在"名称"文本框中输入项目名称,此时"解决方案名称"文本框中的内容与输入的项目名称同步变化;最后,单击"确定"按钮,弹出图 1-7 所示的Win32 应用程序向导界面。

在图 1-7 所示的界面中单击"应用程序设置"命令或"下一步"按钮,弹出图 1-8 所示的界面,在"附加选项"选项组中选中"空项目"复选框;然后单击"完成"按钮,弹出图 1-9 所示的界面,这样一个空的项目就创建完成了。至此,系统会自动在指定的项目保存路径下生成一个以"项目名称"为名的文件夹。

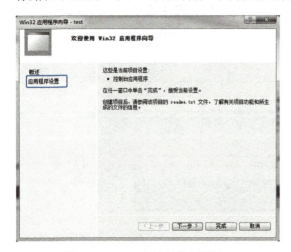

图 1-7 Win32 应用程序向导界面　　　　　图 1-8 选择创建空项目

图 1-9 空项目创建完成

3)在已建项目下,添加新建 C 源文件。在图 1-10 所示的界面中,右击"解决方案资源管理器"窗口中的"源文件"文件夹,然后在弹出的快捷菜单中单击"添加"→"新建项"命令,弹出图 1-11 所示的界面。首先,选择文件类型为"C++ 文件";然后,在"名称"文本框中输入 C 文件的名称(注意:扩展名为 .c);最后,单击"添加"按钮,弹出图 1-12 所示的界面。至此,新建的 C 文件成功添加到已建项目中。

4)在程序代码编辑区中,编辑程序代码,如图 1-13 所示。

图 1-10 为项目添加新文件

图 1-11 选择新建文件类型、输入新建 C 文件名称

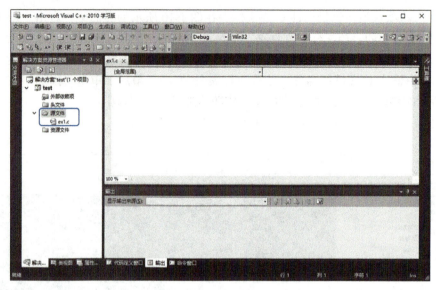

图 1-12　将新建 C 文件添加到已建项目中

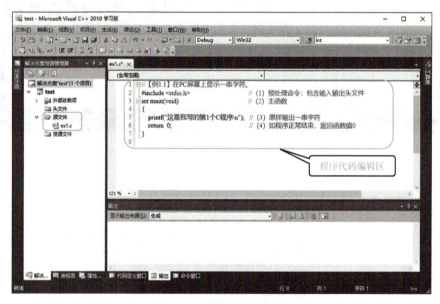

图 1-13　程序代码编辑界面

5）编译、连接、运行程序。首先，单击工具栏中的"编译"按钮，系统通过编译器（cl.exe）对项目源文件进行编译，生成二进制目标代码 .obj 文件（例如：E:\test\test\Debug\ex1.obj）；然后，单击"连接"按钮，系统通过连接器（link.exe）连接多个目标文件，生成可执行 .exe 文件（例如：E:\test\Debug\test.exe）；最后，单击"开始执行（不调试）"按钮，运行程序。在 VC++2010 中，也可以直接单击"开始执行（不调试）"按钮，然后在弹出的对话框中单击"是"按钮，系统将自动完成对项目文件的编译、连接和运行。

在上述过程中，编译、连接的结果将在"输出"窗口中显示，如图 1-14 所示。当编译结果或连接结果中存在警告或错误提示时，可双击对应的提示，将警告或错误定位到对应的代码行，然后对程序进行修改和完善（必要时可上网查询警告或错误提示的含义及解决办法)。需要注意的是，对程序进行修改后，必须重新对其进行编译、连接和运行。

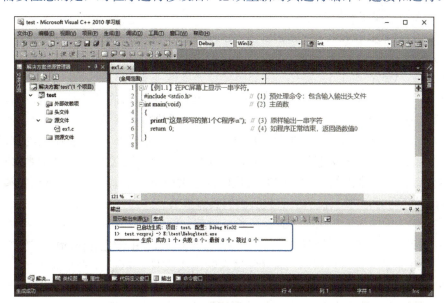

图 1-14 编译、连接结果

6) 在项目关闭后，可双击项目保存路径中的 "*.sln" 文件重新打开已建项目，对其中的 C 文件进行修改、编译、连接和运行，也可以灵活向项目添加 C 文件或从项目中移除已有的 C 文件，因此在学习过程中不必每次重复新建项目。

如前所述，C 语言程序设计一般要经过 4 个基本步骤：①编辑源程序（.c 文件或 .h 文件）；②对源程序进行编译，生成二进制目标文件（.obj 文件）；③连接若干个源文件和库文件对应的多个目标文件，生成可执行文件（.exe 文件）；④运行程序。

1.2.2 初识简单的 C 程序

请读者上机在 VC++2010 开发环境中编写和运行下面给出的简单 C 程序，然后我们分析对应的程序代码。

【例 1.1】在 PC 屏幕上显示一串字符。

```
/* 程序功能：在 PC 屏幕上显示一串字符 */
#include <stdio.h>              //（1）预处理命令：包含输入输出头文件
int main(void)                  //（2）主函数
{
    printf("这是我写的第 1 个 C 程序 \n");  //（3）调用 printf 函数，原样输出一串字符
    return 0;                   //（4）如程序正常结束，返回函数值 0
}
```

运行结果：这是我写的第1个C程序

程序分析：

每行代码后面的 // 是 C 语言中的行注释符，行注释符后面的内容是对该行代码的注释，注释部分是既不参加编译，也不被执行的，仅仅为了增加程序的可读性和可维护性。

在开发环境中，注释部分一般显示为绿色。建议读者善于借助注释部分理解程序代码，同时要养成对代码添加注释的好习惯。

第（1）行代码：include 前面的 #，是预处理命令的标记，关于预处理命令，将在 2.5 节中详细介绍。

第（2）行代码：在 C 语言中，一个名字后面紧跟一对英文圆括号，表示这是一个函数。main( ) 是 C 语言中的主函数。main 前面的 int 表示主函数的类型是整型，圆括号中的内容是函数参数（function parameter），void 表示主函数中没有参数。一个函数包括两部分：函数首部（function header）和函数体（function body）。本行代码就是主函数的首部，函数首部包括 3 部分内容：函数类型、函数名和函数参数⊖。关于函数的类型和参数将在第 4 单元中详细介绍。接下来的第（3）、（4）行代码都是隶属于主函数的内容，即主函数的函数体，需要用花括号括起来，表示主函数所做的具体事情。

第（3）行代码：printf 后面也是紧跟了一对英文圆括号，表示这也是一个函数，printf 函数是系统标准输入输出函数库中的一个格式输出函数，用户使用 printf 函数时，需要在程序的开头添加第（1）行代码，即包含输入输出头文件。本行代码是通过调用 printf 函数，向 PC 屏幕上原样输出英文双撇号中的一串字符，双撇号中最后的 \n 表示换行符（new line），也就是输出"这是我写的第 1 个 C 程序"这一串字符之后，光标换行。该行代码最后的英文分号是 C 语句的结束标记，在 C 语言中，每一条语句都以英文分号结尾，这类似于我们用中文写完一句话之后要加一个句号。

第（4）行代码：主函数的最后一行代码是主函数的返回值，如果返回 0，代表程序正常退出，否则代表程序异常退出。该语句也可以不写。

说明：

1）一个 C 程序必须有且只能有一个主函数。在主函数中，可以调用其他函数。

2）可以用注释符"//"或"/*…*/"对 C 语言程序进行注释，增加程序的可读性。注释内容是不被程序执行的，因此注释符还可以用来屏蔽程序中某行或某段代码的执行，用于程序调试。通常，用作对代码的注释时，在相应代码的上一行或后面加"//"注释符；用作屏蔽某行代码的执行时，可在该行语句的前面加"//"注释符；而用作屏蔽某段代码的执行时，可将欲屏蔽的代码段放在"/*"和"*/"之间。

【同步练习 1-1】

上机编程输出 4 行信息：第 1 行输出"自己的学号、姓名"对应的字符串；第 2～4 行分别输出社会主义核心价值观的字符串："国家层面：富强、民主、文明、和谐""社会层面：自由、平等、公正、法治"和"公民层面：爱国、敬业、诚信、友善"。

1.3 理解数据的基本类型及其表现形式

在各种数据运算过程中，都需要对数据进行操作。在程序设计中，要指定数据的类型和数据的组织形式，即指定数据结构。数据类型是按数据的性质、表示形式、占据存储空

⊖ 本书的 main 函数采用 C99 的标准格式：函数类型为 int；没有函数参数时记作 void。

间的大小、构造特点来划分的。在 C 语言中，数据类型可分为基本类型、构造类型、指针类型和空类型四大类，如图 1-15 所示。

图 1-15　C 语言的数据类型

在程序中对用到的所有数据都必须指定其数据类型。数据又有常量与变量两种表现形式，例如整型数据有整型常量和整型变量。

利用以上数据类型还可以构成更复杂的数据结构，例如利用指针和结构体类型可以构成表、树、栈等复杂的数据结构。在此主要介绍数据的基本类型及其常量和变量。

【同步练习 1–2】

请写出 C 语言的基本数据类型及两种表现形式。

1.3.1　常量与变量

1. 常量

在程序执行过程中，其值不发生改变的量称为常量。根据书写方式，常量可分为直接常量和符号常量。

1）直接常量：从字面形式上可以判别数据类型的常量。如整型常量：12、0、-3；实型常量：4.6、-1.23；字符常量：'a'、'b'；字符串常量："CHINA"、"123"。

2）符号常量：用 #define 指令，指定一个标识符代表一个常量。例如：

　　　#define　PI　3.1415926　　　// 定义符号常量 PI

经过以上定义，本文件中从此行开始，所有的 PI 都代表常量 3.1415926。关于 #define 指令的使用方法，将在 2.5 节中详细介绍。

需要说明的是，标识符是用来标识变量名、符号常量名、宏名、函数名、数组名、类型名、文件名的有效字符序列。简单地说，标识符就是一个名字。C 语言规定标识符只能由字母、数字、下画线 3 种字符组成，且第 1 个字符必须是字母或下画线。用户定义的标识符不能与系统提供的关键字（参见附录 B）同名，如 int、void 等都不能作为用户标识符。另外,标识符区分大小写,如 Sum 和 sum 是两个不同的标识符。

2. 变量

在程序执行过程中,其值可以改变的量称为变量。变量必须"先定义,后使用",定义变量时需要指定该变量的类型和变量名。定义变量后,编译系统为每个变量名分配对应的内存地址,即一个变量名对应一个存储单元。从变量中取值,实际上是通过变量名找到相应的内存地址,从该存储单元中读取数据。变量名和变量值是两个不同的概念,应加以区分,如图 1-16 所示。

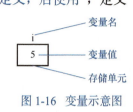

图 1-16 变量示意图

【同步练习 1-3】

1)C 语言中的标识符只能由字母、数字和下画线三种字符组成,且第一个字符( )。
A.必须为字母
B.必须为下画线
C.必须为字母或下画线
D.可以是字母、数字和下画线中任一字符

2)以下不能作为 C 语言标识符的是( )。
A.ABC   B.abc   C.a_bc   D.ab.c

3)下列能作为 C 语言用户标识符的是( )。
A._HJ   B.9_student   C.long   D.LINE 1

1.3.2 整型数据

1. 整型常量

整型常量即整型常数。在 C 语言中,整型常数有十进制、八进制、十六进制 3 种表示形式。

1)十进制整数,如 123、-456、7。

2)八进制整数,以 0 开头的数是八进制数,如 0123 表示八进制数 123,即 $(123)_8 = 1×8^2+2×8^1+3×8^0 =(83)_{10}$。

3)十六进制整数,以 0x 开头的数是十六进制数,如 0x123 表示十六进制数 123,即 $(123)_{16}=1×16^2+2×16^1+3×16^0=(291)_{10}$。

2. 整型变量

(1)整型变量的分类

根据数值的范围,有 5 类整型变量:①单字节整型(char);②基本整型(int);③短整型(short int 或 short);④长整型(long int 或 long);⑤长长整型(long long int 或 long long)。

根据数值是否有正、负区分,整型变量又分为有符号数(signed)和无符号数(unsigned)。归纳起来,共有 10 种整型变量,它们在 VC++ 系统中对应的数值范围如表 1-1 所示。

第1单元　C语言程序设计入门

表 1-1　VC++ 系统中整型变量的类型及数值范围

类　　型	类型标识符	占用字节数	数 值 范 围
无符号单字节整型	unsigned char	1	$0 \sim 2^8-1$
有符号单字节整型	[signed] char		$-2^7 \sim 2^7-1$
无符号基本整型	unsigned int	4	$0 \sim 2^{32}-1$
有符号基本整型	[signed] int		$-2^{31} \sim 2^{31}-1$
无符号短整型	unsigned short [int]	2	$0 \sim 2^{16}-1$
有符号短整型	[signed] short [int]		$-2^{15} \sim 2^{15}-1$
无符号长整型	unsigned long [int]	4	$0 \sim 2^{32}-1$
有符号长整型	[signed] long [int]		$-2^{31} \sim 2^{31}-1$
无符号长长整型	unsigned long long [int]	8	$0 \sim 2^{64}-1$
有符号长长整型	[signed] long long [int]		$-2^{63} \sim 2^{63}-1$

注：1. 表中的方括号表示其中的内容是可选的，可有可无。
　　2. 对于单字节整型变量，参见 1.3.3 节"字符型数据"。
　　3. 各种类型的数据在内存中所占用的字节数（可通过 sizeof 运算符测试），与编译系统有关，如基本整型的数据在有的系统（例如嵌入式 Keil C51）中占用 2 字节。但总的原则是，短整型的字节数≤基本整型的字节数≤长整型的字节数。
　　4. 在一个整型常量后面加一个字母 l 或 L，则认为是 long int 型常量，例如 123L、0L。

（2）整型变量在内存中的存放形式

表 1-1 中各类整型变量的数值范围是怎样计算出来的？关于这个问题，需要知道：数据在内存中是以二进制形式存放的。在此，以单字节整型数据为例，说明二进制、十六进制和十进制之间的对应关系，如表 1-2 所示。

表 1-2　单字节整型数据的二进制、十六进制和十进制之间的对应关系

二 进 制	十六进制	十 进 制 无 符 号	十 进 制 有 符 号	二 进 制	十六进制	十 进 制 无 符 号	十 进 制 有 符 号
0000 0000	0x00	0	0	0000 1101	0x0D	13	13
0000 0001	0x01	1	1	0000 1110	0x0E	14	14
0000 0010	0x02	2	2	0000 1111	0x0F	15	15
0000 0011	0x03	3	3	0001 0000	0x10	16	16
0000 0100	0x04	4	4	⋮			
0000 0101	0x05	5	5	0111 1110	0x7E	126	126
0000 0110	0x06	6	6	0111 1111	0x7F	127	127
0000 0111	0x07	7	7	1000 0000	0x80	128	−128
0000 1000	0x08	8	8	1000 0001	0x81	129	−127
0000 1001	0x09	9	9	1000 0010	0x82	130	−126
0000 1010	0x0A	10	10	⋮			
0000 1011	0x0B	11	11	1111 1110	0xFE	254	−2
0000 1100	0x0C	12	12	1111 1111	0xFF	255	−1

实际上，有符号的数值在计算机系统（包括嵌入式系统）内存中是以补码形式存放的。

为便于理解补码的含义，下面以时钟调整为例说明，如图1-17所示，表盘一圈是12个格（模是12），现需要从1点调整到11点，有几种办法？①将时针顺向调整10个格（+10）；②将时针逆向调整2个格（-2）。可见，对于钟表而言，10与-2互补，-2的补码是10。计算方法是$[-2]_{补}$=12-|-2|=10。

图1-17 钟表表盘

在计算机系统中，对于有符号的整数：正数的补码与原码相同；负数的补码=2^n-负数的绝对值，其中n是二进制位数，2^n代表n位二进制数的模。例如8位二进制整数，$[-1]_{补}=2^8-|-1|$=0xFF，$[-128]_{补}=2^8-|-128|$=0x80。

从表1-2中可以看出，对于有符号的单字节整型数据，0～127对应的二进制数最高位为0，表示为正数；-1～-128对应的二进制数最高位为1，表示为负数。

（3）定义整型变量的方法

1）若定义一个变量，定义格式为：

  类型标识符 变量名；

例如：int i;　　　　　　// 定义有符号基本整型变量i
   unsigned int j;　　// 定义无符号基本整型变量j

2）若同时定义多个同类型的变量，定义格式如下：

  类型标识符 变量名1, 变量名2, 变量名3, …；

例如：int i, j, k;　　　　// 同时定义3个基本整型变量i、j、k

定义变量后，系统将根据变量类型给变量分配对应大小的内存空间，用于存储该变量。例如：定义短整型变量i，然后对其赋值。

  short int i;　　　// 定义短整型变量i
  i=10;　　　　　　// 给变量i赋值

计算机系统为变量i分配2字节的内存空间，以二进制的形式存放其值：

| 0 | 0 | 0 | 0 | 0 | 0 | 0 | 0 | 0 | 0 | 0 | 0 | 1 | 0 | 1 | 0 |

【同步练习1-4】

请写出定义无符号单字节整型变量i、有符号基本整型变量j的语句。

_____、_____

【例1.2】整型变量的定义、赋值和输出。

```
#include <stdio.h>                          // (1) 预处理命令：包含输入输出头文件
int main(void)                              // (2) 主函数
{
    int i;                                  // (3) 定义变量
    i=1234;                                 // (4) 给变量赋值
    printf("这是我写的第 2 个 C 程序 \n");    // (5) 原样输出一串字符
    printf("i=%d\n", i);                    // (6) 输出变量的值
}
```

运行结果：`这是我写的第2个C程序 i=1234`

由于几乎每个程序都要调用 printf 函数，因此有必要简单介绍下 printf 函数的有关知识。在 C 语言程序中，printf 函数的作用是向显示器输出若干个任意类型的数据，因此可用于输出程序执行结果，给用户一个交代，同时也便于对程序进行调试。printf 函数是一个标准输入输出库函数，使用 printf 函数时，需要在 C 源文件的开头加一条预处理命令：
#include <stdio.h>

printf 函数的调用形式为：

  printf(格式控制字符串，输出列表)

括号内包含以下两部分：

1）格式控制字符串。格式控制字符串是由一对双撇号括起来的一个字符串，它包含两种信息：①由 % 开头的格式符，用于指定数据的输出格式。例如 %d 用于以十进制形式输出带符号整数，%u 用于以十进制形式输出无符号整数，%x 用于以十六进制形式输出无符号整数，%c 用于输出单个字符，%s 用于输出字符串，%f 用于以小数形式输出实数（默认输出 6 位小数），%e 用于以指数形式输出实数，%% 用于输出 %。②原样输出的字符，在显示中起提示作用。

2）输出列表。输出列表是需要输出的一些数据，可以是常量、变量或表达式。多个数据之间要用逗号隔开。使用 printf 函数时，要求格式控制字符串中必须含有与输出项一一对应的格式符，并且类型要匹配。printf 函数也可以没有输出项，即输出列表可以没有内容。

例如，本例程序中的 "printf(" 这是我写的第 2 个 C 程序 \n");"，printf 函数没有输出项，仅原样输出双撇号中的内容；"printf("i=%d\n", i);"，双撇号中的 %d 表示以十进制形式输出变量 i 的值，而双撇号中的其他部分都是原样输出，即运行结果的第 2 行信息。

【思考与实践】

请读者思考下面例 1.3 程序的执行结果，然后上机编程验证结果，最后通过修改程序中变量的赋值，根据程序运行结果进一步理解整型数据在内存中的存储形式。

【例 1.3】整型变量的定义、赋值和输出。

```
#include <stdio.h>
int main(void)
{
    unsigned char a;                // 定义无符号单字节整型变量
    char b, c;                      // 定义有符号单字节整型变量
    unsigned short int d;           // 定义无符号短整型变量
    short int e, f;                 // 定义有符号短整型变量
    a=0xff;  b=0xff;  c=-1;         // 单字节整型变量赋值⊖
    d=0xffff; e=0xffff; f=-1;       // 短整型变量赋值
    printf("%d  %d  %d\n", a,b,c);  // 以十进制形式输出变量的值
    printf("%d  %d  %d\n", d,e,f);  // 以十进制形式输出变量的值
}
```

⊖ C 语言程序书写格式自由，一行内可以写多条语句，一条语句可以分写在多行。

1.3.3 字符型数据

1. 字符常量

在 C 语言中，字符常量是用一对单撇号括起来的一个字符，如 'a'、'A'、'6'、'='、'+'、'?' 等都是字符常量。

除了以上形式的字符常量外，C 语言还有一种特殊形式的字符常量，就是以一个字符 "\" 开头的字符序列，意思是将反斜杠 "\" 后面的字符转换成为另外的含义，称为"转义字符"。常用的转义字符及其含义如表 1-3 所示。

表 1-3 常用的转义字符及其含义

转义字符	含　　义	ASCII 码
\n	换行，将当前位置移到下一行开头	10
\t	横向跳到下一 Tab 位置	9
\r	回车，将当前位置移到本行开头（不换行）	13
\\	代表反斜杠符 "\"	92
\'	代表单撇号字符	39
\"	代表双撇号字符	34
\xhh	1～2 位十六进制 ASCII 码所代表的字符（hh 表示十六进制的 ASCII 码） 例如：'\x42' 表示 ASCII 码为十六进制数 42 的字符 'B'，十六进制数 42 相当于十进制数 66	

2. 字符变量

字符变量用来存放字符，并且只能存放 1 个字符，而不可以存放由若干个字符组成的字符串。

字符变量的类型标识符是 char。定义字符变量的格式与整型变量相同，例如：

    char c1, c2;   // 定义字符变量 c1、c2
    c1= 'a'; c2='b';   // 给变量 c1 赋值 'a'，变量 c2 赋值 'b'

3. 字符型数据在内存中的存储形式及使用方法

在所有的编译系统中都规定一个字符变量在内存中占一字节。

将一个字符常量赋给一个字符变量，实际上并不是把字符本身放到内存单元中，而是将该字符对应的 ASCII 码放到存储单元中。例如，字符 'a' 的 ASCII 码为十进制 97，'b' 的 ASCII 码为十进制 98，它们在内存中实际上是以二进制形式存放的，如图 1-18 所示。

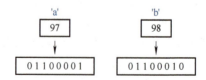

图 1-18 字符型数据在内存中的存储形式

字符型数据在内存中以 ASCII 码形式存储，其存储形式与单字节整型数据的存储形式相同。因此，字符型可以当作单字节整型。

【同步练习 1–5】

1）在 C 语言中，字符型数据在内存中的存储形式是 _____ 码。

2）请参考附录 A 给出的字符与 ASCII 代码对照表，填写下列常用字符的 ASCII 码值并总结其规律。0～9：_____～_____；A～Z：_____～_____；a～z：_____～_____。

【思考与实践】

请思考下面例 1.4 和例 1.5 程序的执行结果，然后上机编程验证结果，体会字符型数据在内存中的存储形式，并分析例 1.5 程序的功能。

【例 1.4】向字符变量赋整数。

```
#include <stdio.h>
int main(void)
{
    char c1;                    // 定义字符变量
    c1=97;                      // 给变量 c1 赋整数（将 ASCII 码值 97 赋给变量 c1）
    printf("%c\n", c1);         // 以字符形式输出变量 c1 的值（ASCII 码值对应的字符）
    printf("%d\n", c1);         // 以整数形式输出变量 c1 的值（字符对应的 ASCII 码值）
}
```

【例 1.5】字符型数据与整型数据混合运算。

```
#include <stdio.h>
int main(void)
{
    char c1, c2;                // 定义字符变量
    c1='a';  c2='b';            // 给字符变量赋字符常量
    c1 = c1-32;  c2 = c2-32;    // 将字符变量对应的 ASCII 码值更新
    printf("%c,%c\n", c1,c2);   // 以字符形式输出变量 c1、c2 的值
}
```

在本程序中，"c1 = c1-32;" 表示将变量 c1 减去 32 之后的结果重新赋给变量 c1，这要与数学中的等号区分开。

4. 字符串常量

字符串常量是由一对双撇号括起来的字符序列，例如 "CHINA"、"C program"、"a"、"$12.5" 等都是合法的字符串常量。

字符串常量和字符常量是不同的量，它们之间主要有以下区别：

1）字符常量是由单撇号括起来的，而字符串常量是由双撇号括起来的。

2）字符常量只能是一个字符，而字符串常量则可以含一个或多个字符。

3）可以把一个字符常量赋予一个字符变量，但不能把一个字符串常量赋予一个字符变量。在 C 语言中没有专门的字符串变量，但是可以用一个字符数组来存放一个字符串常量，

相关内容将在 3.3 节中介绍。

4）字符常量占用一字节空间，而字符串常量占用的字节数取决于串中字符的个数。下面以 "CHINA" 为例说明字符串常量占用的字节数，"CHINA" 在内存中的存储情况如下：

| C | H | I | N | A | \0 |

字符串末尾的 '\0' 是系统自动加上去的，是"字符串结束标志"。'\0' 的 ASCII 码为 0，表示空操作字符，它既不引起任何控制动作，也不是一个可显示的字符。

因此，字符串常量 "CHINA" 在内存中占用 6 字节。

【思考】字符常量 'a' 和字符串常量 'a' 有何区别？

【同步练习 1-6】

上机编程输出字符串常量 "CHINA" 在内存中占用的字节数。提示：sizeof("CHINA") 可用于计算字符串在内存中占用的字节数○。

1.3.4 实型数据

1. 实型常量

实型常量也称实数，在 C 语言中，实数有两种表示形式：

1）十进制小数形式，它由数字和小数点组成（注意，必须要有小数点），如 0.123、123、123.0、0.0 都是十进制小数形式。

2）指数形式，如 123e3 或 123E3 都代表 $123×10^3$。要注意字母 e（或 E）之前必须要有数字，且 e 后面的指数必须为整数，如 e2、4e2.5、.e3、e 都不是合法的指数形式。

一个实数可以有多种指数表示形式，例如 123.456 可以表示为 123.456e0、12.3456e1、1.23456e2、0.123456e3、0.0123456e4、1234.56e-1、12345.6e-2 等形式，其中 1.23456e2 称为"规范化的指数形式"，即在字母 e（或 E）之前的小数部分中，小数点前有且只有一位非零数字。在程序中以指数形式输出一个实数时，会以规范化的指数形式输出。

可见，在实数 123.456 的多种指数表示形式中，小数点的位置是可以在 123456 几个数字之间、之前或之后（加 0）浮动的，只要在小数点位置浮动的同时改变指数的值，就可以保证它的值不会改变。由于小数点的位置可以浮动，因此实数的指数形式又称为浮点数。

2. 实型变量

根据实型数据的数值范围和精度，实型变量的类型主要有单精度（float）型和双精度（double）型。在 VC++ 系统中常用的实型数据如表 1-4 所示。

表 1-4 实型数据的类型及数值范围

类型标识符	字 节 数	有效数字位数	数 值 范 围
float	4	6	$-3.4×10^{-38} \sim 3.4×10^{38}$
double	8	15	$-1.7×10^{-308} \sim 1.7×10^{308}$

○ sizeof 运算符可用于计算变量、表达式或数据类型的存储字节数。

实型数据在内存中是由符号、指数和尾数三部分组成的，图 1-19 给出了 12.3456 的表示（用十进制形式示意）。实际上，实型数据在内存中是按照二进制的指数形式存储的（指数和尾数均是二进制形式），由于用二进制形式表示一个实数以及存储单元的长度是有限的，因此不可能得到完全精确的数值，只能存储为有限的精度。至于实型数据（如 float 型）在内存中究竟用多少位表示指数部分、多少位表示尾数部分，由编译系统决定。尾数部分占的位数越多，有效数字位数就越多，精度就越高；指数部分占的位数越多，则能表示的数值范围就越大。

图 1-19　实型数据的表示

【例 1.6】实型变量的定义、赋值和输出。

```
#include <stdio.h>
int main(void)
{
    float x;                // 定义实型变量 x
    x=12.3;                 // 将实型常数 12.3 赋给变量 x
    printf("%f\n", x);      // 以小数形式输出变量 x 的数值
    printf("%e\n", x);      // 以指数形式输出变量 x 的数值
}
```

运行结果：
```
12.300000
1.230000e+001
```

编译后，会出现警告"warning C4305:"="：从"double"到"float"截断"。原因是：VC++ 编译系统将十进制小数形式的实型常量按照双精度型常量处理。如果在十进制小数形式的实型常量后面加字母 F 或 f，则表示此常量为单精度实数，如 12.3F 或 12.3f。请读者上机实验，查看编译结果。

【同步练习 1-7】

上机编程，利用 sizeof 运算符测试系统中 char、int、short int、long int、float 和 double 类型的存储字节数。提示：sizeof(char) 可用于计算 char 类型的存储字节数。

1.3.5　变量的初始化

C 语言允许在定义变量的同时，对变量赋初值，即变量的初始化，例如：

```
int a=3;                // 定义整型变量 a，并赋初值 3
float b=1.23;           // 定义实型变量 b，并赋初值 1.23
char c = 'a';           // 定义字符变量 c，并赋初值'a'
```

当一次定义同类型的多个变量时，可以给全部变量或部分变量赋初值，例如：

```
int a, b, c=5;          // 定义 a、b、c 三个整型变量，只给 c 赋初值 5
int a=1, b=2, c=3;      // 定义 a、b、c 三个整型变量，并赋不同的初值
int a=3, b=3, c=3;      // 定义 a、b、c 三个整型变量，并赋相同的初值 3
```

注意：对 3 个变量赋相同的初值 3 时，不能写成：int a=b=c=3;

【例 1.7】变量的初始化和输出。

```c
#include <stdio.h>
int main(void)
{
    int a1=12, a2=34, a3=56;                    // 定义整型变量并初始化，赋不同的数值
    int a4=123, a5=123, a6=123;                 // 定义整型变量并初始化，赋相同的数值
    float f1=1.23F, f2=-45.789F;                // 定义实型变量并初始化
    char c1= 'a', c2='b';                       // 定义字符变量并初始化
    printf("a1=%d,a2=%d,a3=%d\n", a1,a2,a3);    // 以十进制形式输出变量的值
    printf("a4=%d,a5=%d,a6=%d\n", a4,a5,a6);    // 以十进制形式输出变量的值
    printf("f1=%f,f2=%f\n", f1,f2);             // 以小数形式输出变量的值
    printf("c1='%c',c2='%c'\n", c1,c2);         // 输出字符
}
```

运行结果：
```
a1=12, a2=34, a3=56
a4=123, a5=123, a6=123
f1=1.230000, f2=-45.789001
c1='a', c2='b'
```

在本例的主函数中，通过定义 6 个基本整型变量来存储 6 个整数，可想而知，如果需要存储更多个同类型的数据，就需要定义更多个同类型的变量，那么有没有更简捷的方法存储多个同类型的数据？关于这个问题，将在后续的第 3 单元的数组中介绍。

1.3.6 常变量

在定义变量并对变量初始化时，如果加上关键字 const，则变量的值在程序运行期间不再改变，这种变量称为常变量（constant variable）。例如：

```c
const int a=5;        // 用 const 声明整型变量 a 为常变量，其值始终是 5
```

如前所述，定义变量后，编译系统为每个变量名分配对应的内存单元。一般变量对应内存单元中的值是可以变化的，但常变量对应内存单元中的值被限定不变，因此常变量也称为只读变量。

另外，需要区分用 #define 指令定义的符号常量和用 const 定义的常变量。符号常量只是用一个符号代表一个常量，它没有类型，在内存中并不存在符号常量名对应的存储单元。而常变量具有变量的特征，它具有类型，在内存中存在与变量名对应的存储单元。

【例 1.8】常变量的初始化与输出。

```c
#include <stdio.h>
int main(void)
{
    const int a=5;              // 定义常变量并初始化
    a=20;                       // 对常变量重新赋值
    printf("a=%d\n", a);        // 以十进制形式输出变量的值
}
```

在编译该程序时,系统会提示报错"error C2166: 左值指定 const 对象",双击该报错提示,会定位于"a=20;"这行代码,这说明常变量初始化之后,不能对其重新赋值。另外,用 const 声明的常变量,必须在定义的同时进行初始化,否则也会出错,请读者上机测试。

1.4 利用基本的运算符解决简单问题

附录 C 列出了 C 语言的各种运算符。本单元只介绍算术运算符、强制类型转换运算符、赋值运算符、关系运算符、逻辑运算符、位运算符、逗号运算符,其他运算符将在后续单元中介绍。

1.4.1 算术运算符及其表达式

1. 基本的算术运算符

表 1-5 列出了基本的算术运算符。

表 1-5 基本的算术运算符

运算符	描 述	示 例
+	加法运算符,或正值运算符	2+3=5,+5
−	减法运算符,或负值运算符	7−2=5,−4
*	乘法运算符	2*3
/	除法运算符	5/2(结果为 2) 5.0/2(结果为 2.5)
%	模运算符,或称求余运算符,% 两侧均应为整型数据	5%2=1(结果为 1)

说明:

1)参与 +、−、*、/ 运算的操作数可以是任意算术类型的数据。若参与 +、−、*、/ 运算的两个数中有一个数是实型数据(float 型或 double 型),系统会自动将参与运算的整型数据和实型数据统一转换为 double 型,然后进行运算,运算结果是 double 型。

2)若字符型数据和整型数据进行算术运算,则系统会自动将字符的 ASCII 码与整型数据进行运算。例如:5+'a',在计算过程中,系统会自动将字符 'a' 转换为整数 97,其运算结果是 102。若字符型数据和实型数据进行算术运算,则系统将字符的 ASCII 码转换为 double 型数据,然后进行运算。

3)若参与上述 5 种算术运算的两个数都是整数,则运算结果也是整数,如 5/2 的结果为 2,舍去小数部分。而 −5/2 或 5/−2 的结果取决于具体的编译系统(舍入方向不同),在 VC++ 系统中,其结果是 −2,而有的编译系统中,其结果是 −3,因此建议读者尽量避免这样的运算。

【同步练习 1–8】

1)C 语言中运算对象必须是整型的运算符是(   )。
A.%　　　　　　B./　　　　　　C.=　　　　　　D.==

2）设变量 a 是 int 型，f 是 float 型，i 是 double 型，则表达式"10+'a'+i*f"值的数据类型为（   ）。

  A．int   B．float   C．double   D．不确定

【例 1.9】将两位十进制整数的十位数和个位数分离。

```c
#include <stdio.h>
int main(void)
{
    int a=23, b,c;              // 定义 a、b、c 三个变量，并对变量 a 赋初值
    b = a%10;                   // 求变量 a 的个位数
    c = a/10;                   // 求变量 a 的十位数（/10 相当于右移 1 位）
    printf("a=%d\n", a);        // 输出变量 a 的值
    printf("十位 =%d\n", c);    // 输出变量 a 对应的十位数
    printf("个位 =%d\n", b);    // 输出变量 a 对应的个位数
}
```

运行结果：
```
a=23
十位=2
个位=3
```

【例 1.10】将一个正整数倒序输出。

```c
#include <stdio.h>
int main(void)
{
    int num=1230;
    printf("%d 倒序后：", num);
    printf("%d", num%10);       // 输出个位
    num = num/10;               // num=123
    printf("%d", num%10);       // 输出十位
    num = num/10;               // num=12
    printf("%d", num%10);       // 输出百位
    num = num/10;               // num=1
    printf("%d", num%10);       // 输出千位
    printf("\n");
}
```

运行结果：`1230倒序后：0321`

【同步练习 1-9】

在嵌入式软件设计中，有时需要将多位十进制数的各位数字分别送至不同位数码管显示。请读者结合上述例 1.9 和例 1.10 两个程序，上机编程，利用 / 和 % 运算符将一个 3 位和一个 4 位十进制整数的各位数字分离。

【思考与实践】

请思考下面例 1.11 程序的执行结果，然后上机编程验证结果，体会不同类型数据之间

的混合运算规则。

【例1.11】不同类型数据之间的混合运算。

```
#include <stdio.h>
int main(void)
{
    int i=12, j=23;
    char c='a';
    float k=1.23;
    double x=1.2345678;
    printf("%d\n", c);
    printf("%d\n", i+c);
    printf("%d,%d\n", c/i, c%i);
    printf("%d\n", i/10);
    printf("%f\n", i/10.0);
    printf("%f\n", i+k);
    printf("%f\n", i+c+k+x);
    printf("%d%%\n", i*100/j);
    printf("%f%%\n", i*100.0/j);
}
```

2. 自增、自减运算符

1）自增运算符：记为"++"，使变量的值自增1，相当于i = i+1。
2）自减运算符：记为"--"，使变量的值自减1，相当于i = i-1。

具体而言，有以下4种形式的表达式：

i++	表达式先用i的值，然后对i的值加1	（先用后加）
++i	先对i的值加1，然后表达式用i加1的值	（先加后用）
i--	表达式先用i的值，然后对i的值减1	（先用后减）
--i	先对i的值减1，然后表达式用i减1的值	（先减后用）

【例1.12】自增、自减运算符的应用。

```
#include <stdio.h>
int main(void)
{
    int i=3, j=3, k=3, x=3;    // 定义变量i、j、k、x，并赋相同的初值
    printf("%d\t", i++);    printf("i=%d\n", i);
    printf("%d\t", ++j);    printf("j=%d\n", j);
    printf("%d\t", k--);    printf("k=%d\n", k);
    printf("%d\t", --x);    printf("x=%d\n", x);
}
```

运行结果：

可以看出，由自增（自减）运算符构成不同形式的表达式时，对变量而言，自增 1（自减 1）都具有相同的效果，但对表达式而言却有着不同的值。

说明：

1）自增、自减运算符只能用于变量，不能用于常量或表达式，如 5++ 或 (a+b)++ 都是不合法的。

2）自增、自减运算符常用在循环语句中，使循环变量自动加 1、减 1；也常用于指针变量，使指针指向下一个地址，这将在后续单元中介绍。

3. 算术表达式和运算符的优先级与结合性

用算术运算符和括号将运算对象连接起来的、符合 C 语法规则的式子，称为 C 算术表达式，运算对象包括常量、变量、表达式，例如：a+b*c-5/2+ 'a'。

C 语言规定了运算符的优先级和结合性。在表达式求值时，先按运算符的优先级高低次序执行，例如先乘除后加减，表达式 x-y*z 相当于 x-(y*z)。如果在一个运算对象两侧的运算符的优先级相同，如 a+b-c，则按照 C 语言规定的运算符的"结合方向（结合性）"处理。算术运算符的结合方向为"自左向右（左结合性）"，即先左后右，因此表达式 a+b-c 相当于 (a+b)-c。

附录 C 给出了 C 语言运算符的优先级和结合性，供读者在分析表达式时查询参考。

1.4.2 强制类型转换运算符及其表达式

可以利用强制类型转换运算符将一个表达式转换成所需要的类型，其一般形式如下：

（类型标识符）（表达式）

例如：(int)i　　　　　将 i 转换为整型
　　　(float)(x+y)　　将 x+y 的结果转换为 float 型
　　　(int)x+y　　　　将 x 转换成整型后，再与 y 相加（"(int)"的优先级高于"+"）

【例 1.13】将实型数据强制转换为整型。

```
#include <stdio.h>
int main(void)
{
    int i;                        //定义整型变量 i
    float x=2.4F;                 //定义实型变量 x，并赋初值
    i = (int)x;                   //将实型变量 x 强制转换为 int 型
    printf("x=%f,i=%d\n", x,i);   //输出变量 x 和 i 的值
}
```

运行结果：`x=2.400000,i=2`

【思考与实践】

1）请思考下面例 1.14 程序的执行结果，然后上机编程验证结果，体会强制类型转换运算符的作用。

【例1.14】将整型数据强制转换为实型。
```c
#include <stdio.h>
int main(void)
{
    int a=12, b=23;
    printf("%d\n", (a+b)/2);
    printf("%f\n", (float)(a+b)/2);
    printf("%d%%\n", a*100/b);
    printf("%f%%\n", (float)a*100/b);
}
```

2）已有"int a=7; float x=2.5, y=4.7;"，请写出表达式"x+a%3*(int)(x+y)%2/4"的值，并上机编程验证结果。

【思考与总结】数值类型转换有几种方式？

数值类型转换有两种方式：

1）系统自动进行的类型转换，如2+3.5，系统自动将整数2转换为实型。

2）强制类型转换。当自动类型转换不能满足需要时，可用强制类型转换。如%运算符要求其两侧均为整型量，若i为float型，则i%3不合法，必须用(int)i%3。C语言规定强制类型转换运算优先于%运算，因此先进行(int)i的运算，然后再进行求余运算。另外，在函数调用时，有时为了使实参和形参类型一致，也需要用强制类型转换运算符进行转换。

【同步练习1-10】

班级人数为45，某门课成绩优秀人数为20，输出这门课的优秀率（用百分比表示）。

1.4.3 赋值运算符及其表达式

1. 简单赋值运算符及其表达式

由简单赋值运算符"="将一个变量和一个表达式连接起来的式子称为赋值表达式，其一般形式为：变量 = 表达式

其功能：将表达式的值赋给左边的变量。如a=5、a=3*5、i=a+b都是赋值表达式。一个表达式应该有一个值，例如赋值表达式a=5的值是5，执行赋值运算后，变量a的值也是5。根据附录C，赋值运算符的优先级仅高于逗号运算符，而低于其他运算符，因此a=3*5等价于a=(3*5)，i=a+b等价于i=(a+b)。

赋值表达式中的"表达式"，还可以是一个赋值表达式。例如a=(b=5)，括号内的b=5是一个赋值表达式，它的值等于5，因此执行赋值运算后，整个赋值表达式a=(b=5)的值是5，a的值也是5。根据附录C，赋值运算符的结合顺序是"自右向左"，因此a=(b=5)与a=b=5等价。

【同步练习1-11】

请读者思考下面4个赋值表达式中变量a的值，然后上机编程验证结果，体会简单赋值运算符的运算规则。

a=b=c=3、a=5+(c=7)、a=(b=2)+(c=5)、a=(b=6)/(c=2)

2. 复合的赋值运算符及其表达式

在简单赋值运算符 "=" 之前加上其他运算符（+、-、*、/、%、<<、>>、&、^、| 等），可构成复合的赋值运算符。例如：

a += 3	等价于 a = a+3
a -= 3	等价于 a = a-3
a*= 3	等价于 a = a*3
a /= 3	等价于 a = a/3
a %= 3	等价于 a = a%3
a*= b+2	等价于 a = a*(b+2)

下面以 "a*= b+2" 为例，说明复合赋值表达式的执行过程：

① a*= (b+2) （对表达式 b+2 外加括号，因为 "+" 的优先级高于 "*="）
② a*= (b+2) （将 "a*" 移到 "=" 右侧）
③ a = a* (b+2)（在 "=" 左侧补上变量名 a）

C 语言采用复合赋值运算符，可以简化程序，提高编译效率并产生质量较高的目标代码。

【思考与实践】

1）请思考下面例 1.15 程序的执行结果，然后上机实践验证结果，体会复合赋值运算符的运算规则。

【例 1.15】 输出复合赋值表达式的值。

```
#include <stdio.h>
int main(void)
{
    int a=7, b=2;
    printf("%d\n", a+=b);
    printf("%d\n", a-=b);
    printf("%d\n", a*=b);
    printf("%d\n", a/=b);
    printf("%d\n", a%=b);
    printf("%d\n", a*= b+2);
}
```

2）已有 "int a=6;"，请分析执行 "a+=a-=a*a;" 语句后 a 的值，并上机编程验证结果。

3. 类型转换

需要注意的是，在赋值运算中，需要根据数据的类型和数值的范围为变量指定合适的类型，必要时还需要借助强制类型转换运算符，以防出错。

【思考与实践】

如果赋值运算符 "=" 两侧的数据类型不一致，但同为数值型数据，在赋值时，系统会自动进行类型转换。请上机编程，输出下列各种情况下变量的值，并思考其原因。

1）将无符号的整数（如255）赋给有符号的单字节整型变量。
2）将有符号的整数（如-1）赋给无符号的单字节整型变量。
3）将大的整数赋给小空间的整型变量（如将256赋给无符号的单字节整型变量）。
4）将实数（如123.456）赋给整型变量。
5）将整数（如123）赋给实型变量。

1.4.4 关系运算符及其表达式

用于比较两个数据大小关系的运算符称为"关系运算符"。

1. 关系运算符及其优先级次序

C语言提供了6种关系运算符，并规定了它们的优先级：

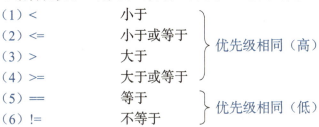

（1）< 小于
（2）<= 小于或等于
（3）> 大于
（4）>= 大于或等于
⎫ 优先级相同（高）

（5）== 等于
（6）!= 不等于
⎫ 优先级相同（低）

根据附录C，关系运算符的优先级低于算术运算符，高于赋值运算符。例如：

    c>a+b 等价于 c>(a+b)   a>b==c 等价于 (a>b)==c
    a==b<c 等价于 a==(b<c)   a=b>c 等价于 a=(b>c)

2. 关系表达式

用关系运算符将两个表达式连接起来的式子，称为关系表达式。例如：a>b、a+b>c+d、(a=3)>(b=5)、'a'<'b'、a==3、a!=3 都是合法的关系表达式。

关系表达式的值是一个逻辑值："真"或"假"。例如，关系表达式"5==3"的值为"假"，"5>=0"的值为"真"。关系运算结果，以"1"代表"真"，以"0"代表"假"。

【思考与实践】

请思考下面例1.16程序的执行结果，然后上机编程验证结果。

【例1.16】考察关系表达式的值。

```
#include <stdio.h>
int main(void)
{
    int a=3, b=2, c=1;
    printf("a=%d,b=%d,c=%d\n", a,b,c);
    printf("关系表达式的值：1 为真，0 为假 \n");
    printf("a>b: %d\n", a>b);
    printf("a>b+c: %d\n", a>b+c);
    printf("a!=b+c: %d\n", a!=b+c);
    printf("a>b>c: %d\n", a>b>c);
```

}

1.4.5 逻辑运算符及其表达式

1. 逻辑运算符及其优先级次序

C 语言提供了 3 种逻辑运算符：&&（逻辑与）、||（逻辑或）和！（逻辑非）。"&&"和"||"均为双目运算符，有两个操作数。"！"为单目运算符，只要求一个操作数。逻辑运算的真值表如表 1-6 所示。

表 1-6 逻辑运算的真值表

a	b	a&&b	a||b	!a
真	真	真	真	假
真	假	假	真	假
假	真	假	真	真
假	假	假	假	真

根据附录 C，几种运算符的优先级次序如图 1-20 所示。例如以下逻辑表达式：

a>b && c<d	等价于	(a>b)&&(c<d)
!a==b||c<d	等价于	((!a)==b)||(c<d)
a+b>c && x+y<d	等价于	((a+b)>c)&&((x+y)<d)

图 1-20 运算符的优先级次序（！(非) 高，算术运算符，关系运算符，&& 和 ||，赋值运算符 低）

2. 逻辑表达式的值

C 语言规定，参与逻辑运算的操作数以非 0 代表"真"，以 0 代表"假"。逻辑表达式的值，即逻辑运算结果，以数值 1 代表"真"，以 0 代表"假"。

例如：

1）若 a=3，则 !a 的值为 0。因为参与逻辑运算的操作数 a 为非 0，代表"真"。

2）若 a=3，b=4，则 a&&b 的值为 1。因为参与逻辑运算的两个操作数 a、b 均非 0，代表"真"。同理，a||b 的值为 1。

3）3&&0||-4 的值为 1。

4）'a'&&'b' 的值为 1。

在逻辑表达式的求解过程中，有时并非所有的运算都被执行。例如：

1）a&&b 只有当 a 为真（非 0）时，才需要判断 b 的值。只要 a 为假，就不必判断 b 的值，此时整个表达式已确定为假。

2）a||b 只要 a 为真（非 0），就不必判断 b 的值。只有 a 为假，才判断 b。

即对"&&"运算符而言，只有 a ≠ 0，才继续进行右面的运算；对"||"运算符而言，只有 a=0，才继续进行右面的运算。例如，若有逻辑表达式"(x=a>b)&&(y=c>d)"，当 a=1、b=2、c=3、d=4、x 和 y 的原值为 1 时，由于 a>b 的值为 0，因此 x=0，而"y=c>d"不被执行，故 y 的值不是 0，而仍然保持原值 1。

【同步练习 1-12】

1）若 x=0、y=3、z=3，以下表达式值为 0 的是（　　）。
A．!x　　　　　B．x&&y||z　　　　　C．x%2&&y==z　　　　　D．y=x||z/3

2）判断 char 型变量 ch 是否为大写字母的正确表达式是（　　）。
A．'A' <= ch <= 'Z'　　　　　　　　B．(ch >= 'A')&(ch <= 'Z')
C．(ch >= 'A') && (ch <= 'Z')　　　 D．('A' <= ch)AND('Z' >= ch)

3）分别写出数学表达式 "80≤i＜89" "i＜0 或 i＞100" "i≠0" 对应的 C 语言表达式。

【思考与实践】

请思考下面例 1.17 程序的执行结果，然后通过上机实践验证结果。

【例 1.17】考察逻辑表达式的值。

```
#include <stdio.h>
int main(void)
{
    //（1）定义变量并初始化
    int a=3, b=2, c=1, d=0, e=0;
    char c1='a', c2='b';
    //（2）输出变量的值
    printf("a=%d,b=%d,c=%d,d=%d,e=%d\n", a,b,c,d,e);
    printf("c1='%c',c2='%c'\n", c1,c2);
    //（3）输出表达式的值：1 为真，0 为假
    printf("下列表达式的值：1 为真，0 为假 \n");
    printf("逻辑表达式 a&&b 的值：%d\n", a&&b);
    printf("逻辑表达式 c&&d 的值：%d\n", c&&d);
    printf("逻辑表达式 c1&&c2 的值：%d\n", c1&&c2);
    printf("逻辑表达式 d||e 的值：%d\n", d||e);
    printf("逻辑表达式 c1||c2 的值：%d\n", c1||c2);
    printf("逻辑表达式 !a 的值：%d\n", !a);
    printf("逻辑表达式 !d 的值：%d\n", !d);
    printf("数学表达式 c<b<a 的值：%d\n", b>c && b<a);
}
```

1.4.6 位运算符及其表达式

在嵌入式软件设计中，经常用到位运算符。所谓位运算符是指对二进制位的运算。C 语言提供的位运算符如表 1-7 所示。

表 1-7 位运算符及其含义

位运算符	含　义	位运算符	含　义
&	按位与	~	按位取反
|	按位或	<<	左移
^	按位异或	>>	右移

说明：
1）位运算符中除"～"以外，均为二目运算符，即要求两侧各有一个运算量。
2）位运算符的运算量只能是整型或字符型数据，不能是实型数据。

1. "按位与"运算符（&）

参与运算的两个数据，按二进制位进行"与"运算，即 0&0=0、0&1=0、1&0=0、1&1=1。例如，0x23 与 0x45 按位与：

```
   00100011        (0x23)
&) 01000101        (0x45)
   00000001        (0x01)
```

特殊用途："与 0 清零、与 1 保留"，即可以通过这种方式对数据的某些位清零，某些位保留不变。例如，将 0x23 的高 4 位清零，低 4 位保留不变：

```
   00100011        (0x23)
&) 00001111        (0x0F)
   00000011        (0x03)
```

2. "按位或"运算符（|）

参与运算的两个数据，按二进制位进行"或"运算，即 0|0=0、0|1=1、1|0=1、1|1=1。例如，0x23 与 0x45 按位或：

```
   00100011        (0x23)
|) 01000101        (0x45)
   01100111        (0x67)
```

特殊用途："或 1 置 1、或 0 保留"，即可以通过这种方式对数据的某些位置 1，某些位保留不变。例如，将 0x23 的高 4 位置 1，低 4 位保留不变：

```
   00100011        (0x23)
|) 11110000        (0xF0)
   11110011        (0xF3)
```

3. "按位异或"运算符（^）

参与运算的两个数据，按二进制位进行"异或"运算，两者相异为 1，相同为 0，即 0^0=0、0^1=1、1^0=1、1^1=0。例如，0x23 与 0x45 按位异或：

```
   00100011        (0x23)
^) 01000101        (0x45)
   01100110        (0x66)
```

特殊用途："异或 1 取反（0 变 1、1 变 0），异或 0 保留"，即可以通过这种方式对数据的某些位取反，某些位保留不变。例如，将 0x23 的高 4 位取反，低 4 位保留不变：

```
   00100011        (0x23)
^) 11110000        (0xF0)
   11010011        (0xD3)
```

4. "按位取反"运算符（~）

用来对一个二进制数按位取反，即将 0 变 1，将 1 变 0。例如，将 0x55 按位取反：

```
    0 1 0 1 0 1 0 1        (0x55)
 ~)      ↓
    1 0 1 0 1 0 1 0        (0xAA)
```

5. "左移"运算符（<<）

用来将一个数的各二进制位全部左移若干位。例如 a<<3，表示将 a 的二进制数左移 3 位，高位溢出后丢弃，低位补 0，如图 1-21 所示。

例如，将 0x23 左移 3 位：

```
    0 0 1 0 0 0 1 1        (0x23)
<<3)      ↓
    0 0 0 1 1 0 0 0        (0x18)
```

6. "右移"运算符（>>）

用来将一个数的各二进制位全部右移若干位。例如 a>>3，表示将 a 的二进制数右移 3 位，低位溢出后丢弃，对于无符号数，高位补 0，如图 1-22 所示。

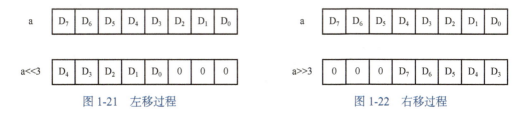

图 1-21　左移过程　　　　　　　　图 1-22　右移过程

例如，将 0x23 右移 3 位：

```
    0 0 1 0 0 0 1 1        (0x23)
>>3)      ↓
    0 0 0 0 0 1 0 0        (0x04)
```

【思考与实践】

请思考下面例 1.18 程序的执行结果，然后上机编程验证结果，并根据运行结果观察变量 a、b、c 的值在参与位运算的过程中是否发生改变。

【例 1.18】考察位运算表达式的值。

```
#include <stdio.h>
int main(void)
{
    unsigned char a, b, c, r1, r2, r3, r4, r5, r6;
    a=0x23; b=0x45; c=0x55;
    r1 = a&b;  r2 = a|b;  r3 = a^b;  r4 = ~ c;  r5 = a<<3;  r6 = a>>3;
    // 以十六进制形式输出变量的值
    printf("a=0x%x,b=0x%x,c=0x%x\n", a,b,c);
    printf("a&b=0x%x\n", r1);
```

```
printf("a|b=0x%x\n", r2);
printf("a^b=0x%x\n", r3);
printf(" ~ c=0x%x\n", r4);
printf("a<<3=0x%x\n", r5);
printf("a>>3=0x%x\n", r6);
}
```

【例 1.19】 利用位运算符实现对寄存器或某个整型变量的二进制位操作。

在嵌入式软件设计中，经常需要对寄存器或某个整型变量进行二进制位操作。现以 8 位寄存器 R（$D_7\ D_6\ D_5\ D_4\ D_3\ D_2\ D_1\ D_0$）为例说明对寄存器的某个二进制位进行置位（置1）、清零、取反、获取某位的值等位操作的实现方法，以 16 位寄存器 R' 为例说明高低字节分离的实现方法，如表 1-8 所示。这些方法也适用于整型变量和 32 位寄存器的二进制位操作。

表 1-8 寄存器的二进制位操作及实现方法

位 操 作	举 例	实 现 方 法
置位	将 R 的 D_2 位置 1，其他位不变	R = R | 00000100$_B$，即 R = R | (1<<2) 或 R |= (1<<2)
	将 R 的 D_i 位置 1，其他位不变	R = R | (1<<i) 或 R |= (1<<i)
清零	将 R 的 D_2 位清 0，其他位不变	R = R & 11111011$_B$，即 R = R & ~ (1<<2) 或 R &= ~ (1<<2)
	将 R 的 D_i 位清 0，其他位不变	R = R & ~ (1<<i) 或 R &= ~ (1<<i)
取反	将 R 的 D_2 位取反，其他位不变	R = R ^ 00000100$_B$，即 R = R ^ (1<<2) 或 R ^= (1<<2)
	将 R 的 D_i 位取反，其他位不变	R = R ^ (1<<i) 或 R ^= (1<<i)
获取某位的值	获取 R 的 D_2 位的值	(R>>2) & 00000001$_B$，即 (R>>2) & 1
	获取 R 的 D_i 位的值	(R>>i) & 1

高低字节分离	将 16 位寄存器 R' 的高 8 位和低 8 位分离，如 0x1234 分离出 0x12 和 0x34	unsigned char i, j; // 定义单字节整型变量 i 和 j
		i = R' >> 8; // 将 R' 的高 8 位赋给变量 i
		j = R'; // 将 R' 的低 8 位赋给变量 j

1.4.7 逗号运算符及其表达式

在 C 语言中，逗号","也是一种运算符，称为逗号运算符，其功能是将两个表达式连接起来组成一个表达式，称为逗号表达式。其一般形式为：

表达式 1, 表达式 2

例如：2+3, 3+5

逗号运算符的结合性是"从左至右"，因此逗号表达式的求解过程是：先求解表达式 1，再求解表达式 2，整个逗号表达式的值是表达式 2 的值。例如，上面的逗号表达式"2+3, 3+5"的值是 8。

又如表达式：a = 2*3, a*5

在 C 语言中，赋值运算符的优先级高于逗号运算符（在所有运算符中，逗号运算符的优先级最低）。因此，先求赋值表达式 a=2*3 的值，即等于 6，且 a 的值也是 6；然后再求表达式 a*5 的值，结果是 30，因此表达式"a=2*3, a*5"的值是 30。

【例 1.20】考察逗号表达式的值。

```
#include <stdio.h>
int main(void)
{
    int a,b;                    // 定义变量 a、b
    b = (a=2*3, a*5);           // 将逗号表达式的值赋给变量 b
    printf("a=%d\n", a);        // 输出变量 a 的值
    printf("b=%d\n", b);        // 输出变量 b 的值
}
```

运行结果：
```
a=6
b=30
```

逗号表达式的扩展形式：表达式 1，表达式 2，表达式 3，…，表达式 n
整个逗号表达式的值等于最后一个表达式（表达式 n）的值。

可以看出，逗号表达式是将若干个表达式"串联"起来。需要说明的是，在很多情况下，使用逗号表达式的目的并非一定想得到或使用整个逗号表达式的值，而是想分别得到各个表达式的值，例如将在 2.4.3 节介绍的 for 循环语句中的逗号表达式。

【同步练习 1-13】
请读者思考执行"f = ((3.0, 4.0, 5.0), (2.0, 1.0, 0.0));"语句后变量 f 的值，然后上机编程验证结果。

第 2 单元

利用三种程序结构解决简单问题

单元 导读

在现实生活中，经常遇到顺序执行、选择执行和循环执行的问题，这些问题可通过 C 语言程序来解决。

知识 图谱

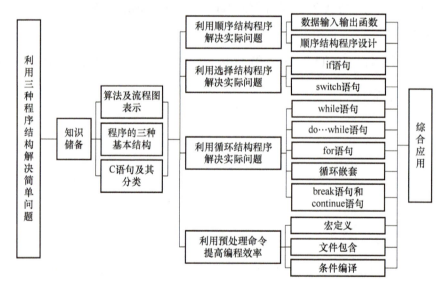

本单元的学习目标：能利用 C 语言中的顺序结构、选择结构、循环结构解决实际问题，并在此基础上，能利用预处理命令提高编程效率。

2.1 知识储备

用计算机程序解决实际问题，需要考虑到哪些数据以及这些数据的类型和数据的组织形式，即数据结构；还要考虑计算机为解决问题而采用的方法和步骤，即算法，同一个问题，采用不同的数据结构时，对应的算法也不尽相同；最后需要通过具体的程序代码实现算法。

2.1.1 算法及流程图表示

1. 算法的概念

为解决问题而采用的方法和步骤称为算法。对于同一个问题可以有不同的算法,在程序设计中,应尽量选择占用内存小、执行速度快的算法。

2. 算法的特征

一个正确的算法,必须满足以下 5 个重要特征:

(1) 有穷性

一个算法应包含有限的操作步骤,并且每个步骤都能在有限的时间内完成。

(2) 确定性

算法中的每一个步骤都应该是确定的,而不应模糊和具有二义性,这就像到了十字路口,只能选择向其中的一个方向走。

(3) 可行性

算法的每一个步骤都是切实可行的,即每一个操作都可以通过已经实现的基本操作运算有限次来实现。

(4) 有输入

一个算法可有零个或多个输入。所谓输入是指算法从外界获取数据,可以从键盘输入数据,也可以从程序其他部分给算法传递数据。

(5) 有输出

一个算法必须有一个或多个输出,即算法执行后必须要交代结果,结果可以显示在屏幕上,也可以将结果数据传递给程序的其他部分。

3. 算法的流程图表示

可以用不同的方法表示一个算法,常用的算法表示方法有自然语言描述法、流程图法、计算机语言描述法。在此,只介绍最常用的流程图法。所谓流程图法,是用一些图框表示各种操作,用箭头表示算法流程,该方法直观形象、容易理解。常用的流程图符号如表 2-1 所示。

表 2-1 常用的流程图符号

符 号	形 状	名 称	功 能
	圆角矩形	起止框	表示算法的起始和结束
	平行四边形	输入输出框	表示一个算法输入和输出的操作
	矩形	处理框	赋值、运算等操作处理
	菱形	判断框	根据判断结果,选择不同的执行路径
→	带箭头的线段	流程线	表示流程的走向
○	圆圈	连接点	在圆圈内使用相同的字母或数字,将相互联系的多个流程图进行连接

流程图的具体使用方法将在后续逐步介绍。

2.1.2 程序的三种基本结构

从程序流程的角度来看,C 程序可分为 3 种基本结构,即顺序结构、选择结构和循环结构，这 3 种基本结构可以组成各种复杂程序。

1. 顺序结构

顺序结构是按照程序语句书写的顺序一步一步依次执行，这就像一个人顺着一条直路走下去，不回头不转弯，其流程如图 2-1 所示，先执行 A 语句，再执行 B 语句。

2. 选择结构

选择结构是根据条件判断的结果，从多种路径中选择其中的一种路径执行，这就像一个人到了十字路口，从多个方向中选择其中的一个方向走，其流程如图 2-2 所示，若条件 P 成立，则执行 A 语句，否则执行 B 语句。

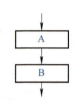

图 2-1　顺序结构

3. 循环结构

循环结构是将一组操作重复执行多次，这就像一个人绕跑道跑圈，其流程如图 2-3 所示。其中"当型"循环结构是先对条件 P 进行判断，若条件成立，则执行循环体 A，然后继续判断条件是否成立；若条件不成立，则退出循环（见图 2-3a）。"直到型"循环结构是先执行循环体 A，再判断条件 P 是否成立，若条件成立，则继续执行循环体，否则退出循环（见图 2-3b）。

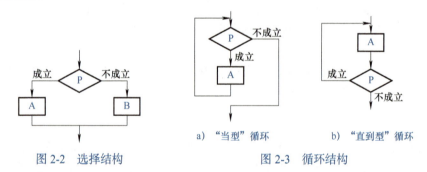

图 2-2　选择结构　　　　a)"当型"循环　　b)"直到型"循环

　　　　　　　　　　　　　　图 2-3　循环结构

2.1.3　C 语句及其分类

在 C 语言中，分号是语句的结束标志。C 语句分为 6 类：声明语句、表达式语句、函数调用语句、控制语句、复合语句和空语句。

1. 声明语句

声明语句包括对变量、函数、类型（如结构体类型）等的声明语句。例如：

例 1.2 中的变量声明语句：int i;

例 1.7 中的变量声明语句：int a1=12, a2=34, a3=56;

2. 表达式语句

表达式语句由表达式加分号";"组成。例如：

　　　　a=3　　　　　　　　赋值表达式

　　　　a=3;　　　　　　　 赋值语句

i++   自增 1 表达式
i++;   自增 1 语句

3. 函数调用语句

函数调用语句由函数调用表达式加分号";"组成。例如：
例 1.1 中的 printf 函数调用语句：printf(" 这是我写的第 1 个 C 程序 \n");

4. 控制语句

控制语句用于控制程序的流程，以实现程序的各种结构方式。C 语言有 9 种控制语句，可分成以下 3 类：

1）**条件语句**：if 语句、switch 语句。
2）**循环语句**：while 语句、do…while 语句、for 语句。
3）**转向语句**：break 语句、continue 语句、return 语句、goto 语句。

5. 复合语句

把多条语句用花括号括起来组成的一个语句，称为复合语句，其中的各条语句都必须以分号";"结尾。复合语句中可以包含声明语句，例如：

```
{
   int i = 2, j=3, k ;     // 声明语句
   k = i + j;              // 执行语句
   … ;
}
```

6. 空语句

只有一个分号";"的语句称为空语句，空语句是什么也不执行的语句。在程序中空语句可用作空循环体，例如下面的 for 循环体是空语句，表示什么都不做，仅实现倒计数，在嵌入式软件设计中常用作软件延时。

```
for(i=10000; i>0; i--)
{
     ;     // 空语句
}
```

2.2 利用顺序结构程序解决实际问题

2.2.1 数据输入输出函数

1. 数据输入输出的概念及在 C 语言中的实现

1）所谓输入输出是相对计算机内存而言的。从计算机内存向输出设备（如显示器、打印机等）传送数据称为**输出**，从输入设备（如键盘、鼠标、扫描仪等）向计算机内存传送数据称为**输入**。

2）C 语言本身不提供输入输出语句，而在 C 标准函数库中提供了一些输入输出函数，例如 printf 函数和 scanf 函数，用户可以直接调用这些输入输出库函数进行数据的输入输出。

3）在使用 C 语言库函数时，要用预处理命令 #include 将有关的"头文件"包含到源文件中。使用标准输入输出库函数时要用到"stdio.h"文件，因此源文件开头应有预处理命令：

    #include ＜stdio.h＞ 或 #include "stdio.h"

stdio 是 standard input & output 的意思。

2. 字符输出函数——putchar 函数

putchar 函数的功能是向显示器输出一个字符。例如：

    putchar('H');   // 输出字符 H
    putchar('\n');   // 换行
    char c='X'; putchar(c);   // 输出字符 X

3. 字符输入函数——getchar 函数

getchar 函数的功能是读取从键盘上输入的一个字符。

【例 2.1】从键盘输入一个字符，并在屏幕上显示。

```
#include <stdio.h>                  // 包含输入输出头文件
int main(void)
{
    char c;
    printf("请输入一个字符 : ");     // 原样输出一串字符，增加人机互动性[⊖]
    c = getchar( );                  // 从键盘输入一个字符
    putchar(c);                      // 在屏幕上显示输入的字符
    putchar('\n');                   // 换行
}
```

请读者在运行程序时，输入一个字符后回车，观察程序运行结果。

说明：

1）getchar 函数只能接收一个字符，输入数字也按字符处理。输入多个字符时，计算机只接收第一个字符。

2）该程序还可进一步简化：

```
#include <stdio.h>                  // 包含输入输出头文件
int main(void)
{
    printf("请输入一个字符 : ");     // 原样输出一串字符，增加人机互动性
    putchar(getchar( ));             // 在屏幕上显示输入的字符
    putchar('\n');                   // 换行
}
```

⊖ 这样做，既方便自己也方便他人在运行程序时知道做什么。在平时，要学会换位思考。

【同步练习 2-1】

利用 putchar 和 getchar 这两个函数实现：在键盘上输入 5 个字符 'C'、'H'、'I'、'N'、'A'，然后依次输出这 5 个字符，并换行。

4. 格式输出函数——printf 函数

printf 函数的作用是向显示器输出若干个任意类型的数据。其调用形式为：

printf(格式控制字符串，输出列表)

在 1.3.2 节中曾介绍过 printf 函数的使用方法，并且在前面已经多次使用了 printf 函数，因此不再重述。

【思考与实践】

请读者思考下面例 2.2 程序的执行结果，然后上机编程验证结果，以进一步掌握 printf 函数的使用方法。

【例 2.2】printf 函数的使用：格式化输出数据。

```c
#include <stdio.h>                              // 包含输入输出头文件
int main(void)
{
    int a=5, b=-1;
    float c=1.2;
    char d='a';
    printf("a=%d,b=%d,c=%f,d='%c'\n", a,b,c,d); // 依次按指定的格式将多个数据输出
    printf("字母 a 的 ASCII 码 :%d\n", d);       // 以十进制格式输出字母 a 的 ASCII 码
    printf("字母 a 的 ASCII 码 :%x\n", d);       // 以十六进制格式输出字母 a 的 ASCII 码
    printf("输出字符串 :%s\n", "CHINA");         // 输出字符串"CHINA"
    printf("今年的增长率 =");                    // 原样输出一串字符
    printf("50%%\n");                            // 输出 50%
}
```

需要说明的是，使用 printf 函数输出数据时，还可在格式符中的 % 和格式字符之间加入一些修饰符，用于指定输出宽度、小数位数和左端对齐。

【例 2.3】printf 函数的使用：指定输出宽度、小数位数和左端对齐。

```c
#include <stdio.h>                 // 包含输入输出头文件
int main(void)
{
    int   a=123;
    float b=123.456;
    printf("a=%5d\n",a);            // 输出宽度为 5 位，默认右对齐，不足位补空格
    printf("a=%-5d\n",a);           // 输出宽度为 5 位，左对齐
    printf("a=%05d\n",a);           // 输出宽度为 5 位，左边补 0
    printf("a=%2d\n",a);            // 按实际位数输出数据
    printf("b=%8.2f\n",b);          // 输出宽度为 8 位，2 位小数，默认右对齐，不足位补空格
```

```
        printf("b=%-8.2f\n",b);      // 输出宽度为 8 位，2 位小数，左对齐，不足位补空格
        printf("%8s\n","CHINA");     // 输出宽度为 8 位，默认右对齐，不足位补空格
        printf("%-8s","CHINA");      // 输出宽度为 8 位，左对齐，不足位补空格
        printf("GREAT\n");
    }
```

运行结果：

说明：在实际的 C 语言程序中，printf 函数可用于输出程序执行结果，给用户一个交代，同时也便于对程序进行调试。在嵌入式软件设计中，可通过异步串行通信（UART）接口实现 printf 输出功能，具体可以参阅参考文献 [2] 或 [3]。

5. 格式输入函数——scanf 函数

scanf 函数的作用是按用户指定的格式用键盘把数据输入到指定的变量地址中，其调用形式为：

  scanf(格式控制字符串，地址列表)

1）格式控制字符串的作用与 printf 函数类似，例如 %d 用于输入有符号的十进制整数，%u 用于输入无符号的十进制整数，%x 用于输入无符号的十六进制整数，%c 用于输入单个字符，%s 用于输入字符串（将字符串送到一个字符数组中），%f 用于以小数形式输入单精度实数（%lf 用于输入双精度实数），%e 用于以指数形式输入单精度实数（%le 用于输入双精度实数）。

2）地址列表是由若干个地址组成的列表，可以是变量的地址、数组的首地址、字符串的首地址。变量的地址是由地址运算符"&"后跟变量名组成的。多个地址之间要用逗号隔开。

【例 2.4】 用 scanf 函数输入多个数值数据。

```c
#include <stdio.h>                          // 包含输入输出头文件
int main(void)
{
    int i, j;
    float k;
    double x;
    printf("请输入两个整数和两个实数 :\n");   // 提示输入 4 个数据
    scanf("%d%d%f%lf", &i, &j, &k, &x);      // 输入 4 个数据分别赋给四个变量
    printf("%d,%d,%f,%f\n", i, j, k, x);     // 将 4 个变量的数值输出
}
```

&i、&j、&k、&x 中的"&"是"取地址运算符"，&i 表示变量 i 在内存中的地址。上面 scanf 函数的作用是将输入的 4 个数值数据依次存入变量 i、j、k、x 的地址中。

说明：

1）用 scanf 函数一次输入多个数值或多个字符串时，在两个数据之间可用一个（或多个）空格、换行符（按 Enter 键产生换行符）或 Tab 符（按 Tab 键产生 Tab 符）作分隔。换言之，用 scanf 函数输入数据时，系统以空格、换行符或 Tab 符作为一个数值或字符串的结束符。

例如，例 2.4 的运行情况：

① 用空格作输入数据之间的分隔：

② 用换行符作输入数据之间的分隔：

③ 用 Tab 符作输入数据之间的分隔：

注意：用 "%d%d%f%lf" 格式输入数据时，不能用逗号作输入数据间的分隔符。若实在想用逗号作输入数据间的分隔符，可改为 "%d,%d,%f,%lf" 格式，但不提倡这样做。

需要说明的是，在编译上述程序时，VC++2010 系统会报出警告提示"This function or variable may be unsafe. Consider using scanf_s instead.To disable deprecation, use _CRT_SECURE_NO_WARNINGS."，根据此提示，在 VC++2010 中可以用更加安全的 scanf_s 函数替代 scanf 函数；也可以对编译器进行设置，避免使用 scanf 函数时报出此警告提示，设置方法是：单击"项目"菜单中的"属性"命令，弹出项目属性页，在"配置属性"→"C/C++"→"预处理器"→"预处理器定义"项中添加"_CRT_SECURE_NO_WARNINGS"，如图 2-4 所示。

图 2-4　添加预处理器定义项

【同步练习 2-2】

已有定义语句"int a,b,c;",若要通过语句"scanf("%d%d%d", &a, &b, &c);"给变量 a、b、c 分别赋值 3、4、5,则不正确的输入形式是(   )。

A．3<换行>   B．3,4,5<换行>
　4<换行>
　5<换行>

C．3<换行>   D．3　4<换行>
　4　5<换行>   5<换行>

2）当输入数据的类型与 scanf 函数中的格式符指定的类型不一致时,系统认为该数据结束。

【例 2.5】用 scanf 函数输入多个不同类型的数据。
#include <stdio.h>
int main(void)
{
　　int i; char j; float k;
　　printf("请输入一个整数、一个字符和一个实数 :\n");   // 提示输入三个数据
　　scanf("%d%c%f", &i, &j, &k);   // 输入三个数据分别赋给变量 i、j、k
　　printf("%d,%c,%f\n", i, j, k);   // 将变量 i、j、k 的数据输出
}

运行情况：
```
请输入一个整数、一个字符和一个实数:
12a34.5
12,a,34.500000
```

3）用 scanf 函数输入字符时,系统将输入的空格、换行符作为有效字符。

【例 2.6】用 scanf 函数输入多个字符。
#include <stdio.h>
int main(void)
{
　　char i, j, k;
　　printf("请输入三个字符 :\n");   // 提示输入三个数据
　　scanf("%c%c%c", &i, &j, &k);   // 输入三个数据分别赋给变量 i、j、k
　　printf("%c,%c,%c\n", i, j, k);   // 将变量 i、j、k 的数据输出
}

运行情况：
```
请输入三个字符:
a b c
a, ,b
```

【同步练习 2-3】

1）已有定义语句"int a; char c;",若要通过"scanf("%d%c", &a,&c);"语句给变量 a 和 c 输入数据,使 30 存入 a,字符 'b' 存入 c,则正确的输入是(   )。

A．30'b'<换行>   B．30　b<换行>

C．30< 换行 >b< 换行 >　　　　　　　D．30b< 换行 >

2）在主函数中，首先定义字符变量 sex、整型变量 age、单精度实型变量 height，然后从键盘上依次输入你的性别（'F' 代表女性，'M' 代表男性）、年龄和身高（单位为 m）并分别存放至变量 sex、age 和 height 中，最后分行依次输出你的姓名（对应的字符串）、性别、年龄、身高（小数点后保留 2 位）。

2.2.2　顺序结构程序设计应用

顺序结构程序比较简单，前面所有的例题都是顺序结构程序，在此利用前面所介绍的输入输出函数，通过两个实例说明程序设计的思想和编程规范。

【例 2.7】将输入的两个整数交换，然后再输出这两个整数。

算法分析：军训时，往往按照同学的身高进行排队。试想，若有 A、B 两名同学没有按照要求排队，需要调换位置，如何实现？

本例给出的问题类似于上述的两名同学互换位置，需要借助一个临时变量实现两数的交换。其程序设计流程如图 2-5 所示。

参考程序：
```
//==============================
// 程序功能：输入两个整数，交换后再输出
// 设计日期：2023-07-20
//==============================
#include <stdio.h>                      //包含头文件
int main(void)
{
    int  x, y, t;                       //定义三个变量
    printf("请输入两个整数（用空格隔开）：");
    scanf("%d%d", &x, &y);              //输入两个数据给 x 和 y
    t=x;  x=y;  y=t;                    //将数 x 和 y 交换
    printf("将输入的两个整数交换之后：");
    printf("%d %d\n", x , y);           //输出 x 和 y 两个数
}
```

运行情况：请输入两个整数(用空格隔开)：5 3
　　　　　将输入的两个整数交换之后： 3 5

【例 2.8】计算 1+2+3+4+5 的和。

本例题的程序设计流程如图 2-6 所示，参考程序如下：
```
#include <stdio.h>
int main(void)
{
    int i=1, s=0;
    s = s+i;   i++;
    s = s+i;   i++;
    s = s+i;   i++;
```

```
        s = s+i;  i++;
        s = s+i;
        printf("sum=%d\n", s);
    }
```

运行结果：sum=15

在例 2.8 中，重复执行了多次"s = s+i;"和"i++;"语句，有没有更加简捷的方法呢？可改用循环结构解决此类问题，这将在 2.4 节中详细介绍。

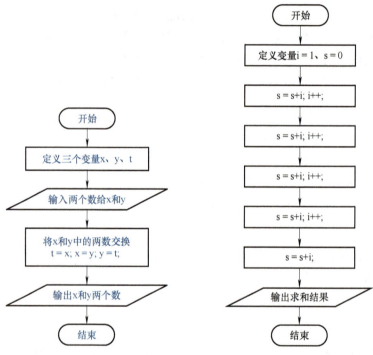

图 2-5 例 2.7 程序设计流程图　　图 2-6 例 2.8 程序设计流程图

以上两个例题较简单，在此主要说明，在程序设计中，要养成良好的编程习惯和规范：①用流程图表示程序设计的思路，根据流程图进行编程；②在程序前加注关于程序的说明（程序功能、函数名称、设计日期等）；③在代码中加注释。

这样做会大大增加程序的可读性和可移植性，对程序设计者和程序阅读者均有益。

2.3 利用选择结构程序解决实际问题

在实际生活中，人们经常遇到根据不同的情况选择不同道路的情况。在 C 语言程序设计中，也会遇到同样的问题，那就是根据不同的条件执行不同的语句，这就是选择结构程序。C 语言提供了两种选择语句：if 语句和 switch 语句。

2.3.1 if 语句及应用

if 语句根据给定的条件进行判断，以决定执行某个分支程序段。

1. if 语句的三种形式

（1）if 基本形式

  if(表达式) 语句

其语义：若表达式的值为真，则执行其后的语句，否则不执行该语句，其流程图如图 2-7a 所示。

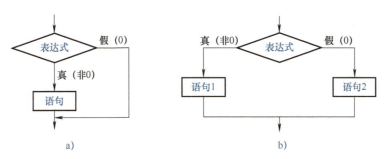

图 2-7　if 语句流程图

【例 2.9】输入两个整数，要求按由大到小的顺序输出。

本例给出的问题类似于例 2.7 的两数交换问题。参考程序如下：

```
#include <stdio.h>
int main(void)
{
    int a, b, t;
    printf("请输入两个整数 ( 用空格隔开 )：");
    scanf("%d%d", &a, &b);
    if(a<b)
    {
        t=a;  a=b;  b=t;
    }
    printf("由大到小：%d,%d\n", a, b);
}
```

【例 2.10】用 if 语句判断考试结果。

```
#include <stdio.h>
int main(void)
{
    int score;
    printf("请输入成绩：");
    scanf("%d", &score);
    if(score>=60)  printf("恭喜，通过！\n");
}
```

在运行本例程序时，若输入的成绩小于 60，则没有任何提示。为此，可以用下面介绍的 if…else 基本形式对程序进行完善。

（2）if…else 基本形式

  if(表达式)   语句 1
  else   语句 2

其语义：若表达式的值为真，则执行语句 1，否则执行语句 2，其流程图如图 2-7b 所示。

【例 2.11】用 if…else 语句判断考试结果。

```c
#include <stdio.h>
int main(void)
{
    int score;
    printf("请输入成绩：");
    scanf("%d", &score);
    if(score>=60)    printf("恭喜，通过！\n");
    else             printf("未通过，继续努力！\n");
}
```

【例 2.12】用 if…else 语句判断输入的数据是否为 0。

```c
#include <stdio.h>
int main(void)
{
    int num;
    printf("请输入一个整数：");
    scanf("%d", &num);
    if(num)     printf("该数不为 0.\n");
    else        printf("该数为 0.\n");
}
```

【例 2.13】用 if…else 语句判断输入的两个数据是否有 0。

```c
#include <stdio.h>
int main(void)
{
    int i, j;
    printf("请输入两个整数：");
    scanf("%d%d", &i, &j);
    if(i&&j)    printf("输入的两个数都不是 0.\n");
    else        printf("输入的两个数至少有一个是 0.\n");
}
```

通过以上几个例题可以看出，if 语句中的"表达式"可以是变量、关系表达式或逻辑表达式。

【同步练习 2-4】

上机编程，用 if 语句实现以下功能：

1）输入两个数，输出其中的最大值。

2）输入一个整数，判断它能否被 5 整除，若能被 5 整除，输出"输入的整数能被 5 整除"；否则输出"输入的整数不能被 5 整除"。

3）输入一年份，判断该年是否是闰年（闰年的判断条件是：年份能被 4 整除，而不能被 100 整除；或能被 400 整除）。

4）输入一名学生的出生日期（年月日）和当前的日期（年月日），输出该学生的实际年龄（周岁）。

if…else 基本形式，用于解决两分支选择的问题。对于更多分支选择的问题，可采用第三种方式：if…else 嵌套形式。

（3）if…else 嵌套形式

可结合判断条件，灵活采用适当的嵌套形式解决实际问题，以下几种都是合法的 if 语句嵌套形式：

① if(表达式 1)   语句 1   ② if(表达式 1)
　else   if(表达式 2)   语句 1
　　if(表达式 2)   语句 2   else   语句 2
　　else   语句 3   else   语句 3

③ if(表达式 1)   ④ if(表达式 1)
　　if(表达式 2)   语句 1   if(表达式 2)
　　else   语句 2   if(表达式 3)   语句 1
　else   else   语句 2
　　if(表达式 3)   语句 3   else   语句 3
　　else   语句 4   else   语句 4

可以看出，用 if…else 嵌套形式可以解决多分支问题。需要说明的是，在 if…else 嵌套形式中，要注意 if 与 else 的配对关系，else 总是与它上面最近的未配对的 if 配对。

另外，在上述第①种嵌套结构中，当有更多层嵌套时，还可采用下面虚线右侧所示的更加紧凑的代码书写形式，其流程如图 2-8 所示。

if(表达式 1)   语句 1   if(表达式 1)   语句 1
else   else if(表达式 2)   语句 2
　if(表达式 2)   语句 2   else if(表达式 3)   语句 3
　else   else if(表达式 4)   语句 4
　　if(表达式 3)   语句 3   else   语句 5
　　else
　　　if(表达式 4)   语句 4
　　　else   语句 5

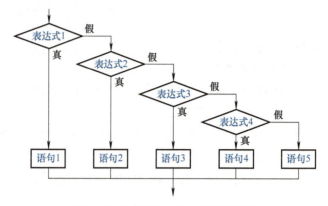

图 2-8　第①种 if…else 嵌套流程图

程序执行时,首先判断表达式1的值,若表达式1的值为真(非0),则只执行语句1;否则继续判断表达式2的值,若表达式2的值为真,则只执行语句2;否则继续判断表达式3的值,……,依次类推。在此过程中,若某一表达式的值为真,则只执行对应的语句,并且不再继续判断后续 else if 的表达式,否则需要继续判断下一个 else if 条件。

【同步练习 2-5】

请思考并画出上述第②、③、④种 if…else 嵌套形式的执行流程图。

【例 2.14】根据符号函数,编程实现输入一个 x 值,输出 y 值。

$$y=\begin{cases} -1 & (x<0) \\ 0 & (x=0) \\ 1 & (x>0) \end{cases}$$

参考程序如下:
```
#include <stdio.h>
int main(void)
{
    int x, y;
    printf("请输入 x 的值：");
    scanf("%d", &x);
    if(x<0)        y= -1;
    else if(x==0)  y=0;
    else           y=1;
    printf("x=%d,y=%d\n", x,y);
}
```

【思考与实践】

对于本例题,若改用 if 基本形式,如何实现?从程序执行效率角度,思考与上述 if…else 嵌套形式有何区别。

【同步练习 2-6】

上机编程,用 if…else 嵌套形式实现:

1)有一个分段函数:

$$y = \begin{cases} x & (0 \leq x < 2) \\ 2x-2 & (2 \leq x < 4) \\ 3x-6 & (x \geq 4) \end{cases}$$

输入 x 的值(非负数),输出 y 的值。

2)输入两个整数分别赋给变量 a 和 b,如果 a 和 b 相等,则输出"a=b";如果 a 大于 b,则输出"a>b";如果 a 小于 b,则输出"a<b"。

3)理论与实践是辩证统一的,扎实的理论基础能很好地指导实践,提高实践水平;通过实践,又可发现和弥补理论学习中的不足。对于专业课学习,学无技而不显、技无学而不跃,因此要同时注重理论学习和实践训练。程序运行时,提示输入一门课的理论成绩和实践成绩,若这两部分成绩均及格(不低于 60 分),则输出"恭喜,通过!";若理论成绩不及格而实践成绩及格,则输出"请加强理论学习";若理论成绩及格而实践成绩不及格,则输出"请加强实践训练";若理论和实践这两部分成绩均不及格,则输出"请同时加强理论学习和实践训练"。

4)输入农历月份,判断该月份对应的季节。

5)输入三个整数,如果三个数都相等,则输出"三个数都相等";如果其中任意两个数相等,则输出"有两个数相等";否则,输出"三个数各不相等"。

6)根据输入的课程成绩(整数),判断并输出相应的等级。输入成绩与输出结果的对应关系:90~100,优秀;80~89,良好;70~79,中等;60~69,及格;0~59,不及格;其他值,提示"输入有误!"。

7)求方程 ax^2+bx+c 的根,其中 a、b、c 的值由键盘输入。

2. 条件运算符和条件表达式

条件运算符(?:)是一个三目运算符,即有三个参与运算的量。由条件运算符组成条件表达式的一般形式如下:

表达式 1?表达式 2:表达式 3

条件表达式的求解过程:如果表达式 1 的值为真,则以表达式 2 的值作为整个条件表达式的值,否则以表达式 3 的值作为整个条件表达式的值,其执行流程如图 2-9 所示。

条件表达式通常用于赋值语句之中。

例如条件语句:　　if(a>b)　max=a;
　　　　　　　　　else　　max=b;

可用条件表达式写为:　max = (a>b)?a:b;

执行该语句的语义是:若 a>b 为真,则把 a 赋给 max,否则把 b 赋给 max。

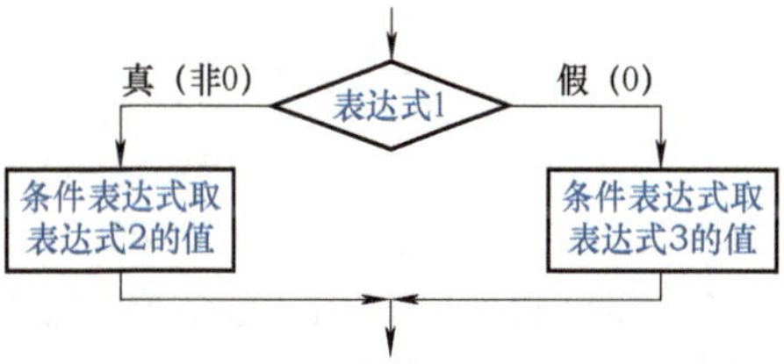

图 2-9　条件表达式执行流程图

说明:

1)条件运算符的运算优先级低于关系运算符和算术运算符,但高于赋值运算符。因此,表达式"max = (a>b)?a:b"等价于"max = a>b?a:b"。

2)条件运算符的结合方向是自右至左。因此,表达式"a>b?a:c>d?c:d"等价于"a>b?a:(c>d?c:d)",这也就是条件表达式嵌套的情形,即其中的表达式 3 又是一个条件表达式。

【例 2.15】 利用条件运算符求两数的最大值。
```
#include <stdio.h>
int main(void)
{
    int a, b, max;
    printf("请输入两个整数：");
    scanf("%d%d", &a, &b);
    max = a>b?a:b;
    printf("max=%d\n", max);
}
```

【同步练习 2-7】

用条件运算符实现：输入两个整数，输出它们的差值（绝对值）。

2.3.2 switch 语句及应用

对于有些多分支选择问题，可用 if…else 嵌套形式解决，还可采用 switch 语句解决。switch 语句可用于图 2-10 所示的多分支选择结构，当表达式 P 的值等于 P_1 时，执行 A 语句；当 P 的值等于 P_2 时，执行 B 语句；……，依次类推，当 P 的值等于 P_n 时，执行 N 语句。

switch 语句的一般形式：

```
switch( 表达式 )
{
    case 常量表达式 1:     语句 1; [break;]
    case 常量表达式 2:     语句 2; [break;]
        ⋮
    case 常量表达式 n:     语句 n; [break;]
    [default       :      语句 n+1;]
}
```

switch 语句的语义是：计算 switch 括号内"表达式"的值，并逐个与 case 后面"常量表达式"的值进行比较，当 switch 括号内"表达式"的值与某个 case 后面"常量表达式"的值相等时，即执行该行对应的语句，后面的 break 语句可用来终止 switch 语句的执行。若 switch 括号内"表达式"的值与所有 case 后面的"常量表达式"均不相等时，则执行 default 后面的语句。

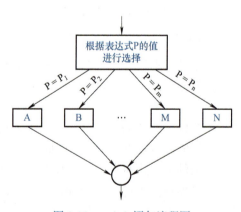

图 2-10 switch 语句流程图

说明：

1）switch 括号内的"表达式"，其值的类型应为整型或字符型。

2）case 后面的表达式必须是常量表达式，不能是变量。

3）每一个 case 后面的常量表达式必须互不相同。

4）多个 case 可以共用一组执行语句。

5）每一组执行语句允许有多个语句，可以不用 {} 括起来。

6）带有 [ ] 的部分为可选部分。

【例 2.16】用 switch 语句实现：根据输入的课程成绩（整数），判断并输出相应的等级。输入成绩与输出结果的对应关系：90～100，优秀；80～89，良好；70～79，中等；60～69，及格；0～59，不及格；其他值，提示"输入有误！"。

【善于发现问题】

若将每一种课程成绩（如 0～100、大于 100 或小于 0 的任何整数）作为 switch 语句中的一个 case 后面的"常量表达式"，则程序代码会很长。那有没有更加简捷的解决办法？

不难看出各个分数段的共同特点，比如 80～89，这 10 个数据对应的十位数是相同的，都是 8，因此可以用"输入的成绩除以 10"这个取整运算表达式作为 switch 括号内的"表达式"。

参考程序如下：

```c
#include <stdio.h>
int main(void)
{
    int score;
    printf("请输入课程成绩（整数）：");
    scanf("%d", &score);
    if(score>=0 && score<=100)
    {
        switch(score/10)
        {
            case 10:
            case 9:  printf("优秀！\n"); break;
            case 8:  printf("良好！\n"); break;
            case 7:  printf("中等！\n"); break;
            case 6:  printf("及格！\n"); break;
            default: printf("不及格！\n");
        }
    }
    else
        printf("输入有误！\n");
}
```

【实践验证】请将本例代码中的某个 break 语句去掉，观察程序运行结果，以体会 break 语句的作用。

从例 2.16 可以看出，if 语句和 switch 语句的区别在于，if 语句可以对关系表达式或逻辑表达式进行测试，而 switch 语句只能对等式进行测试。能否用 switch 语句解决多分支选择结构问题，关键是要找出 switch 括号内的"表达式"与 case 后面的"常量表达式"的对应关系。

需要说明的是，在嵌入式软件设计中，也会经常遇到选择判断的问题，例如，当嵌入式计算机检测到某个开关闭合或断开时，可以控制对应的指示灯点亮或熄灭；检测到某个键被按下时，可以在数码管或液晶显示屏上显示相应的信息，如人们在手机上通过按键拨打电话或者在取款机上按键查询相关信息等。这些功能，均可以用 if 语句或 switch 语句实现，其具体实现，读者可在后续通过参考文献 [2] 进一步学习。

【同步练习 2-8】

上机编程，用 switch 语句分别实现：
1）输入一个正整数，输出该整数除以 5 的余数。
2）"同步练习 2-6"第 1）题的分段函数。

2.4 利用循环结构程序解决实际问题

在许多问题中需要用到循环控制，即重复执行同种性质的任务。例如，在例 2.8 中，重复执行了多次"s = s+i;"和"i++;"语句；在测试例 2.16 程序时，需要多次单击运行命令，输入不同的数据，以测试程序的正确性和可靠性。这就让人不难想到：如果系统能够自动重复运行程序（循环控制），那就方便多了。再如嵌入式智能设备，只要上电工作，主函数就要反复执行一段程序，这也需要用到循环控制，读者可在后续通过参考文献 [2] 进一步学习。

C 语言提供了多种循环语句，最基本的是 while 语句、do…while 语句、for 语句。

2.4.1 while 循环结构程序设计

while 语句的一般形式为：
  while(循环条件表达式)　循环体语句

其流程图如图 2-11 所示，执行过程是：先判断循环条件表达式是否为真，然后再决定是否执行循环体语句。当循环条件表达式为真（非 0）时，执行循环体语句，然后继续判断循环条件表达式是否为真；当循环条件表达式为假（0）时，终止循环。可见，while 语句是"当型"循环结构。

【例 2.17】用 while 语句实现 1+2+3+…+100 的和。
程序设计流程如图 2-12 所示，参考程序如下：
```
#include <stdio.h>
int main(void)
{
    int i=1, sum=0;
```

```
    while(i<=100)
    {
        sum = sum+i;   // 或者写成：sum += i;
        i++;
    }
    printf("sum=%d\n", sum);
}
```

运行结果：`sum=5050`

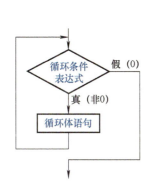

图 2-11 while 循环结构流程图

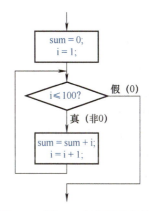

图 2-12 例 2.17 程序设计流程图

【同步练习 2-9】

上机编程，用 while 循环分别实现：1+3+5+…+99 的和；2+4+6+…+100 的和；1+2+3+…+n 的和（n 的数值由键盘输入）；当 1+2+3+…+i 的和 sum ≥ 100 时，输出 sum 和 i 的值。

说明：

1）while 语句中的表达式一般是关系表达式或逻辑表达式，只要表达式的值为真（非0），即可继续执行循环体语句。如嵌入式软件的主函数一般用 while(1) 构成无限循环结构。请读者将例 2.16 程序的执行语句作为 while(1) 的循环体语句，运行程序并体会循环结构的作用。

2）若循环体包含多条语句，则必须用 {} 括起来，组成复合语句。

【例 2.18】输入一串字符以 # 结束，然后输出这串字符。

```
#include <stdio.h>
int main(void)
{
    char ch;
    printf("请输入一串字符（以 # 结束）：");
    while((ch=getchar( )) != '#')
        putchar(ch);
```

```
        putchar('\n');
}
```

运行情况：`请输入一串字符（以#结束）：12345ABCD#`
`12345ABCD`

本例程序在执行时，并不是每输入一个字符后就立即输出该字符，而是将输入的字符以及输出的字符暂时保存在缓冲区中，等输入 # 之后一并输出。

【同步练习 2-10】

1）设有程序段：
```
    int k=10;
    while(k=0)
        k = k-1;
```
则下面描述中正确的是（   ）。

A．while 循环执行 10 次　　　　　　B．循环是无限循环
C．循环体语句一次也不执行　　　　D．循环体语句执行一次

2）请读者思考下面程序的执行结果，并上机编程验证结果。
```
#include <stdio.h>
int main(void)
{
    int x=1;
    while(x<20)
    {
        x = x*x;   x = x+1;
    }
    printf("%d", x);
}
```

2.4.2 do…while 循环结构程序设计

do…while 语句的一般形式为：
　　do
　　　　循环体语句
　　while(表达式);

其流程图如图 2-13 所示，执行过程是：先执行循环体语句，再判断表达式是否为真。若表达式为真，则继续执行循环体语句；若表达式为假，则终止循环。可见，do…while 循环至少要执行一次循环体语句，do…while 语句是"直到型"循环结构。

若循环体包含多条语句，则必须用 {} 括起来，组成复合语句。

【例 2.19】用 do…while 语句实现 1+2+3+…+100 的和。

程序设计流程如图 2-14 所示，参考程序如下：

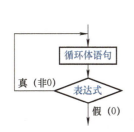

图 2-13 do…while 循环流程图

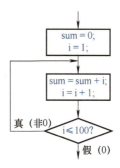

图 2-14 例 2.19 程序设计流程图

```
#include <stdio.h>
int main(void)
{
    int i=1, sum=0;
    do
    {
        sum = sum+i;
        i++;
    }while(i<=100);
    printf("sum=%d\n", sum);
}
```

运行结果：`sum=5050`

【例 2.20】while 和 do…while 循环的比较。

(1)
```
#include <stdio.h>
int main(void)
{
    int i;
    printf("请输入 1 个整数：");
    scanf("%d", &i);
    while(i<3)
    {
        i++;
    }
    printf("i=%d\n", i);
}
```

运行一次：`请输入1个整数：1  i=3`

再运行一次：`请输入1个整数：2  i=3`

再运行一次：`请输入1个整数：3  i=3`

(2)
```
#include <stdio.h>
int main(void)
{
    int i;
    printf("请输入 1 个整数：");
    scanf("%d", &i);
    do
    {
        i++;
    }while(i<3);
    printf("i=%d\n", i);
}
```

运行一次：`请输入1个整数：1  i=3`

再运行一次：`请输入1个整数：2  i=3`

再运行一次：`请输入1个整数：3  i=4`

可见，当输入 i<3 时，两者运行结果相同；但当输入 i≥3 时，运行结果不同。

【同步练习 2-11】

若有如下程序段，则以下说法中正确的是（　　）。

```
int k=5;
do
{
    k--;
}while(k<=0);
```

A．循环执行 5 次　　　　　　　　　　B．循环是无限循环
C．循环体语句一次也不执行　　　　　D．循环体语句执行一次

【例 2.21】将例 1.9 的顺序结构分别改写为 while 循环结构和 do…while 循环结构，并实现：从键盘上输入一个正整数，然后倒序输出该整数。

请读者先后运行这两个程序，查看分别输入正整数和输入 0 时的运行结果是否相同。

（1）
```c
#include <stdio.h>
int main(void)
{
    int num;
    printf("请输入一个非负整数：");
    scanf("%d", &num);
    printf("%d 倒序后：", num);
    while(num>0)
    {
        printf("%d", num%10);
        num = num/10;
    }
    printf("\n");
}
```

（2）
```c
#include <stdio.h>
int main(void)
{
    int num;
    printf("请输入一个非负整数：");
    scanf("%d", &num);
    printf("%d 倒序后：", num);
    do
    {
        printf("%d", num%10);
        num = num/10;
    }while(num>0);
    printf("\n");
}
```

【例 2.22】在例 2.21 的基础上实现：统计输入的非负整数的位数⊖。

```c
#include <stdio.h>
int main(void)
{
    int num;                    // 存放整数
    int digit=0;                // 存放整数位数
    printf("请输入一个非负整数：");
    scanf("%d", &num);
    printf("%d 的位数是", num);
```

⊖ 在嵌入式软件设计中，此程序可用于实现数码管显示中的"高位灭零"功能，例如在 4 位数码管上可以显示 4 位整数，当显示整数"123"时，数码管只显示 3 位整数，以降低功耗，并体现"精益求精"。具体可参阅参考文献 [2]。

```
        do
        {
            num = num/10;          // 整数右移 1 位，或者写成：num /= 10;
            digit++;               // 整数位数加 1
        }while(num>0);
        printf("%d\n", digit);
    }
```

请读者思考本程序能否将 do…while 语句改为 while 语句。

2.4.3 for 循环结构程序设计

在 C 语言中，for 语句使用最为灵活，它在很多场合可以代替 while 语句，其一般形式为：

   for(表达式 1; 表达式 2; 表达式 3)　循环体语句

其流程图如图 2-15a 所示，执行过程如下：

1）计算表达式 1。

2）计算表达式 2，若其值为真（非 0），则执行 for 语句中的循环体语句，然后执行下面第 3）步；若其值为假（0），则结束循环，转到第 5）步。

3）计算表达式 3。

4）转回上面第 2）步继续执行。

5）循环结束，执行 for 语句下面的一个语句。

for 语句最常用、最容易理解的应用形式如下：

   for(循环变量赋初值 ; 循环条件 ; 循环变量变化)　循环体语句

对应的流程图如图 2-15b 所示。

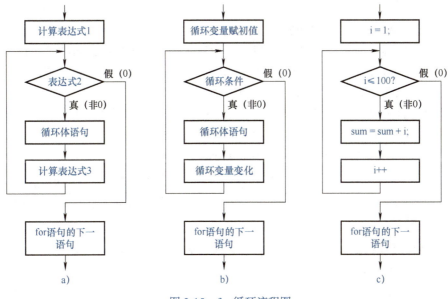

图 2-15　for 循环流程图

【例 2.23】用 for 语句实现 1+2+3+…+100 的和。
程序设计流程如图 2-15c 所示，参考程序如下：
```
#include <stdio.h>
int main(void)
{
    int i, sum=0;            int i=1, sum=0;          int i=1, sum=0;         int i, sum;
    for(i=1; i<=100; i++)    for( ; i<=100; i++)      for(; i<=100;)          for(sum=0,i=1; i<=100; i++)
        sum = sum+i;             sum = sum+i;         {   sum = sum+i;            sum = sum+i;
                                                          i++;
                                                      }
    printf("%d\n", sum);
}
          ①                         ②                         ③                          ④
```

说明：

第①形式是常用的书写形式，其中第 4～6 行程序代码与②、③、④形式等效。

第②种形式，说明 for 语句中的"循环变量赋初值"项可以放在 for 语句之前。

第③种形式，说明 for 语句中的"循环变量变化"项可以放在 for 循环体中。

第④种形式，说明 for 语句中的"循环变量赋初值"项可以同时给多个变量赋初值（要用逗号隔开）。

【同步练习 2-12】

1）用 for 循环分别实现：1+3+5+…+99 的和；2+4+6+…+100 的和；1+2+3+…+n 的和（n 的数值由键盘输入）；当 1+2+3+…+i 的和 sum ≥ 100 时，输出 sum 和 i 的值。

2）输出所有的"水仙花数"。"水仙花数"是指一个 3 位数，其各位数字的三次方和等于该数本身。例如，$153=1^3+5^3+3^3$。

3）一个工厂的厂长利用"传帮带"的途径培养一批合格的技术工人，先由技术骨干在第 1 个月培养出 2 名技术工；在第 2 个月，再由第 1 个月培养出的 2 名技术工培养出 4 名技术工；在第 3 个月，再由第 2 个月培养出的 4 名技术工培养出 8 名技术工，……，以此类推。请用 for 循环计算出在 1 年内一共培养出的技术工人数。

最后需要说明的是，嵌入式软件设计中常用的两种 for 语句形式如下：

1）for 循环体可以是空语句，常用于软件延时。例如：

　　　　for(i=0; i<1000; i++); 或 for(i=1000; i>0; i--);

2）for(; ;) 与 while(1) 等价，表示无限循环。主函数一般为无限循环结构。

2.4.4 循环嵌套

一个循环体内又包含另一个完整的循环结构，称为循环嵌套。

【例 2.24】统计循环次数。

#include <stdio.h>

```
int main(void)
{
    int i, j;              // 定义两个循环变量
    int k=0;               // 存放循环次数
    for(i=1; i<=3; i++)
    {
        for(j=1; j<=4; j++)
            k++;
    }
    printf("循环次数：%d\n", k);
}
```

运行结果：循环次数：12

说明：

1）本例用了两个 for 循环构成循环嵌套，对应程序第 6 ～ 10 行，这几行代码其实是一条语句，因此可以不加 {}，但为了程序的规范性和可读性，建议加 {}。

2）在嵌入式软件设计中，常用此方式实现更长时间的软件延时。

【思考与实践】

请读者分析本例程序循环嵌套结构执行完毕后变量 i 和 j 的值，然后上机编程验证结果。

【例 2.25】 输出如图 2-16 所示的由星号组成的三角图形。

```
#include <stdio.h>
int main(void)
{
   int i, j;
   for(i=1; i<=4; i++)
   {
      for(j=1; j<=4-i; j++)
         printf(" ");
      for(j=1; j<=2*i-1; j++)
         printf("*");
      printf("\n");
   }
}
```

```
      *
     ***
    *****
   *******
```

图 2-16 三角图形

【同步练习 2-13】

1）下面程序的运行结果是（   ）。
```
#include <stdio.h>
```

```
int main(void)
{
    int i, j, k=0;
    for(i=1; i<=5; i++)
    {
        j = i%2;
        while(--j >= 0)
            k++;
    }
    printf("%d,%d\n", k, j);
}
```

A．3,-1　　　　　B．8,-1　　　　　C．3,0　　　　　D．8,-2

2）输出倒三角图形。

3）输出中国古代对世界贡献很大的一个发明——九九乘法表。

```
1*1=1
1*2=2   2*2=4
1*3=3   2*3=6   3*3=9
1*4=4   2*4=8   3*4=12  4*4=16
1*5=5   2*5=10  3*5=15  4*5=20  5*5=25
1*6=6   2*6=12  3*6=18  4*6=24  5*6=30  6*6=36
1*7=7   2*7=14  3*7=21  4*7=28  5*7=35  6*7=42  7*7=49
1*8=8   2*8=16  3*8=24  4*8=32  5*8=40  6*8=48  7*8=56  8*8=64
1*9=9   2*9=18  3*9=27  4*9=36  5*9=45  6*9=54  7*9=63  8*9=72  9*9=81
```

2.4.5　break 语句和 continue 语句

1. break 语句

一般形式为：　　　　break;

break 语句常用于循环结构和 switch 选择结构。当 break 语句用于 switch 选择结构中时，可使程序跳出 switch 结构而执行 switch 下面的语句，这已在"2.3.2 switch 语句及应用"一节中介绍过。当 break 语句用于循环结构中时，可使程序提前结束"整个"循环过程，接着执行循环结构下面的语句。

2. continue 语句

一般形式为：　　　　continue;

continue 语句常用于循环结构，其作用是提前结束"本次"循环（跳过循环体中下面尚未执行的语句），接着执行下次循环。

下面通过例 2.26 理解和体会 break 语句和 continue 语句的执行过程及区别。

【例 2.26】break 语句和 continue 语句在循环结构中的应用。

（1）程序 1
```
#include <stdio.h>
int main(void)
{
    int i;
    for(i=1; i<=5; i++)
    {
        if(i==3)  break;
        printf("%d\n", i);
    }
}
```
运行结果：
```
1
2
```

（2）程序 2
```
#include <stdio.h>
int main(void)
{
    int i;
    for(i=1; i<=5; i++)
    {
        if(i==3)  continue;
        printf("%d\n", i);
    }
}
```
运行结果：
```
1
2
4
5
```

这个例题类似于一名同学计划从周一到周五天天到操场上跑步（对应执行 printf 函数调用语句），程序 1 相当于如果到了周三，执行 break 语句，周三到周五这 3 天都不用跑了；而程序 2 相当于如果到了周三，执行 continue 语句，周三当天不用跑，但周四和周五还要继续跑。

【思考与实践】

请分析本程序循环结构执行完毕后变量 i 的值，然后上机编程验证结果。

break 语句和 continue 语句的执行过程可用以下两个循环结构及其对应的流程图（见图 2-17）说明。

（1）while(表达式 1)
```
{ ...
    if( 表达式 2) break;
    ...
}
```

（2）while(表达式 1)
```
{ ...
    if( 表达式 2) continue;
    ...
}
```

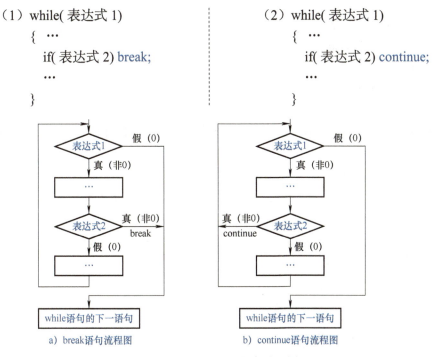

a) break 语句流程图　　　　b) continue 语句流程图

图 2-17　break 和 continue 语句流程图

【同步练习2-14】

1）请读者在下面例2.27、例2.28和例2.29程序中的横线处填写合适的语句，并上机编写和运行程序。

【例2.27】使 $1^2+2^2+3^2+\cdots+i^2$ 的累加和 sum 大于1000为止，输出 sum 和 i 的值。

```
#include <stdio.h>
int main(void)
{
    int i, sum=0;
    for(i=1; ; i++)
    {
        sum += i*i;
        if(sum>1000) _____
    }
    printf("sum=%d,i=%d\n", sum, i);
}
```

【例2.28】输出 1～100 之间能被 7 整除的整数。

```
#include <stdio.h>
int main(void)
{
    int i;
    for(i=1; i<=100; i++)
    {
        if(i%7 != 0) _____
        printf("%3d", i);
    }
    printf("\n");
}
```

【例2.29】循环输入一个整数，如果为非负整数，则输出其平方根；如果为负整数，则退出循环程序。

```
#include <stdio.h>
#include <math.h>                    //包含数学库函数头文件
int main(void)
{
    int num;
    while(1)
    {
        printf("请输入一个非负整数：");
        scanf("%d", &num);
        if(num<0)
```

```
        {
            printf("请不要输入负数 .\n");
            _____
        }
        else
            printf("输入整数的平方根 =%.2f\n", sqrt(num));
    }
}
```

本例程序中，printf 函数中的"%.2f"表示以浮点数形式输出结果，输出的数据小数点后保留 2 位。

2）某商店对顾客实行优惠购物，规定如下：购物额为 1000 元以上（含 1000 元，下同）者，八五折优惠；500 元以上、1000 元以下者，九折优惠；200 元以上、500 元以下者，九五折优惠；200 元以下者，九七折优惠；100 元以下者不优惠。编程实现：可以反复由键盘输入一个购物额，计算应收的款额。当输入值为负值时，提示"输入有误，请重新输入！"。

2.5 利用预处理命令提高编程效率

几乎所有的 C 语言程序，都使用以"#"开头的预处理命令，例如包含命令 #include、宏定义命令 #define 等。在源程序中，这些命令称为预处理部分。预处理是 C 语言的一个重要功能，它由预处理程序负责完成。当对一个源文件进行编译时，系统将自动引用预处理程序对源程序中的预处理部分做处理，处理完毕自动进入对源程序的编译。

在 C 语言中，有多种预处理命令，在此介绍 3 种常用的预处理功能：宏定义、文件包含、条件编译。需要注意，预处理命令不是 C 语句。为了与一般 C 语句相区别，这些命令均以符号"#"开头。灵活使用预处理命令，可以提高编程效率。

2.5.1 宏定义

1. 不带参数的宏定义

不带参数的宏定义的一般形式如下：

  #define 宏名

或

  #define 宏名 替换文本

"宏名"是用户定义的标识符，要符合标识符的命名规则。

第一种形式的宏定义，仅说明宏名对应的标识符被定义。

第二种形式的宏定义，是用一个简单且见名知意的"宏名"代表"替换文本"，"替换文本"可以是常数、表达式、格式串等。该形式的宏定义可以提高编程效率。例如：若用简单的"PI"代表"3.1415926"，可用宏定义"#define PI 3.1415926"，则在编译预处理时，对程序中所有的宏名"PI"，都用宏定义中的替换文本"3.1415926"去替换，此过程称为"宏替换"。

2. 带参数的宏定义

带参数的宏定义也称为宏函数。在宏定义中的参数称为形式参数（简称形参），在宏调用中的参数称为实际参数（简称实参）。

带参宏定义的一般形式为：

#define 宏名(形参表) 替换文本

其中，在替换文本中含有形参表中的各个形参。

带参宏调用的一般形式为：

宏名(实参表)

在宏调用时，不仅要宏展开，而且要用实参去代换宏定义中的形参。

【例2.30】使用宏定义：根据输入的半径，求圆的面积。

```
#include <stdio.h>
#define PI 3.14159              // 宏定义符号常量PI（不带参数）
#define S(r) PI*(r)*(r)         // 宏定义面积计算公式（带参数）
int main(void)
{
    float a, area;              // 定义半径、面积变量
    while(1)
    {
        printf("请输入半径：");
        scanf("%f", &a);
        if(a<0) break;          // 若输入的半径是负值，则退出循环
        area = S(a);            // 宏调用
        printf("半径 =%6.2f\n", a);
        printf("面积 =%6.2f\n", area);
    }
}
```

本例同时用了两个宏定义：一是符号常量"PI"的无参宏定义，一是面积计算公式的带参宏定义。这两个宏定义一起配合使用，使得赋值语句"area = S(a);"经宏展开后变为"area = 3.14159*(a)*(a);"。宏调用（宏展开）过程如图2-18所示。

| 带参宏定义 (r:形参)： | #define S (r) | PI*(r)*(r) |
| 带参宏调用 (a:实参)： | area = S (a); | 3.14159*(a)*(a) |

图2-18 带参宏调用过程

运行情况：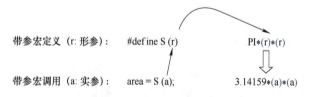

本例 printf 函数中的"%6.2f"表示以实型数据格式输出,输出的数据最小宽度是 6,并且保留 2 位小数。

对宏定义的几点说明:

1)宏定义不是 C 语句,不必在行末加分号。

2)宏定义在编译预处理时仅做简单替换,而不做任何语法检查。如果写成"#define PI 3.141s9",即把数字 5 错写成 s,编译预处理时仅做简单替换,只有在编译宏替换后的源程序时才会发现语法错误并报错。

3)宏定义通常写在文件开头,函数之前,作为本源文件的一部分,其作用域为宏定义命令起到本源文件结束。宏定义如果要终止其作用域可使用 #undef 命令,例如:

```
#define PI 3.14159
int main(void)
{
    …
}
#undef PI
…
```

PI 的有效范围

由于 #undef 的作用,使 PI 的作用范围到 #undef 行终止,因此在 main 函数之后,PI 不再代表 3.14159,这样可以灵活控制宏定义的作用范围。

4)不论是带参数还是不带参数的宏定义,宏定义中的宏名一般都用大写字母。

5)带参宏定义,对其替换文本中的参数和表达式外加括号是为了不引起歧义,提高程序设计的可靠性。

【例 2.31】使用带参数的宏定义:宏定义条件表达式。

```
#include <stdio.h>
#define MAX(x, y) ((x)>(y)?(x):(y))   //宏定义条件表达式
int main(void)
{
    int a,b;
    printf("请输入两个整数(用空格隔开):");
    scanf("%d%d", &a, &b);
    printf("最大值 =%d\n", MAX(a, b));
}
```

运行情况:请输入两个整数(用空格隔开):12 23
最大值=23

本例中的宏定义有两个形式参数 x 和 y,需要用逗号将 x 和 y 隔开。

在嵌入式软件设计中,经常用到对寄存器的位操作。根据表 1-8,可将寄存器或整型变量的位操作表达式改为见名知意的带参宏定义:

```
#define BSET(R, bit)    ((R) |= (1<<(bit)))    //将寄存器 R 的第 bit 位置 1
#define BCLR(R, bit)    ((R) &= ~ (1<<(bit)))   //将寄存器 R 的第 bit 位清 0
#define BGET(R, bit)    (((R) >> (bit)) & 1)    //获取寄存器 R 的第 bit 位的值
```

#define BRVS(R, bit)   ((R) ^= (1<<(bit)))   // 将寄存器 R 的第 bit 位取反

【同步练习 2-15】

1）使用带参宏定义编程：输入圆球的半径，求圆球的表面积与体积。

2）利用上面的宏函数"BGET(R, bit)"编程实现：输入一个有符号的单字节整数，输出其对应的二进制数。

2.5.2 文件包含

文件包含命令行的一般形式如下：

  #include < 文件名 >   或   #include " 文件名 "

在前面已多次使用此命令包含库函数的头文件，例如：

  #include <stdio.h>

文件包含命令的功能是在编译预处理时，将指定的文件插入该命令行位置取代该命令行，从而将指定的文件和当前的源程序文件连成一个源文件，其含义如图 2-19 所示。

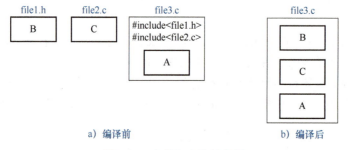

图 2-19 文件包含的示意图

在程序设计中，文件包含是很有用的。一个大的程序可以分成多个模块，由多个程序员分别编程。可将一些公用的宏定义等单独组成一个文件，在其他文件的开头用包含命令包含该文件即可使用这些公用量，这样可避免在每个文件开头都去书写这些公用量，从而节省时间，并减少出错。

例如，在软件设计中，若多个源文件均用到下面的宏定义：

  #define PI   3.1415926
  #define S(r) PI*(r)*(r)

可将这些宏定义做成一个公用的文件"common.h"（文件名可根据需要灵活设定），其他源文件若需使用这两个宏定义，则只需在该源文件开头处加一行代码即可：

  #include "common.h"

有关文件包含命令的几点说明：

1）在 #include 命令中，文件名可以用尖括号或双撇号括起来。例如：

  #include <stdio.h>   或   #include "stdio.h"

二者的区别：用尖括号时，系统到存放 C 库函数头文件的"包含目录"中查找要包含的文件，这称为标准方式。用双撇号时，系统先在"用户当前的源文件目录"中查找要包含的头文件；若找不到，再到"包含目录"中去查找。

一般来说，如果要包含的是库函数头文件，则用尖括号；如果要包含的是用户自己编写的文件（这种文件一般在用户当前目录中），一般用双撇号。若文件不在当前目录中，在双撇号内应给出文件路径，如 #include "D:\zhang\file1.c"。

2）一个 include 命令只能包含一个文件，若要包含多个文件，则需要使用多个 include 命令。

3）文件包含允许嵌套，即在一个被包含的文件中又可以包含另一个文件。

2.5.3 条件编译

预处理程序提供了条件编译的功能，可以按不同的条件去编译不同的程序部分，因而产生不同的目标代码文件，这对程序的移植和调试是很有用的。常见的条件编译形式及其含义如表 2-2 所示。

表 2-2 常见的条件编译形式及含义

	第 1 种形式	第 2 种形式	第 3 种形式	第 4 种形式
书写形式	#ifdef 标识符 　程序段 1 #endif #ifdef 标识符 　程序段 1 #else 　程序段 2 #endif	#ifndef 标识符 　程序段 1 #endif #ifndef 标识符 　程序段 1 #else 　程序段 2 #endif	#if 常量表达式 　程序段 1 #endif #if 常量表达式 　程序段 1 #else 　程序段 2 #endif	#if 常量表达式 1 　程序段 1 #elif 常量表达式 2 　程序段 2 … #elif 常量表达式 n 　程序段 n #endif
含义	若标识符已被 #define 命令定义过，则只对程序段 1 进行编译；否则只对程序段 2 进行编译	若标识符未被 #define 命令定义过，则只对程序段 1 进行编译；否则只对程序段 2 进行编译	若常量表达式的值为真（非 0），则只对程序段 1 进行编译；否则只对程序段 2 进行编译	若常量表达式 1 的值为真（非 0），则编译程序段 1；否则需要判断常量表达式 2 的值，若常量表达式 2 的值为真，则编译程序段 2；否则需要判断常量表达式 3 的值，……，依次类推。在此过程中，若某一常量表达式的值为真，则只编译对应的程序段，并且不再继续判断后续 #elif 的常量表达式，否则需要继续判断下一个 #elif 条件

【例 2.32】预处理命令的综合应用。

```
#include <stdio.h>           // 包含输入输出头文件
#define ZK1      9           // 宏定义符号常量：商品 1 的折扣
#define ZK2      8           // 宏定义符号常量：商品 2 的折扣
#define ZK3      0           // 宏定义符号常量：商品 3 的折扣
#define CJ       65          // 宏定义符号常量：考试成绩
int main(void)
{
    float i=10, j=20, k=30;  // 三个商品的原价

    #ifdef ZK1               // 若定义过常量 ZK1，则只编译下行代码
        printf("商品 1 的价格 =%.2f\n", i*ZK1*0.1);
    #else                    // 若未定义过常量 ZK1，则只编译下行代码
        printf("商品 1 的价格 =%.2f\n", i);
    #endif
```

```
    #ifndef ZK2                    //若未定义过常量 ZK2，则只编译下行代码
       printf("商品 2 的价格 =%.2f\n", j);
    #else                          //若定义过常量 ZK2，则只编译下行代码
       printf("商品 2 的价格 =%.2f\n", j*ZK2*0.1);
    #endif

    #if ZK3>0                      //若常量 ZK3 的值大于 0，则只编译下行代码
       printf("商品 3 的价格 =%.2f\n", k*ZK3*0.1);
    #else                          //若常量 ZK3 的值不大于 0，则只编译下行代码
       printf("商品 3 的价格 =%.2f\n", k);
    #endif

    #if CJ>= 60 && CJ<=100         //若常量 CJ 的值为 60～100，则只编译下行代码
       printf("考试成绩 =%d, 通过！\n", CJ);
    #elif CJ>=0 && CJ<60           //若常量 CJ 的值为 0～59，则只编译下行代码
       printf("考试成绩 =%d, 不通过！\n", CJ);
    #elif CJ<0 || CJ>100           //若常量 CJ 的值为其他值，则只编译下行代码
       printf("考试成绩 =%d, 错误！\n", CJ);
    #endif
}
```

运行结果：
```
商品1的价格=9.00
商品2的价格=16.00
商品3的价格=30.00
考试成绩=65,通过！
```

需要说明的是，从表面上看，条件编译与 if 语句的功能差不多，但它们的本质区别在于通过条件编译可以使编译生成的目标代码文件变小。

2.6 三种结构程序设计的综合应用

本节将利用前面所介绍的 3 种结构程序设计方法解决一些实际的数学问题。

【例 2.33】输出斐波那契（Fibonacci）数列中 200 以内的数。斐波那契数列的特点：第 1 个数为 1，第 2 个数为 1，从第 3 个数开始，该数是前两个数的和。即：

$$\begin{cases} F_1=1 & (n=1) \\ F_2=1 & (n=2) \\ F_n=F_{n-1}+F_{n-2} & (n \geq 3) \end{cases}$$

参考程序如下：
```c
#include <stdio.h>
int main(void)
{
    int f1=1, f2=1, f3;
```

```
        printf("%-4d%-4d", f1, f2);
        f3 = f1+f2;
        while(f3<200)
        {
            printf("%-4d", f3);
            f1 = f2;
            f2 = f3;
            f3 = f1+f2;
        }
        printf("\n");
}
```

运行结果：`1   1   2   3   5   8   13  21  34  55  89  144`

【例 2.34】输出 2～100 之间的所有素数（质数）。

根据素数的定义，一个大于 1 的自然数，如果只能被 1 和它本身整除，则该数为素数；如果一个数 i 能被 2～i-1 之间的某个数整除，则该数不是素数。要实现题目的要求，需要用两重循环来处理。参考程序如下：

```
#include <stdio.h>               // 包含头文件
int main(void)
{
    int i, j;
    int flag;                    // 素数标志：素数 =0，非素数 =1
    int count=0;                 // 循环程序执行次数
    int total=0;                 // 素数个数
    for(i=2; i<=100; i++)
    {
        flag=0;
        for(j=2; j<i; j++)
        {
            count++;             // 循环程序执行次数加 1
            if(i%j==0)           // 非素数
            {
                flag=1;
                break;
            }
        }
        if(!flag)                // 素数
        {
            printf("%3d", i);
            total++;             // 素数个数加 1
        }
```

```
            }
            printf("\n");
            printf("2 到 100 之间的素数个数 =%d\n", total);
            printf("循环程序执行次数 =%d\n", count);
        }
```

运行结果：
```
 2  3  5  7 11 13 17 19 23 29 31 37 41 43 47 53 59 61 67 71 73 79 83 89 97
2到100之间的素数个数=25
循环程序执行次数=1133
```

【思考与实践】

对于本例题，程序是否还有改进之处？提示：偶数不需要判断；如果一个数 i 能被 2 到 $\sqrt{i}$ 之间的某个数整除，则该数不是素数。

【例 2.35】 用公式 $\dfrac{\pi}{4}=1-\dfrac{1}{3}+\dfrac{1}{5}-\dfrac{1}{7}+\dfrac{1}{9}-\cdots$ 求 π 的近似值，直到最后一项的绝对值小于 10^{-6} 为止。参考程序如下：

```c
#include <stdio.h>
#include <math.h>                    // 包含数学函数库头文件
int main(void)
{
    float n=1;                       // 存放每项的分母
    int s=1;                         // 存放每项的符号位，取 1 或 -1
    float t=1.0;                     // 存放每项的值
    float sum=0;                     // 存放求和结果
    while(fabs(t) >= 1e-6)
    {
        sum = sum+t;
        n = n+2.0;
        s = -s;
        t = s/n;
    }
    printf("PI=%f\n", 4*sum);
}
```

运行结果：`PI=3.141594`

【思考与实践】

能否将本程序中的"float n=1;"改为"int n=1;"，请读者上机测试。

【例 2.36】 用一般迭代法求方程 $x=\cos x$ 的根，要求前后两次结果的误差小于 10^{-6}。参考程序如下：

```c
#include <stdio.h>
#include <math.h>                    // 包含数学函数库头文件
int main(void)
{
```

```
        float x0, x1;                    // 迭代公式 x=cosx 中的变量
        int  cnt;                        // 迭代次数
        x0 = 0.5;                        // 初值
        x1 = cos(x0);                    // 迭代
        cnt = 1;
        while(fabs(x1-x0) > 1e-6)
        {
            x0 = x1;                     // 更新初值
            x1 = cos(x0);                // 迭代
            cnt++;                       // 迭代次数加 1
        }
        printf("x=%f\n", x1);
        printf("迭代次数 =%d\n", cnt);
}
```

运行结果：x=0.739085
迭代次数=34

【思考与实践】

用迭代法求某数 a 的平方根，要求前后两次结果的误差小于 10^{-6}，已知求平方根的迭代公式为 $x_1 = \frac{1}{2}\left(x_0 + \frac{a}{x_0}\right)$。程序运行时，可以反复实现：由键盘输入一个正数，输出对应的平方根；当输入值为负值或 0 时，提示"输入有误！"。

第 3 单元

利用数组处理同类型的批量数据

单元 导读

请读者思考，已经学过的基本数据类型有哪些？如何解决 20 个整型数据的存放和输出问题？可能有读者会想到如果定义 20 个整型变量，就可以分别存放 20 个整型数据，然后使用 printf 函数依次输出这 20 个整型数据。从理论上来说这种思路是可以的，但有没有更简捷的方法呢？

在 C 语言中，数据类型除了在第 1 单元中学习的基本类型（整型、实型、字符型），还有构造类型，包括数组类型、结构体类型、共用体类型和枚举类型。其中，数组是将相同类型的若干数据按序组合在一起，即数组是有序同类型数据的集合。按数组元素的类型不同，数组又可分为数值数组、字符数组、指针数组、结构体数组等各种类别。本单元主要学习数值数组和字符数组，其他类别的数组将在后续单元中陆续学习。

知识 图谱

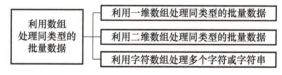

本单元的学习目标：能利用一维数组、二维数组和字符数组处理同类型的批量数据。

3.1 利用一维数组处理同类型的批量数据

3.1.1 定义一维数组的方法

在 C 语言中，数组和变量一样，要先定义后使用。
定义一维数组的一般形式为：

    类型标识符 数组名 [常量表达式]；

说明：

1）类型标识符可以是基本类型或构造类型。
2）数组名是用户定义的数组标识符。

3）方括号中的常量表达式表示数据元素的个数，也称为数组长度。

例如：int a[10];

表示定义了一个整型数组，数组名为 a，此数组有 10 个元素。每个元素都有自己的编号，第 1～10 个元素对应的编号依次是：a[0]、a[1]、a[2]、a[3]、a[4]、a[5]、a[6]、a[7]、a[8]、a[9]。由于元素编号是从 0 开始，因此不存在数组元素 a[10]。

定义数组之后，系统会为数组 a 分配连续的 10 个整型内存空间，用来存储 10 个数组元素，如图 3-1 所示。数组元素 a[0] 的内存地址是数组的首地址，C 语言规定，数组名可以代表数组的首地址（数组首元素的地址）。

【同步练习 3-1】

1）关于数组元素类型的说法，下列（　　）项是正确的。

A．必须是整数类型
B．必须是整型或实型
C．必须是相同数据类型
D．可以是不同数据类型

2）在 C 语言中，数组名代表（　　）。

A．数组全部元素的值
B．数组首地址
C．数组第一个元素的值
D．数组元素的个数

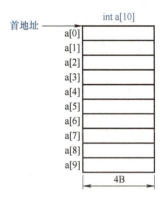

图 3-1　一维数组在内存中的存储形式

3.1.2　一维数组的初始化

C 语言允许在定义数组时，对数组元素初始化赋值。初值用 {} 括起来，初值之间用逗号隔开。

（1）对全部元素赋初值

例如：int a[5] = {1, 3, 5, 7, 9};

表示定义的数组 a 有 5 个元素，花括号内有 5 个初值，初始化后：a[0]=1，a[1]=3，a[2]=5，a[3]=7，a[4]=9。此时，对数组的全部元素赋初值，由于数据的个数已经确定，因此可以不指定数组长度（由系统自动计算），即可写成：

　　　　int a[ ] = {1, 3, 5, 7, 9};

（2）对部分元素赋初值

例如：int a[5] = {1, 3, 5};

表示定义的数组 a 有 5 个元素，但花括号内只给前 3 个元素赋初值，后 2 个元素由系统自动赋 0，即 a[0]=1，a[1]=3，a[2]=5，a[3]=0，a[4]=0。若数组 a 的全部元素初值都为 0，则可写成：int a[5] = {0};

注意：初值个数不能超过指定的元素个数。如语句"int a[5] = {1, 2, 3, 4, 5, 6};"是错误的。

另外需要注意的是，在定义数组之后，不能一次性对整个数组的所有元素赋值，而只能对数组的每个元素逐个赋值。例如：

```
int a[5];                                  // 定义数组
a[5] = {1, 3, 5, 7, 9};                    // 错误
a[0]=1; a[1]=3; a[2]=5; a[3]=7; a[4]=9;    // 正确
```

3.1.3 一维数组元素的引用

数组要先定义，后使用。C 语言规定，只能引用某个数组元素而不能一次引用整个数组的全部元素。一维数组元素的引用形式为：数组名 [下标]

下标其实就是数组元素的编号，只能为整型常量或整型表达式。

【例 3.1】一维数组元素的引用：将一组数据倒序输出。

```
#include <stdio.h>
int main(void)
{
    int a[10];              // 定义数组
    int i;                  // 数组的下标变量
    for(i=0; i<=9; i++)
        a[i] = i;
    for(i=9; i>=0; i--)
        printf("%d ", a[i]);
    printf("\n");
}
```

运行结果：9 8 7 6 5 4 3 2 1 0

通过此例可以看出，将数组和循环结构结合起来，可以有效处理同类型的批量数据，从而大大提高工作效率。

【同步练习 3-2】

请分析下面程序的执行结果，然后上机编程验证结果。

```
#include <stdio.h>
int main(void)
{
    int a[8] ={2, 3, 4, 5, 6, 7, 8, 9}, i, r=1;
    for(i=0; i<=3; i++)
        r = r*a[i];
    printf("%d\n", r);
}
```

3.1.4 一维数组的应用

一维数组广泛应用于对多个同类型的数据进行存取、排序等操作的场合，

用一维数组还可构造出软件设计中常用的堆栈、队列等数据结构。在嵌入式软件设计中，一维数组可用于数码管显示的笔形码、键盘的键码等编码的存取。

【例3.2】利用数组实现：输入若干个整数，找出其中的最大值。

```
#include <stdio.h>
#define N 5                          // 宏定义数据个数
int main(void)
{
    int i, max, a[N];
    printf("请输入 %d 个整数：", N);
    for(i=0; i<N; i++)
        scanf("%d", &a[i]);
    max = a[0];                      // 最大值初值
    for(i=1; i<N; i++)
        if(a[i] > max)  max = a[i];
    printf("最大值：%d\n", max);
}
```

【同步练习3-3】

1）通过例3.2程序，思考使用宏定义有什么好处？

2）利用数组实现：输入若干名学生的成绩，输出最高分、最低分和平均分。

【例3.3】对n个数进行排序（由小到大）。

由于是对多个数进行排序，自然会想到利用数组来保存和管理参与排序的多个数据。排序算法有多种，在此主要介绍两种常见的排序算法：冒泡排序法和选择排序法。

1. 冒泡排序法

冒泡排序法的思路是：从第1个数开始，和下邻数比较，小数上浮，大数下沉。

用冒泡法对5个数（比如9、7、5、8、0）进行由小到大排序，排序过程如图3-2所示。

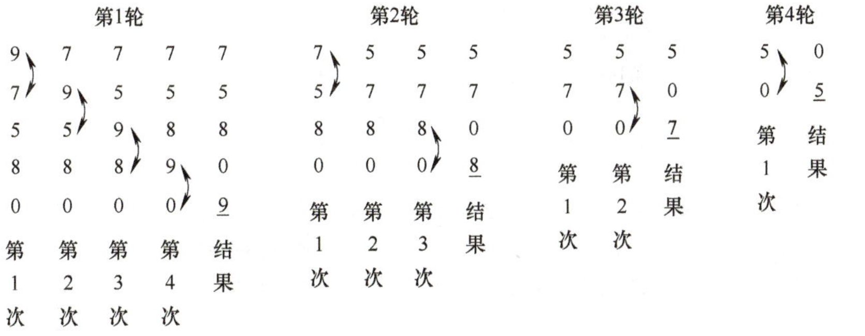

图3-2 冒泡法对5个数据进行排序（由小到大）的过程

对以上5个数排序，需要进行5-1轮比较：

第1轮（5个数）要进行4次两两比较，将最大数9"沉底"；

第 2 轮（4 个数）要进行 3 次两两比较，将最大数 8 "沉底"；
第 3 轮（3 个数）要进行 2 次两两比较，将最大数 7 "沉底"；
第 4 轮（2 个数）要进行 1 次两两比较，将最大数 5 "沉底"。

可见，对 n 个数排序，需要进行 n-1 轮比较：

第 1 轮　　要进行 n-1 次两两比较；
第 2 轮　　要进行 n-2 次两两比较；
⋮
第 i 轮　　要进行 n-i 次两两比较；
⋮
第（n-1）轮　要进行 1 次两两比较。

2. 选择排序法

假设有 n 个待排序的数据存放在 a[0] ～ a[n-1] 中，现使用选择法对这 n 个数据进行由小到大排序。所谓选择排序法，首先在 n 个数据中选择最小值放在 a[0] 位置：假设 n 个数据中的最小值在 a[k] 位置，则需要将 a[0] 位置和 a[k] 位置上的数据进行交换，即可实现将最小值放在 a[0] 位置；然后在剩余的 n-1 个数据中选择最小值放在 a[1] 位置；在剩余的 n-2 个数据中选择最小值放在 a[2] 位置；……；直到剩下最后 1 个数据是这 n 个数据中的最大值，占用 a[n-1] 位置，无须继续选择。

下面以 5 个数据（比如 2、4、5、3、0）进行由小到大排序为例，说明选择排序法的过程，如图 3-3 所示。

不难看出，对 n 个数采用选择法排序时，需要进行 n-1 轮的选择和交换操作。每一轮操作过程，关键任务是在对应的多个数据中寻找最小值所处的位置，这需要通过一系列的比较来实现。可以设一变量 k 充当"记录员"，记录每轮最小值所处的位置。如图 3-3 中的第 1 轮操作，先假定 a[0] 为最小值，即 k=0，在比较过程中，只要遇到比 a[k] 小的数据，就要更新 k 的值，这样一轮比较结束后，k 的值就是该轮最小值所处的位置；然后对 a[0] 和 a[k] 进行数据交换，即可实现将第一轮的最小值放在 a[0] 位置。

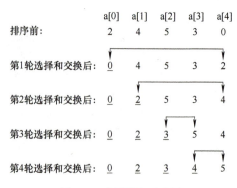

图 3-3　选择排序示意图

下面给出完整的程序，使用上述冒泡排序法和选择排序法对 N 个数进行排序，其中可通过条件编译选用不同的排序方法。

```c
#include <stdio.h>
#define N 5                                  // 宏定义参与排序的数据个数
#define MP                                   // 宏定义符号常量 MP
int main(void)
{
    int a[N];                                // 定义数组，存放待排序的一组数据
    int i, j, k, t;
    printf("请输入 %d 个整数 :", N);
    for(i=0; i<N; i++)
        scanf("%d", &a[i]);                  // 将 N 个数据存入数组
    printf("排序前：");
    for(i=0; i<N; i++)
        printf("%5d", a[i]);                 // 输出排序前的 N 个数据
    printf("\n");
#ifdef MP                                    // 条件编译
    // 冒泡排序法（由小到大）：小数在前面，大数在后面
    for(i=1; i<N; i++)                       //N 个数，共需比较 N-1 轮
    {

        for(j=0; j<N-i; j++)                 // 第 i 轮需要比较 N-i 次
        {
            if(a[j] > a[j+1])                // 依次比较两个相邻的数，将大数放后面
            {
                t = a[j]; a[j] = a[j+1]; a[j+1] = t;      // 交换
            }
        }

    }
#else
    // 选择排序法（由小到大）：小数在前面，大数在后面
    for(i=0; i<N-1; i++)                     //N 个数，共需比较 N-1 轮
    {
        k=i;                                 // 先假定该轮第 1 个数为最小值
        for(j=i+1; j<N; j++)                 // 寻找该轮最小值所处的位置
        {
            if(a[j] < a[k])  k=j;
        }
        if(k != i)                           // 若该轮最小值的位置有更新，则要进行数据交换
        {
            t = a[i]; a[i] = a[k]; a[k] = t;
```

```
            }
        }
#endif
        printf("排序后：");
        for(i=0; i<N; i++)
            printf("%5d", a[i]);              // 输出排序后的 N 个数据
        printf("\n");
    }
```

在本程序中，冒泡排序法和选择排序法都用了 for 循环嵌套，其中外层 for 循环均用于控制比较轮数；而内层 for 循环，在冒泡排序法中用于控制第 i 轮的比较次数，在选择排序法中用于寻找第 i 轮最小值所处的位置。

运行情况：

【思考与实践】

1）对于冒泡排序法，若参与排序的多个数据在某轮比较前，恰好已经按照由小到大排序，则有无必要再进行下一轮比较？若不需要进行下一轮比较，则如何改进程序，以提高程序执行效率？又如何验证改进后的程序确实提高了执行效率？请读者在学习中，要善于发现问题、解决问题，在程序设计中养成精益求精的习惯。

2）对一般杂乱无序的数据进行排序时，选用上述哪种排序法合适？数据交换次数少？

3.2 利用二维数组处理同类型的批量数据

我们可用 1 个一维数组存放 1 名学生的语文、数学、英语 3 门课成绩，而如何存放多名学生的语文、数学、英语 3 门课成绩呢？在 C 语言中，可用二维数组解决此类问题。在嵌入式软件设计中，二维数组可用于点阵显示码、液晶显示码等编码的存取。

3.2.1 定义二维数组的方法

定义二维数组的一般形式如下：
    类型标识符 数组名 [常量表达式 1][常量表达式 2];

其中，常量表达式 1 表示二维数组的行数，常量表达式 2 表示二维数组的列数。

例如：int a[3][4];

表示定义了一个 3 行 4 列的整型数组，共有 3×4 个元素，每个元素都有自己的编号：

	第 1 列	第 2 列	第 3 列	第 4 列
第 1 行：	a[0][0]	a[0][1]	a[0][2]	a[0][3]
第 2 行：	a[1][0]	a[1][1]	a[1][2]	a[1][3]
第 3 行：	a[2][0]	a[2][1]	a[2][2]	a[2][3]

定义数组之后，系统会为数组 a 分配连续的 12 个整型内存空间，用来存储 12 个数组元素。在 C 语言中，二维数组中元素排列的顺序是按“行”存放的，即在内存中先顺序存放第一行的元素，再顺序存放第二行的元素，如图 3-4 所示。

在 C 语言中，又可以把二维数组 a 看作是一个特殊的一维数组，如图 3-5 所示，它有 3 个行元素 a[0]、a[1]、a[2]，而每个行元素又是一个包含 4 个列元素的一维数组，此时把 a[0]、a[1]、a[2] 看作一维数组名，例如第一行元素：a[0][0]、a[0][1]、a[0][2]、a[0][3]。

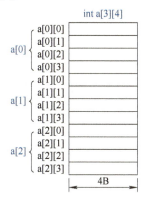

图 3-4　二维数组在内存中的存储形式

int a[3][4]

a[0]	a[0][0]	a[0][1]	a[0][2]	a[0][3]
a[1]	a[1][0]	a[1][1]	a[1][2]	a[1][3]
a[2]	a[2][0]	a[2][1]	a[2][2]	a[2][3]

图 3-5　二维数组看作一维数组

【同步练习 3-4】

数组 a[2][2] 的元素排列次序是（　　）。

A．a[0][0]、a[0][1]、a[1][0]、a[1][1]　　B．a[0][0]、a[1][0]、a[0][1]、a[1][1]

C．a[1][1]、a[1][2]、a[2][1]、a[2][2]　　D．a[1][1]、a[2][1]、a[1][2]、a[2][2]

3.2.2　二维数组的初始化

C 语言允许在定义二维数组时，对其元素初始化赋值。

（1）分行给二维数组赋初值

例如：int a[3][4] = {{1,2,3,4}, {5,6,7,8}, {9,10,11,12}};

这种赋初值方法比较直观，把第 1 个花括号内的数据赋给第 1 行的元素，第 2 个花括号内的数据赋给第 2 行的元素，……，即按行赋初值。

（2）将所有数据写在一个花括号内，按数组排列的顺序给元素赋初值

例如：int a[3][4] = {1,2,3,4, 5,6,7,8, 9,10,11,12};

效果与第（1）种方法相同，但建议用第（1）种方法，一行对一行，不易出错。

（3）可以给部分元素赋初值

例如：int a[3][4] = {{1}, {5}, {9}};

赋值后数组 a 中的元素为：$\begin{pmatrix} 1 & 0 & 0 & 0 \\ 5 & 0 & 0 & 0 \\ 9 & 0 & 0 & 0 \end{pmatrix}$

（4）如果对全部元素都赋初值，则定义数组时，对第一维的长度（行数）可以不指定，

但第二维的长度不能省略

例如：int a[ ][4] = {1,2,3,4, 5,6,7,8, 9,10,11,12};

与第（2）种效果相同。

需要注意的是，和一维数组一样，在定义二维数组之后，不能一次性对整个数组的所有元素赋值，而只能对数组的每个元素逐个赋值。例如：

```
    int a[3][4];                                    // 定义数组
    a[3][4] = {{1,2,3,4}, {5,6,7,8}, {9,10,11,12}};    // 错误
```

3.2.3　二维数组元素的引用

C 语言规定，只能引用某个数组元素而不能一次引用整个数组的全部元素。二维数组元素的引用形式为：数组名 [下标][下标]

下标其实就是数组元素的编号，只能为整型常量或整型表达式。

【例 3.4】二维数组元素的引用：二维数组元素的赋值和输出。

```c
#include <stdio.h>
int main(void)
{
    int a[3][4];                                    // 定义二维数组
    int i, j;
    printf("请输入 12 个整数 :");
    for(i=0; i<3; i++)                              // 二维数组的行
    {
        for(j=0; j<4; j++)                          // 二维数组的列
            scanf("%d", &a[i][j]);                  // 向数组 a 赋值
    }
    for(i=0; i<3; i++)
    {
        for(j=0; j<4; j++)
            printf("a[%d][%d]=%d\n", i, j, a[i][j]);    // 输出数组 a 的 12 个元素值
    }
}
```

运行情况：

```
请输入12个整数:1 2 3 4 5 6 7 8 9 10 11 12
a[0][0]=1
a[0][1]=2
a[0][2]=3
a[0][3]=4
a[1][0]=5
a[1][1]=6
a[1][2]=7
a[1][3]=8
a[2][0]=9
a[2][1]=10
a[2][2]=11
a[2][3]=12
```

【同步练习 3-5】

请读者分析下面程序的执行结果,然后上机编程验证结果。

```c
#include <stdio.h>
int main(void)
{
    int a[3][3]={1, 2, 3, 4, 5, 6, 7, 8, 9}, sum=0, i, j;
    for(i=0; i<3; i++)
    {
        for(j=0; j<3; j++)
        {
            if(i==j)   sum += a[i][j];
        }
    }
    printf("%d\n", sum);
}
```

3.2.4 二维数组的应用

【例 3.5】 有一个 3×4 的矩阵,要求编程输出该矩阵,并求出其中值最大的那个元素的值及其所在的行号和列号。

参考程序如下:

```c
#include <stdio.h>
int main(void)
{
    int i, j, max, row=0, col=0;              // 变量 i 表示行,j 表示列
    int a[3][4] = {{1,2,3,4}, {5,6,7,8}, {9,10,11,12}};
    for(i=0; i<3; i++)
    {
        for(j=0; j<4; j++)
            printf("%3d", a[i][j]);
        printf("\n");                         // 每输出一行,换行
    }
    max = a[0][0];                            // 最大值初值
    for(i=0; i<3; i++)
    {
        for(j=0; j<4; j++)
        {
            if(a[i][j] > max)
            {
                max = a[i][j]; row=i; col=j;
```

```
            }
        }
    }
    printf("最大值 =%d, 行 =%d, 列 =%d\n", max, row+1, col+1);
}
```

运行结果：
```
1  2  3  4
5  6  7  8
9 10 11 12
最大值=12,行=3,列=4
```

【同步练习 3-6】

1）利用二维数组存放 4 名学生的语文、数学、外语 3 门课的成绩 78、69、90，72、55、83，65、81、53，92、85、78。依次输出 4 行信息，分别对应这 4 名学生的 3 门课成绩及总分。

2）利用二维数组实现：输出给定 2×3 矩阵的转置矩阵。例如：

$\begin{pmatrix} 1 & 2 & 3 \\ 4 & 5 & 6 \end{pmatrix}$ 的转置矩阵是 $\begin{pmatrix} 1 & 4 \\ 2 & 5 \\ 3 & 6 \end{pmatrix}$

3）利用二维数组实现：输出杨辉三角形的前 6 行。

```
1
1  1
1  2  1
1  3  3  1
1  4  6  4  1
1  5 10 10  5  1
```

3.3 利用字符数组处理多个字符或字符串

用来存放字符型数据的数组是字符数组，字符数组中的每个元素存放一个字符。在嵌入式网络通信软件设计中，可用字符数组存放待发送或待接收的数据。

3.3.1 定义字符数组的方法

定义字符数组的一般形式与前面介绍的数值数组相同。

例如：char c[10];

表示定义了一个一维的字符数组 c，有 10 个数组元素。定义数组之后，系统会为数组 c 分配连续的 10 字节的内存空间，用来存储 10 个数组元素（字符型数据），如图 3-6 所示。同样地，数组名 c 代表该数组的首地址。

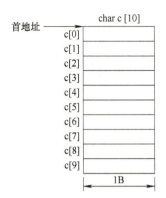

图 3-6 字符数组在内存中的存储形式

再如：char c[3][4];
表示定义一个二维的字符数组，共有 3×4 个元素，可用于存放 12 个字符型数据。

3.3.2 字符数组的初始化

在定义字符数组时，对其进行初始化有两种方法。

1. 逐个字符赋值法

（1）对全部元素赋初值

例如：char c[5] = {'a', 'b', 'c', 'd', 'e'};

赋值后：c[0]= 'a'，c[1]= 'b'，c[2]= 'c'，c[3]= 'd'，c[4]= 'e'。此时，对数组的全部元素赋初值，由于数据的个数已经确定，因此可以不指定数组长度，即可写成：

  char c[ ] = {'a', 'b', 'c', 'd', 'e'};

（2）对部分元素赋初值

例如：char c[6] = {'a', 'b', 'c', 'd', 'e'};
表示定义的数组 c 有 6 个元素，但花括号内只给前 5 个元素赋初值，最后 1 个元素由系统自动赋空字符 '\0'，如图 3-7 所示。

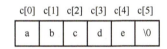

图 3-7 字符数组 c 各元素的值

注意：初值个数不能超过指定的元素个数，如语句 "char c[5] = {'a', 'b', 'c', 'd', 'e', 'f'};" 是错误的。

2. 字符串常量赋值法

将字符串常量赋给字符数组。例如： char c[ ] = {"abcde"};
也可省略花括号，直接写成： char c[ ] = "abcde";
根据 1.3.3 节关于字符串常量的介绍，字符串常量 "abcde" 在内存中的存储情况如下：

| a | b | c | d | e | \0 |

即在字符串常量的最后，由系统自动加上一个结束符 '\0'。因此，数组 c 的长度是 6，元素赋值情况如图 3-7 所示。

说明：

1）通过语句"char c[10] = "abcde";"定义的字符数组 c 在内存中的存储情况如下：

| a | b | c | d | e | \0 | \0 | \0 | \0 | \0 |

2）C 语言对字符串常量是按字符数组处理的，在内存中开辟一个字符数组来存放该字符串常量，这将在后续 5.4 节"利用指针引用字符串"中进一步介绍。

【思考】通过下面两种方式给字符数组 c 赋值，是否有区别？

① char c[ ] = {'a', 'b', 'c', 'd', 'e'};

② char c[ ] = "abcde";

最后需要注意的是，在定义字符数组之后，不能一次性对整个数组的所有元素赋值，而只能对数组的每个元素逐个赋值。例如：

```
char c[5];                      // 定义数组
c[5] = {'a', 'b', 'c', 'd', 'e'};   // 错误
c[5] = "abcd";                  // 错误
```

【同步练习 3-7】

1）合法的定义是（　　）。

A．int a[ ] = "string";
B．int a[5] = {0, 1, 2, 3, 4, 5};
C．char a = "string";
D．char a[ ] = {0, 1, 2, 3, 4, 5};

2）若有定义和语句"char s[10]; s = "abcd"; printf("%s\n", s);"，则结果是（　　）（以下 u 代表空格）。

A．输出 abcd
B．输出 a
C．输出 abcd u u u u u
D．编译不通过

3.3.3 字符数组元素的引用

字符数组的引用形式与前面介绍的数值数组相同，可以引用字符数组中的一个元素而得到一个字符。

【例 3.6】字符数组元素的引用：输出字符数组元素的值。

```
#include <stdio.h>
int main(void)
{
    char a[5] = {'a', 'b', 'c', 'd', 'e'};      // 定义字符数组并初始化
    char b[6] = "12345";
    int i;
    printf("字符数组 a:");
    for(i=0; i<5; i++)
        printf("%c", a[i]);                      // 字符数组 a 元素的引用
    printf("\n");
    printf("字符数组 b:");
```

```
        for(i=0; i<6; i++)
                printf("%c", b[i]);        // 字符数组 b 元素的引用
        printf("\n");
}
```
运行结果：`字符数组a:abcde`
`字符数组b:12345`

3.3.4 字符数组的输入、输出

字符数组的输入、输出有两种方法。

1. 用格式符"%c"逐个字符输入、输出

【例 3.7】字符数组逐个字符的输入、输出。
```
#include <stdio.h>
int main(void)
{
    int i;
    char c[5];                             // 定义字符数组
    printf("请输入 5 个字符 :");
    for(i=0; i<5; i++)
            scanf("%c", &c[i]);            // 逐个字符输入
    printf("字符数组元素：");
    for(i=0; i<5; i++)
            printf("%c", c[i]);            // 逐个字符输出
    printf("\n");
}
```
运行情况：`请输入5个字符:abc12`
`字符数组元素：abc12`

在输入字符时，系统将输入的空格、换行符作为有效字符赋给数组元素。例如：

`请输入5个字符:a b c d e`
`字符数组元素：a b c`

2. 用格式符"%s"对整个字符串一次输入、输出

【例 3.8】字符串的格式化输入、输出。
```
#include <stdio.h>
int main(void)
{
    char str[10];
    printf("请输入字符串 :");
    scanf("%s", str);                      // 输入字符串
    printf("%s\n", str);                   // 输出字符数组对应的字符串
}
```

运行情况：请输入字符串:abcdef
abcdef

说明：

1）用"%s"格式符输出字符串时，printf 函数中的输出项是字符数组名，而不是数组元素名，并且输出的字符不包括结束符 '\0'。

2）用"%s"格式符输入字符串时，scanf 函数中的地址项是字符数组名，因为在 C 语言中，数组名就代表了数组的首地址。

3）用 scanf 函数输入字符串时，若输入空格或换行，系统则认为是字符串结束符 '\0'。例如在本例程序运行时，若输入字符串 "abc def" 时，运行结果如下：

请输入字符串:abc def
abc

可见，系统只将空格前的字符串 "abc" 送入数组 str 中。那如何将含有空格的字符串送给一个字符数组呢？最简单的办法是用后面介绍的 gets 函数来实现。

【例 3.9】 多个字符串的格式化输入和输出。

```
#include <stdio.h>
int main(void)
{
    char str1[10], str2[10], str3[10];
    printf("请输入 3 个字符串 :");
    scanf("%s%s%s", str1, str2, str3);         // 输入 3 个字符串
    printf("%s %s %s\n", str1, str2, str3);    // 输出 3 个字符串
}
```

运行情况：请输入3个字符串:ABCDEFG 1234567 abcdefg
ABCDEFG 1234567 abcdefg

用 scanf 函数输入多个字符串时，在字符串之间可用空格、换行符或 Tab 符作分隔。

【同步练习 3-8】

1）编程：首先定义两个字符数组 str1、str2，并进行初始化赋值，用逐个字符赋值法将自己的姓名对应的拼音字母赋给字符数组 str1，用字符串常量赋值法将 "I love China!" 赋给字符数组 str2；然后分别用格式符 %c 和 %s 分行输出两个字符数组中的内容。

2）编程：首先定义若干个字符数组，然后从键盘上依次输入家长的称谓（字符串）和出生日期（出生年月日对应的字符串）并分别将其存放至不同的字符数组中，最后输出这些信息。家长培养我们不容易，我们一定要好好学习，让他们放心，并记得在他们生日的时候送去你的祝福。

3）以下程序的输出结果是（　　）。

```
#include <stdio.h>
int main(void)
{
    int i, c;
    char n[ ][4] = {"1234", "2728"};
```

```
    for (i=0; i<4; i++)
    {
        c = n[0][i] + n[1][i] - 2*'0';
        printf ("%4d", c);
    }
    printf("\n");
}
```
A．3 9 5 12　　　　B．1 2 3 4　　　　C．2 7 2 8　　　　D．1 7 3 10

3.3.5 字符串处理函数

C语言提供了丰富的字符串处理函数，大致可分为字符串的输入、输出、合并、修改、比较、转换、复制、搜索几类，使用这些函数可大大减轻编程的负担。下面介绍几种常用的字符串处理函数。其中，字符串输入函数和输出函数，在使用前应包含头文件"stdio.h"；而其他字符串处理函数，在使用前应包含头文件"string.h"。

1．字符串输出函数——puts 函数

调用形式为：puts(字符串或字符数组名)

其作用是将字符串或字符数组中存放的字符串输出到显示终端，并换行。

2．字符串输入函数——gets 函数

调用形式为：gets(字符数组名)

其作用是从键盘输入一个字符串（可包含空格）到字符数组中，换行符作为字符串输入的结束符。

例如：char str[6];
   gets(str);   // 从键盘输入一个字符串，存放至数组 str 中
   puts(str);   // 输出从键盘上输入的字符串，并换行
   puts(" 请输入一个整数："); // 输出一串字符，并换行

3．字符串连接函数——strcat 函数

调用形式为：strcat(字符数组名 1, 字符串或字符数组名 2)

其作用是将字符串或字符数组 2 中的字符串连接到字符数组 1 中字符串的后面，结果放在字符数组 1 中，函数调用后得到一个函数值——字符数组 1 的地址。

说明：

1）字符数组 1 必须足够大，以便容纳连接后的新字符串。

2）连接前，两个字符串的最后都有结束符标志 '\0'，连接时将字符串 1 最后的 '\0' 取消，只在新字符串最后保留 '\0'。

例如：char str1[10] = "abc";
   char str2[10] = "XYZ";

```
strcat(str1, str2);        // 将字符串 XYZ 连接到字符串 abc 的后面
strcat(str2, "123");       // 将字符串 123 连接到字符串 XYZ 的后面
puts(str1);                // 输出数组 str1 的新字符串 abcXYZ，并换行
puts(str2);                // 输出数组 str2 的新字符串 XYZ123，并换行
```

4. 字符串复制函数——strcpy 函数

调用形式为：strcpy(字符数组名 1, 字符串或字符数组名 2)

其作用是将字符串或字符数组 2 中的字符串复制到字符数组 1 中。在复制前，若字符数组 1 已被赋值，则复制后，字符数组 1 中原来的内容全被覆盖掉。

说明：

1）字符数组 1 的长度必须大于字符串的长度，或不小于字符数组 2 的长度，以便容纳被复制的字符串。

2）字符数组在定义声明后，不能用赋值语句将一个字符串常量或字符数组直接赋给一个字符数组，而只能用 strcpy 函数将一个字符串常量或字符数组复制到另一个字符数组中。用赋值语句只能将一个字符赋给一个字符变量或字符数组元素。

例如：
```
char c[6];                 // 定义字符数组 c
char d[6] = "abcde";       // 定义字符数组 d，同时将字符串常量 "abcde" 赋给数组 d
```

在定义字符数组 c 之后，若要实现将字符串常量 "abcde" 赋给字符数组 c，则下面的语句：

```
c = "abcde";               // 不合法
c = d;                     // 不合法
strcpy(c, "abcde");        // 合法
strcpy(c, d);              // 合法
c[0] = 'a'; c[1] = 'b'; c[2] = 'c'; c[3] = 'd'; c[4] = 'e'; c[5] = '\0';   // 合法
```

5. 字符串比较大小函数——strcmp 函数

调用形式为：strcmp(字符数组名 1 或字符串 1, 字符数组名 2 或字符串 2)

其作用是比较两个字符串大小。字符串比较的规则是：对两个字符串自左至右逐个字符相比较（按 ASCII 码值大小比较），直到出现不同的字符或遇到 '\0' 为止。

1）如果字符串 1 = 字符串 2，则函数值为 0；

2）如果字符串 1 > 字符串 2，则函数值是一个正整数 1；

3）如果字符串 1 < 字符串 2，则函数值是一个负整数 –1。

两个字符串进行比较时，要注意：

```
不能用      if(str1 > str2)                    printf("OK!");
而只能用    if(strcmp(str1, str2) > 0)         printf("OK!");
例如：      char  str1[5] = "abc";
            char  str2[5] = "ABC";
            if(strcmp(str1, str2) > 0)         printf("str1 > str2\n");
            else if(strcmp(str1, str2) < 0)    printf("str1 < str2\n");
            else                               printf("str1 = str2\n");
```

【思考】执行上述代码后，输出结果如何？

6. 字符串实际长度测试函数——strlen 函数

调用形式为：strlen(字符串或字符数组名)
其作用是测试字符串的实际长度（不包括 '\0' 在内）。

例如：char str[6] = "abcde" ;
   printf("%d\n", strlen(str));   // 输出数组 str 字符串的实际长度 5
   printf("%d\n", strlen("123"));   // 输出字符串 123 的实际长度 3

7. 字符串转换函数（大写转换为小写）——strlwr 函数

调用形式为： strlwr(字符数组名)
其作用是将字符数组对应字符串中的大写字母转换成小写字母。

8. 字符串转换函数（小写转换为大写）——strupr 函数

调用形式为： strupr(字符数组名)
其作用是将字符数组对应字符串中的小写字母转换成大写字母。

例如：char str1[10] = "ABc";
   char str2[10] = "xyZ";
   puts(strlwr(str1));   // 输出字符串 abc
   puts(strupr(str2));   // 输出字符串 XYZ

以上介绍了常用的 8 种字符串处理函数，实际上，C 语言编译系统提供了更多的字符串处理函数，必要时可以查询相关的字符串处理库函数（可参考附录 D）。

【例 3.10】用字符数组实现字符串处理功能。

```
#include <stdio.h>
int main(void)
{
   int  i;
   int  str_len=0;                         // 用于统计字符串实际长度
   char  str1[20] ;
   char  str2[20] = "xyZ";
// (1) 字符串输入
   printf("请向字符数组 str1 中输入一个字符串，以换行符结束：");
   for(i=0; (str1[i]=getchar( )) != '\n'; i++);   // 循环输入字符并赋给字符数组
   str1[i] = '\0';                         // 填充字符串结束标志
// (2) 字符串输出
   printf("字符数组 str1 中的字符串：");
   for(i=0; str1[i]!='\0'; i++)             // 还可简写成：for(i=0; str1[i]; i++)
       putchar(str1[i]);                   // 依次输出字符数组中的各个字符
   putchar('\n');                          // 输出换行符
   printf("字符数组 str2 中的字符串：");
   for(i=0; str2[i]; i++)
```

```c
        putchar(str2[i]);              // 依次输出字符数组中的各个字符
    putchar('\n');                     // 输出换行符
    //（3）字符串实际长度测试
    for(str_len=0; str1[str_len]; str_len++);
    printf("字符数组 str1 中字符串的实际长度是 %d\n", str_len);
    //（4）字符串连接
    printf("将数组 str2 中的字符串连接到数组 str1，");
    for(i=0; str2[i]; i++, str_len++)
        str1[str_len] = str2[i];
    str1[str_len] = '\0';              // 填充字符串结束标志
    printf("数组 str1 的字符串：%s\n", str1);
    //（5）字符串复制
    printf("将数组 str2 中的字符串复制到数组 str1，");
    for(i=0; str2[i]; i++)
        str1[i] = str2[i];
    str1[i] = '\0';                    // 填充字符串结束标志
    printf("数组 str1 的字符串：%s\n", str1);
    //（6）字符串转换（大写转换为小写）
    printf("将数组 str1 中字符串的大写字母转换为小写字母，");
    for(i=0; str1[i]; i++)
    {
        if(str1[i] >= 'A' && str1[i] <= 'Z')
            str1[i] = str1[i]+32;
    }
    printf("数组 str1 中的字符串：%s\n", str1);
    //（7）字符串转换（小写转换为大写）
    printf("将数组 str2 中字符串的小写字母转换为大写字母，");
    for(i=0; str2[i]; i++)
    {
        if(str2[i] >= 'a' && str2[i] <= 'z')
            str2[i] = str2[i]-32;
    }
    printf("数组 str2 中的字符串：%s\n", str2);
}
```

运行情况：
```
请向字符数组str1中输入一个字符串，以换行符结束：ABcd123
字符数组str1中的字符串：ABcd123
字符数组str2中的字符串：xyZ
字符数组str1中字符串的实际长度是7
将数组str2中的字符串连接到数组str1，数组str1的字符串：ABcd123xyZ
将数组str2中的字符串复制到数组str1，数组str1的字符串：xyZ
将数组str1中字符串的大写字母转换为小写字母，数组str1中的字符串：xyz
将数组str2中字符串的小写字母转换为大写字母，数组str2中的字符串：XYZ
```

【同步练习 3-9】

1）下列语句错误的是（　　）。

A．char s[7] = {'s', 't', 'u', 'd', 'e', 'n', 't'};

B. char s[8] = "student";

C. char s[8];　strcpy(s, "student");

D. char s[8];　s = "student";

2）下列哪个函数可以进行字符串比较？（　　）

A．strlen(s)　　　　　　　　B．strcpy(s1, s2)

C．strcmp(s1, s2)　　　　　　D．strcat(s1, s2)

3）下列关于输入、输出字符串的说法，正确的选项是（　　）。

A．使用 gets(s) 函数输入字符串时，应在字符串末尾输入 \0

B．使用 puts(s) 函数输出字符串时，输出结束会自动换行

C．使用 puts(s) 函数输出字符串时，当输出 \n 时才换行

D．使用 printf("%s", s) 函数输出字符串时，输出结束会自动换行

4）若有语句"char str[10] = {"china"}; printf("%d", strlen(str));"，则输出结果是（　　）。

A．10　　　　　B．5　　　　　C．china　　　　　D．6

5）利用字符数组实现：输入一个字符串，然后将其倒序输出。

6）利用字符数组实现：字符串比较大小功能。

第 4 单元

利用函数实现模块化程序设计

单元 导读

前几个单元的 C 程序都比较简单,只有一个源程序文件(.c 文件)。但在设计复杂的 C 程序时,往往将其划分为若干个程序模块,每个程序模块作为一个源程序文件,而每个源程序文件可包括多个函数。

知识 图谱

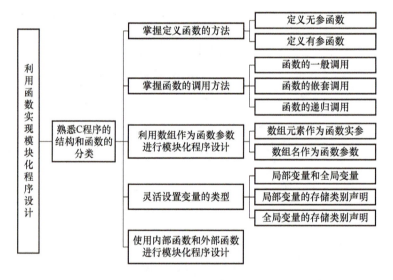

本单元的学习目标:熟悉 C 程序的结构和函数的分类,掌握定义函数的方法,掌握函数的 3 种调用方式,能利用数组作为函数参数进行模块化程序设计,能根据问题的需求灵活设置变量的类型,能使用内部函数和外部函数进行模块化程序设计。

4.1 熟悉 C 程序的结构和函数的分类

1. C 程序的结构

一个复杂的 C 程序可包括若干个源程序文件(.c 文件、.h 文件等),而每个源程序文件由预处理命令（文件包含、宏定义、条件编译等）、数据声明（全局变量、数据类型、函数等声明）以及若干函数组成，如图 4-1 所示。

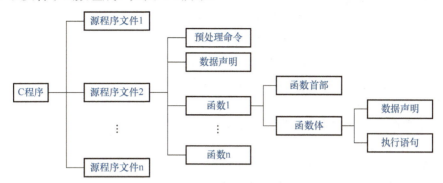

图 4-1　C 程序结构图

这样，在对 C 程序进行编译时，可以实现对每个源程序文件单独进行编译（分块编译），然后再将它们连接起来，形成一个可以执行的目标代码文件。分块编译的优点在于修改一个源文件的代码后，只对这一个文件进行编译，而不必对所有源文件都编译一遍，这样可以节省很多时间。

一个 C 程序必须有且只能有一个主函数，不论主函数在整个程序中的位置如何（main 函数可以放在程序的前面、中间或后面），C 程序总是从主函数开始执行，主函数可以调用其他函数，待其他函数执行完毕后再返回到主函数，最后在主函数中结束整个程序的运行。需要注意的是，主函数可以调用其他函数，而不允许被其他函数调用。

在实际工程应用中，可将主函数设计得简单些，主要负责调用各个功能函数，依次实现各项功能。这种结构化的程序设计，会使程序的层次结构清晰，便于程序的编写、阅读和调试。

关于上述内容，读者可在后续通过第 8 单元给出的应用软件设计实例，进一步理解。

2. 函数的分类

在 C 语言中，可从不同的角度对函数进行分类。

1）从定义函数的角度，函数可分为库函数和用户自定义函数。其中，库函数由 C 语言编译系统提供，只要在源文件中包含库函数对应的头文件，即可在程序中直接调用库函数。例如，被包含在"stdio.h"头文件中的 printf、scanf、getchar、putchar、gets、puts 等函数，"math.h"头文件中的 abs、sin、cos、log 等函数，均属于库函数。应当说明，不同的 C 语言编译系统提供的库函数的数量和功能不尽相同。在程序设计中，可通过附录 D 或网络等手段查询了解库函数，并加以应用。而用户自定义函数是用户根据需要，自行定义的函数。

2）从有无返回值的角度，函数可分为有返回值函数和无返回值函数。其中，有返回值函数在执行完毕后会向主调函数返回一个值，而无返回值函数在执行完毕后不向主调函数返回值。

3）从主调函数和被调函数之间数据传递的角度，函数可分为无参函数和有参函数。其中，调用无参函数时，主调函数和被调函数之间不进行参数传递；而调用有参函数（带参函数）时，主调函数需要将实际参数（简称实参）的值传递给被调函数的形式参数（简称形参，有时也称为虚拟参数），供被调函数使用。

【同步练习 4-1】

1）一个完整的 C 源程序（　　）。
A．由一个主函数或一个及以上的非主函数构成
B．由一个且仅由一个主函数和零个及以上的非主函数构成
C．由一个主函数和一个及以上的非主函数构成
D．由一个且只有一个主函数或多个非主函数构成

2）以下说法正确的是（　　）。
A．C 语言程序总是从第一个函数开始执行
B．在 C 语言程序中，可以有多个 main 函数
C．C 语言程序总是从 main 函数开始执行
D．C 语言程序中的 main 函数必须放在程序的开始部分

4.2　掌握定义函数的方法

在程序设计的过程中，用户经常会根据需要，将实现特定功能的一段程序定义为一个函数，下面介绍函数的定义形式。

4.2.1　定义无参函数

定义无参函数的一般形式如下：

```
类型标识符 函数名 (void)
{
    声明部分
    执行部分
}
```

其中，类型标识符和函数名组成函数首部。类型标识符指明了函数的类型，即函数返回值的类型。函数名是由用户定义的标识符，函数名后加一对括号，括号内的 void 表示"空"，即函数没有参数，void 也可省略不写。

{} 中的内容称为函数体。函数体由声明语句和执行语句两部分组成，其中，声明部分是对函数体内部所用到的变量、类型或其他函数的声明⊖。

例如，定义 fun 函数：

```
int fun(void)
{
    int i, j;
    int sum=0;
    i=2; j=3;
```

声明部分

⊖ C 语言中的声明，分两种：一是定义性声明，如定义变量或数组等；二是非定义性声明，如对外部变量、类型、函数的声明等。

```
        sum = i+j;          ⎫
        return (sum);       ⎬ 执行部分
}                           ⎭
```
上面定义的 fun 函数，函数类型为 int 型，实际是函数返回值（变量 sum）的类型。

说明：

1）书写函数体时，一般先写声明部分，后写执行部分。若将上述的 fun 函数体的前三行写成：

```
        int i, j;           // 声明语句
        i=2; j=3;           // 执行语句
        int sum=0;          // 声明语句
```

则系统编译不通过。

若函数体中含有复合执行语句，则在复合执行语句中也可以有声明语句，这将在 4.5.1 节的"局部变量"中举例说明。

2）若函数不需要返回值，则函数类型应定义为 void 类型。例如，定义 Hello 函数：

```
void Hello( )
{
    printf ("Hello world\n");
}
```

Hello 函数无返回值，当被其他函数调用时，输出 Hello world 字符串。

4.2.2 定义有参函数

定义有参函数的一般形式如下：

> *类型标识符 函数名 (形参列表)*
> *{*
> *   声明部分*
> *   执行部分*
> *}*

有参函数比无参函数多了一个内容，即形参列表。形参可以是各种类型的变量，若有多个形参，则各形参之间要用逗号分隔。在进行函数调用时，主调函数将实参的值传递给形参。形参既然是变量，因此必须在形参列表中给出形参的类型标识符。

例如，把"求两个整数的最大值"程序段定义成一个 max 函数：

```
int max(int x, int y)
{
    int z;
    if(x>y)     z=x;
    else        z=y;
    return      (z);
}
```

第一行是函数首部，声明 max 函数是一个整型函数，其函数返回值是一个整型数据。两个形参 x、y 均为整型变量，x、y 的具体值是由主调函数在调用时传递过来的。max 函数体中的 return 语句是把 z 的值作为函数值返回给主调函数。有返回值的函数中至少应有一个 return 语句。

【同步练习 4-2】
定义求两个整数的最小值函数，函数名为 min。

4.3 掌握函数的调用方法

函数被定义之后，即可被其他函数调用。下面介绍函数的一般调用、嵌套调用和递归调用 3 种调用方式。

4.3.1 函数的一般调用

函数的一般调用流程如图 4-2 所示，f1 函数在运行过程中，调用 f2 函数时，即转去执行 f2 函数，f2 函数执行完毕后返回 f1 函数的断点处，继续执行 f1 函数断点后的语句。

1. 函数的一般调用形式

无参函数的调用形式为： 函数名( )
例如，4.2.1 节中的 Hello 函数调用语句可写为：Hello( );
有参函数的调用形式为： 函数名(实参列表)

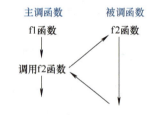

图 4-2 函数的一般调用流程

调用有参函数时，主调函数将"实参"的值传递给被调函数的"形参"，从而实现主调函数向被调函数进行信息传递。如果实参列表包含多个实参，则各参数之间要用逗号隔开，实参与形参的个数应相等、类型应匹配，实参与形参按顺序对应，一一传递信息。

【例 4.1】有参函数的一般调用：求两个数的最大值。

```
#include <stdio.h>
int max(int x, int y);                    // 对 max 函数进行声明
int main(void)
{
    int a, b, c;
    printf("请输入两个整数：");
    scanf("%d%d", &a, &b);
    c = max(a, b);                        // 调用 max 函数
    printf("a=%d,b=%d,max=%d\n", a,b,c);
}
int max(int x, int y)                     // 定义有参函数
{
```

```
    int z;
    if(x>y) z=x;
    else    z=y;
    return (z);                         // 向主调函数返回 z 的值
}
```

运行情况：
```
请输入两个整数：3  2
a=3,b=2,max=3
```

主函数调用 max 函数时，将实参 a、b 的值分别传递给 max 函数的形参 x、y，max 函数最后通过 return 语句向主函数返回 z 的值，其调用过程如图 4-3 所示。

2. 关于函数调用时"参数传递"的几点说明

1）形参变量只有在发生函数调用时才被临时分配内存单元。在调用结束后，形参所占用的内存单元也被释放。实参与形参占用不同的存储空间。

2）函数调用时传递的信息，只能由实参传递给形参，而不能由形参传递给实参，即"单向信息传递"。在执行一个被调函数时，形参的值如果发生改变，并不会改变主调函数的实参值。

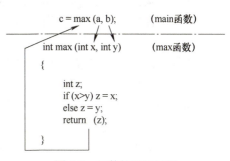

图 4-3 函数的调用过程

3）当形参为普通变量（基本类型的变量）时，实参可以是常量、变量或表达式，但必须有确定的值。

【例 4.2】函数参数传递。

```
#include <stdio.h>
void fun(int x, int y);                 // 对 fun 函数进行声明
int main(void)
{
    int a=1, b=3;
    fun(a, b);                          // 调用 fun 函数
    printf("a=%d,b=%d\n", a,b);
}
void  fun(int x, int y)                 // 定义有参函数
{
    x = x+1;
    y = y+1;
    printf("x=%d,y=%d\n", x,y);
}
```

运行结果：
```
x=2,y=4
a=1,b=3
```

函数调用时，实参变量 a、b 分别向形参变量 x、y 传递数值 1 和 3，如图 4-4a 所示；在执行被调函数过程中形参变量 x、y 的值变为 2 和 4，而实参变量 a、b 的值仍为 1 和 3，如图 4-4b 所示。

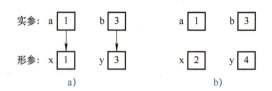

图 4-4 函数参数传递

3. 函数的值

函数的值是指函数被调用之后，执行函数体中的程序段所取得的并返回给主调函数的值，如在例 4.1 中，max(3, 2) 的值是 3。对函数的值（或称函数返回值）做下列说明：

1）函数的值只能通过函数中的 return 语句获得。return 语句的一般形式如下：

    return 表达式；或 return（表达式）；

该语句的功能是计算表达式的值，并将其值返回给主调函数，如例 4.1 中 max 函数的 "return (z);" 语句。

需要说明的是，在函数中允许有多个 return 语句，但每次调用只能有一个 return 语句被执行，因此只能返回一个函数值。例如，前面的 max 函数也可以写成下面的形式，但 max 函数被调用时，只能执行其中的某一个 return 语句。

```
int max(int x, int y)
{
    if(x>y)  return (x);
    else    return (y);
}
```

return 语句也可以不含表达式，此时必须将函数定义为 void 类型，其作用只是使流程返回到主调函数，并没有确定的函数值。例如，下面的 fun 函数被调用时，如果 if 语句中的表达式为真，则直接返回到主调函数，否则将执行 if 语句之后的部分。

```
void fun( )
{
    if( 表达式 ) return;
    …
}
```

2）函数返回值的类型和定义函数时指定的函数类型应保持一致，若两者不一致，则以函数类型为准，对数值型数据，可自动进行类型转换。定义函数时若不指定函数类型，则 C 编译系统默认为整型。

3）没有返回值的函数，函数的类型应当明确定义为 void 类型，如例 4.2 中的 fun 函数并不向主调函数返回值。

4. 对被调函数的声明

在例 4.1 和例 4.2 的主调函数（主函数）的前面，都对被调函数进行了声明。如果不进行声明，编译系统对程序从上到下进行编译的过程中，遇到被调函数名时，就会认为是一个"陌生人"而报告错误，解决此问题的方法有两种。

1）在主调函数的函数体的开始，或者在源文件中所有函数的前面，对被调函数进行声明。提前向编译系统"打招呼"，让编译系统"提前认识"被调函数。

函数声明（也称为函数原型）的一般形式如下：

   类型标识符 函数名 (形参类型 1 形参名 1,形参类型 2 形参名 2,…);

或   类型标识符 函数名 (形参类型 1,形参类型 2,…);

其中第一种形式，是在函数首部的基础上加一分号。第二种形式，相比第一种形式，省略了形参名。实际上，编译系统在编译函数声明语句时，只关心形参的个数和类型，而不关心形参名，因此函数声明中的形参名可以省略或者和定义函数时的形参名不一致。尽管如此，在实际程序设计中，还是提倡使用上述第一种形式的函数声明，因为用户可以通过函数声明快速地获取函数的基本信息：函数类型、函数名和函数参数。

2）若在主调函数前面定义被调函数，则不需要额外对被调函数进行声明。

对例 4.1，可以写成下面①、②、③中的任意一种形式。尽管如此，在大型的模块化 C 语言程序设计中，一般提倡使用其中的第①种形式。

①	②	③

#include <stdio.h>
int max(int x, int y);
int main(void)
{
 …
 c = max(a, b);
 …
}
int max(int x, int y)
{
 …
}
	#include <stdio.h>
	int main(void)
	{
	 int max(int x, int y);
	 …
	 c = max(a, b);
	 …
	}
	int max(int x, int y)
	{
	 …
	}
		#include <stdio.h>
		int max(int x, int y)
		{
		 …
		}
		int main(void)
		{
		 …
		 c = max(a, b);
		 …
		}

需要说明的是，调用库函数时，不需要对库函数进行声明，但必须要把该函数对应的头文件用 #include 命令包含在源文件中。

5. 宏调用和函数调用的比较

曾经在 2.5.1 节中介绍过带参宏调用，宏调用和函数调用有相似之处，但也有区别：

1）在宏调用中，参数没有数据类型，例如，对带参宏定义 "#define S(r) 3.14*(r)*(r)" 进行宏调用时，参数 r 可以是整型数据，也可以是实型数据。而在函数调用时，函数的参数是有确定数据类型的。

2）宏调用是在编译预处理阶段完成的，因此宏调用不占用运行时间，执行速度快，但付出的代价是生成的目标代码变大，其原因是在编译预处理时将所有的宏名进行多次宏替换。而函数调用是在编译阶段进行一次编译，并且函数调用是在程序运行时进行的，需要占用一系列的处理时间（如参数传递、保护现场、恢复现场、函数返回等时间）。

【同步练习 4-3】

1）以下关于函数的叙述，错误的是（　　）。
A．函数未被调用时，系统将不为形参分配内存单元
B．实参与形参的个数应相等，且实参与形参的类型必须对应一致
C．当形参是变量时，实参可以是常量、变量或表达式
D．形参可以是常量、变量或表达式

2）关于函数调用的叙述不正确的是（　　）。
A．实参与其对应的形参共占存储单元
B．实参与对应的形参分别占用不同的存储单元
C．实参将其值传递给形参，调用结束时形参占用的存储单元被立即释放
D．实参将其值传递给形参，调用结束时形参并不将其值回传给实参

3）C 语言中函数返回值的类型是由（　　）决定的。
A．return 语句中的表达式类型　　　B．调用函数的主调函数类型
C．调用函数时临时　　　　　　　　D．定义函数时所指定的函数类型

4）若在 C 语言中未指定函数的类型，则系统默认该函数的数据类型是（　　）。
A．float　　　　B．long　　　　C．int　　　　D．double

5）定义一个 void 型函数意味着调用该函数时，函数（　　）。
A．通过 return 返回一个用户所希望的函数值
B．返回一个系统默认值
C．没有返回值
D．返回一个不确定的值

6）若程序中定义函数：
float fun(float a, float b)
{
　　return (a+b);
}
则以下对 fun 函数声明的语句中错误的是（　　）。
A．float fun(float a,b);　　　　　　B．float fun(float b, float a);
C．float fun(float, float);　　　　　D．float fun(float a, float b);

7）根据例 4.1 程序，编程实现：在主函数运行时，从键盘上输入 3 个整数，然后通过调用 max 函数获得这 3 个整数的最大值，最后输出其最大值。

8）根据例 2.22 程序，编写一个计算非负整数位数的 int_digit 函数，其中，函数参数为待求位数的非负整数 num，函数返回非负整数的位数。

9）编写函数，计算 x 的 n 次方（x 为实数，n 为正整数）。在主函数中输入 x 和 n 的值，调用该函数，并输出结果。

10）求方程 ax^2+bx+c 的根，编写 3 个函数分别求判别式 b^2-4ac 在大于 0、等于 0 和小于 0 这 3 种情况时的根。在主函数中输入 a、b、c 的值，调用对应的函数，并输出结果。

11）编写两个函数，分别求两个整数的最大公约数和最小公倍数。在主函数中输入两个整数的值，分别调用这两个函数，并输出结果。

4.3.2 函数的嵌套调用

在 C 语言中，所有函数（包括主函数）都是相互平行、相互独立的。在一个函数内不能再定义另一个函数，即函数不能嵌套定义。但 C 语言允许在调用一个函数的过程中，又调用另一个函数，这样就出现了函数的嵌套调用，如图 4-5 所示。

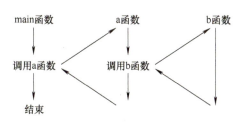

图 4-5 函数嵌套调用示意图

图 4-5 表示了两层嵌套的情形，其执行过程是，在 main 函数运行过程中调用 a 函数，即转去执行 a 函数，在 a 函数中调用 b 函数时，又转去执行 b 函数，b 函数执行完毕后返回 a 函数的断点继续执行，a 函数执行完毕后返回 main 函数的断点继续执行。

【例 4.3】函数的嵌套调用：加、减、乘、除四则运算。

```
#include <stdio.h>
void add(float x, float y);            // 加法函数声明
void sub(float x, float y);            // 减法函数声明
void mul(float x, float y);            // 乘法函数声明
void div(float x, float y);            // 除法函数声明
void result(float i, float j);         // 四则运算函数声明
int main(void)
{
    float a, b;
    printf("请输入两个实数（用空格隔开）:");
    scanf("%f%f", &a, &b);
    printf("a=%f,b=%f\n", a, b);
    result(a, b);                      // 调用 result 函数
}
void result(float i, float j)          // 定义四则运算函数
{
    add(i, j);                         // 调用加法函数
    sub(i, j);                         // 调用减法函数
```

```
        mul(i, j);                    // 调用乘法函数
        div(i, j);                    // 调用除法函数
    }
    void add(float x, float y)        // 加法函数
    {
        printf("add=%f\n", x+y);
    }
    void sub(float x, float y)        // 减法函数
    {
        printf("sub=%f\n", x-y);
    }
    void mul(float x, float y)        // 乘法函数
    {
        printf("mul=%f\n", x*y);
    }
    void div(float x, float y)        // 除法函数
    {
        printf("div=%f\n", x/y);
    }
```

运行情况：
```
请输入两个实数（用空格隔开）:3.2 1.5
a=3.200000,b=1.500000
add=4.700000
sub=1.700000
mul=4.800000
div=2.133333
```

在本程序中，主函数调用 result 函数，在 result 函数中又调用 add、sub、mul、div 函数，实现了函数的嵌套调用。

需要说明的是，在本程序中，加、减、乘、除 4 个函数的内部使用了相同的变量名（形参变量名），C 语言允许在不同的函数内部使用相同的局部变量名，这个问题将在 4.5 节中介绍。

【同步练习 4-4】

1）以下关于函数的叙述，错误的是（   ）。
  A．C 语言程序是函数的集合，包括标准库函数和用户自定义函数
  B．在 C 语言程序中，被调用的函数必须在 main 函数中定义
  C．在 C 语言程序中，函数的定义不能嵌套
  D．在 C 语言程序中，函数的调用可以嵌套

2）编程实现：在主函数运行时，从键盘上输入 3 个整数，然后通过调用 min_3 函数获得这 3 个整数的最小值，min_3 函数在执行时，又调用求两个整数最小值的 min 函数，最后在主函数中输出 3 个整数的最小值。

4.3.3 函数的递归调用

在调用一个函数的过程中，又出现直接或间接地调用该函数本身，称为函数的递归调用，如图 4-6 所示。其中在图 4-6a 中，在 f 函数运行的过程中，又要调用 f 函数，这是直接调用函数本身。在图 4-6b 中，在 f1 函数运行的过程中，调用 f2 函数，而在 f2 函数运行过程中又要调用 f1 函数，这是间接调用函数本身。

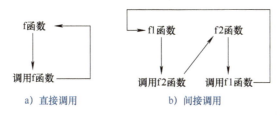

图 4-6 函数的递归调用

【例 4.4】有 5 个人坐在一起，问第 5 个人多少岁，他说比第 4 个人大 2 岁。问第 4 个人岁数，他说比第 3 个人大 2 岁。问第 3 个人，又说比第 2 个人大 2 岁。问第 2 个人，说比第 1 个人大 2 岁。最后问第 1 个人，他说他 10 岁。请问第 5 个人多大？

显然，这是一个递归问题，即：

age(5) = age(4)+2
age(4) = age(3)+2
age(3) = age(2)+2
age(2) = age(1)+2
age(1) = 10

上述关系，可用数学公式表述：

$$age(n) = \begin{cases} 10 & n=1 \\ age(n-1)+2 & n>1 \end{cases}$$

可见，当 n>1 时，求第 n 个人的年龄公式是相同的，因此可以用一个函数表示上述关系。求第 5 个人年龄的过程如图 4-7 所示。

一个递归的问题可以分为"回推"和"递推"两个阶段。显而易见，如果要求递归过程不是无限制地进行下去，则必须具有一个结束递归过程的条件，如本例中"age(1)=10"就是使递归结束的条件。

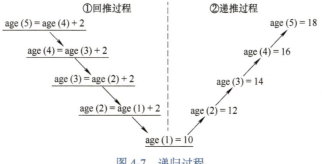

图 4-7 递归过程

参考程序如下：
```c
#include <stdio.h>
int age(int n);                              // 函数声明
int main(void)
{
    printf("第5个人的年龄：%d\n", age(5));   // 调用 age 函数
}
int age(int n)                               // 求年龄的递归函数，函数参数：变量 n
{
    int c;
    if(n==1)  c = 10;
    else      c = age(n-1)+2;                // 函数递归调用
    return (c);
}
```

运行结果：第5个人的年龄：18

【例 4.5】用递归方法计算 n 的阶乘 n!

用递归方法计算 n!，可用下述公式表示：

$$n! = \begin{cases} 1 & n=0、1 \\ n(n-1)! & n>1 \end{cases}$$

参考程序如下：
```c
#include <stdio.h>
#include <stdlib.h>
long long jc(int n)                          // 求阶乘的递归函数，函数参数：变量 n
{
    long long x;
    if(n<0)
    {
        printf("n<0, 输入错误 !\n");
        exit(0);                             // 终止程序运行
    }
    else
    {
        if(n==0 || n==1)  x=1;
        else   x = jc(n-1)*n;                // 函数递归调用
        return (x);
    }
}
int main(void)
```

```
{
    int n;
    long long y;
    printf("请输入一个正整数 : ");
    scanf("%d", &n);
    y = jc(n);
    printf("%d!=%I64d\n", n, y);            // 格式符 %I64d 用于输出长长整型数据
}
```

运行情况：请输入一个正整数: 5
5!=120

说明：

1）程序中的 exit 函数是 stdlib.h 头文件中声明的库函数，其作用是终止程序运行。其中，"exit(0);"表示程序正常运行而退出程序，而"exit(1);"表示程序非正常运行而退出程序。

2）通过例 4.4 和例 4.5 可以看出，使用递归调用思想解决问题时主要考虑以下两个问题：①递归终止的条件；②递归表达式。

【同步练习 4-5】

1）下面程序运行后的输出结果是（　　）。

```
#include <stdio.h>
int fun(int a, int b)
{
    if(a>b)  return a;
    else   return b;
}
int main(void)
{
    int x=3, y=8, z=6, r;
    r = fun(fun(x, y), 2*z);
    printf("%d\n", r);
}
```

A．3　　　　　　B．6　　　　　　C．8　　　　　　D．12

2）求 1!+2!+3!+4!+5! 的值。

3）编写函数，用递归法将一个整数转换成字符串。在主函数中输入一个整数，然后调用该函数，并输出结果。

4.4 利用数组作为函数参数进行模块化程序设计

数组可以作为函数的参数进行数据传递。数组用作函数参数有两种形式：一种是把数组元素作为函数的实参；另一种是把数组名作为函数的实参和形参。

4.4.1 数组元素作为函数实参

数组元素就是下标变量，因此数组元素作为函数实参时与普通变量是一样的。在函数调用时，将实参的值（数组元素的值）传递给形参（变量），实现"单向的值传递"。

【例 4.6】数组元素作为函数实参：根据学生课程成绩，判断考试结果。

```
#include <stdio.h>
void test(int x);                          // 函数声明
int main(void)
{
    int a[5] = {62, 57, 70, 48, 85}, i;    // 将课程成绩存入数组 a 中
    for(i=0; i<5; i++)
    {
        printf("a[%d]=%d：", i, a[i]);
        test(a[i]);                         // 调用成绩测试函数，数组元素 a[i] 作为实参
    }
}
void test(int x)                           // 成绩测试函数，函数形参：变量 x
{
    if(x>=60)  printf("及格 !\n");
    else       printf("不及格 !\n");
}
```

运行结果：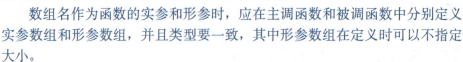

【同步练习 4–6】

编程实现：在主函数中定义一维数组，并将若干个整数存放至该数组，然后用数组元素作为函数实参，依次调用对 3 求余的 mod_3 函数，在 mod_3 函数中，输出一个整数对 3 求余的结果，例如：整数 11，对 3 求余的结果是 2。

4.4.2 数组名作为函数参数

数组名代表数组的首地址，因此数组名作为函数参数时，实参向形参传递的信息是数组的首地址，即"单向的地址传递"。

数组名作为函数的实参和形参时，应在主调函数和被调函数中分别定义实参数组和形参数组，并且类型要一致，其中形参数组在定义时可以不指定大小。

【实践与思考】

请读者编辑、编译和运行例 4.7 程序，根据程序运行结果思考形参数组与实参数组的关系。

【例4.7】数组名作为函数的实参和形参，输出形参数组元素的值。
```c
#include <stdio.h>
void output(int b[ ], int n);              // 函数声明
int main(void)
{
    int a[5] = {1, 3, 5, 7, 9};
    output(a, 5);                          // 调用 output 函数，实参：数组名 a、数值 5
}
void output(int b[ ], int n)               // 形参：数组名 b、变量 n
{
    int i;
    for(i=0; i<n; i++)
        printf("b[%d]=%d  ", i, b[i]);     // 输出形参数组元素的值
}
```

【例4.8】在例3.10的基础上，自编字符串实际长度测试函数。
```c
#include <stdio.h>
int str_length(char str[ ]);               // 函数声明
int main(void)
{
    char  s1[20] = "ABcd123";
    printf("字符数组 s1 中的字符串：%s\n", s1);
    printf("字符数组 s1 字符串实际长度：%d\n", str_length(s1));  // 调用 str_length 函数
}
int str_length(char str[ ])                // 字符串实际长度测试函数
{
    int i;
    for(i=0; str[i]; i++);
    return (i);                            // 返回字符串实际长度
}
```

运行结果：
```
字符数组s1中的字符串：ABcd123
字符数组s1字符串实际长度：7
```

【例4.9】数组名作为函数的实参和形参，改变实参数组元素的值。
```c
#include <stdio.h>
void change(int b[ ], int n);              // 函数声明
int main(void)
{
    int a[5] = {1, 3, 5, 7, 9}, i;
    printf("函数调用前：");
    for(i=0; i<5; i++)
        printf("a[%d]=%d  ", i, a[i]);
```

```
        printf("\n");
        change(a, 5);                       // 调用 change 函数，实参：数组名 a、数值 5
        printf("函数调用后：");
        for(i=0; i<5; i++)
            printf("a[%d]=%d  ", i, a[i]);
        printf("\n");
    }
    void change(int b[ ], int n)            // 形参：数组名 b、变量 n
    {
        int i;
        for(i=0; i<n; i++)
            b[i] ++;
    }
```

主函数调用 change 函数时，将实参数组名 a 和数值 5 分别传递给形参数组名 b 和形参变量 n。

运行结果：
```
函数调用前：a[0]=1  a[1]=3  a[2]=5  a[3]=7  a[4]=9
函数调用后：a[0]=2  a[1]=4  a[2]=6  a[3]=8  a[4]=10
```

可见，在函数调用之后，实参数组 a 元素的值发生了变化，下面探究其奥秘：

函数调用时，是将实参数组 a 的首地址传递给形参数组名 b，使形参数组名获得了实参数组的首地址，因此形参数组与实参数组为同一个数组，如图 4-8 所示。显然，a[0] 与 b[0] 共占同一存储单元，依次类推，a[i] 与 b[i] 共占同一存储单元，因此当形参数组各元素的值发生变化时，实参数组元素的值也随之变化，这一原理将在 5.3.3 节进一步讲述。

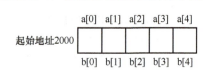

图 4-8　数组名作函数参数的传递过程

这一点与普通变量作函数参数的情况不同，在程序设计中，可以利用这一特点改变实参数组元素的值。

【例 4.10】根据例 3.3 程序，以数组名作为函数的参数，编写冒泡法排序程序（由小到大）。

```
#include <stdio.h>
#define N 5                                 // 宏定义参与排序的数据个数
void MPSort(int b[ ], int n);               // 冒泡排序函数声明
int main(void)
{
    int a[N], i;
    printf("请输入 %d 个整数：", N);
    for(i=0; i<N; i++)
        scanf("%d", &a[i]);                 // 将 N 个数据存入数组 a
    printf("排序前：");
    for(i=0; i<N; i++)
        printf("%5d", a[i]);                // 输出排序前的 N 个数据
```

```
            printf("\n");
            MPSort(a, N);                    // 调用冒泡排序函数,实参:数组名 a、数值个数 N
            printf("排序后: ");
            for(i=0; i<N; i++)
                printf("%5d", a[i]);         // 输出排序后的 N 个数据
            printf("\n");
        }
        void MPSort(int b[ ], int n)         // 冒泡排序函数,形参:数组名 b、变量 n
        {
            int i, j, t, swap_flag;
            for(i=1; i<n; i++)               //n 个数,共需比较 n-1 轮
            {
                swap_flag = 0;               // 交换标志:0 表示无交换,1 表示有交换
                for(j=0; j<n-i; j++)         // 第 i 轮需要比较 n-i 次
                {
                    if(b[j] > b[j+1])        // 依次比较两个相邻的数,将大数放后面
                    {
                        t = b[j];  b[j] = b[j+1];  b[j+1] = t;  swap_flag = 1;    // 交换
                    }
                }
                if(swap_flag == 0)   break;  // 若本轮无交换,则结束比较
            }
        }
```

运行情况:
```
请输入5个整数:5  -1  0  12  -6
排序前:     5  -1   0  12  -6
排序后:    -6  -1   0   5   12
```

以上例题都是一维数组名作为函数参数的情形,类似地,二维数组名也可作为函数的实参和形参,此时应在主调函数和被调函数中分别定义实参数组和形参数组,并且类型要一致,其中形参数组在定义时可以不指定第一维(行数)的大小,但必须指定第二维(列数)的大小。

【例 4.11】利用二维数组名作为函数参数,改写例 3.5 程序。

```
#include <stdio.h>
void max(int b[3][4]);                       // 函数声明
int main(void)
{
    int a[3][4] = {{1,2,3,4},{5,6,7,8},{9,10,11,12}};
    max(a);                                  // 调用 max 函数,实参:二维数组名 a
}
void max(int b[3][4])                        // 形参:二维数组名 b
{
    int i, j, m, row=0, col=0;               // 变量 i 表示行,j 表示列
```

```
        m = b[0][0];                    // 最大值初值
        for(i=0; i<3; i++)
        {
            for(j=0; j<4; j++)
            {
                if(b[i][j] > m)
                {
                    m = b[i][j];  row = i;  col=j;
                }
            }
        }
        printf("最大值 =%d, 行 =%d, 列 =%d\n", m, row+1, col+1);
}
```

在 3.2.1 节中介绍过，二维数组是由若干行一维数组组成的。在函数调用时，是将实参数组名 a（代表数组 a 首行的起始地址）传递给形参数组名 b，使形参数组和实参数组为同一个数组，即 a[i][j] 和 b[i][j] 共占同一存储单元，它们具有相同的值。在学习 5.3.4 节之后，将会对此有更深入的理解。

【同步练习 4-7】

1）若用一维数组名作为函数调用的实参，则传递给形参的是（　　）。
　　A．数组的首地址　　　　　　B．数组中第一个元素的值
　　C．数组中全部元素的值　　　D．数组元素的个数

2）在主函数中输入 5 名学生的语文课成绩并保存至一个数组，然后调用函数计算语文这门课的平均分（数组名作函数参数）。

3）写出以数组名作函数参数，由小到大的选择排序函数。

4）编程，在主函数中依次：定义字符数组，用于存放由 6 位数字组成的密码字符串；输出该字符串；用数组名作为函数实参，调用 encrypt 函数对数字密码进行加密（加密规则是，数字 0、1、2、3、4、5、6、7、8、9 分别转换为字母 C、a、q、X、i、h、b、M、S、r）；输出加密后的字符串。通过此题，希望各位同学加强安全防范意识。

5）在主函数中，首先输入一个字符串，然后调用函数统计字符串中的字母、数字、空格和其他字符的个数，最后输出结果。

6）在主函数中输入 5 名学生的学号及语文、数学、英语 3 门课成绩，然后调用函数计算出每名学生的总分和平均分，最后输出每名学生的学号、3 门课成绩、总分和平均分。

4.5　灵活设置变量的类型

通过函数可实现模块化程序设计，而每个函数中都会定义和使用一些变量。从变量的作用域（作用范围）角度，变量可分为局部变量和全局变量。从变量值存在的时间（生存期）角度，变量有静态存储和动态存储两种存储方式。

4.5.1 局部变量和全局变量

1. 局部变量

在函数或复合语句的内部定义的变量是内部变量,也称为"局部变量",只在本函数或复合语句范围内有效,离开本函数或复合语句则无效。例如:

```
int f1(int a)                    // 函数 f1
{
    int b, c;
    ⋮
}
void f2(int x, int y)            // 函数 f2
{
    int z;
    ⋮
}
int main(void)                   // 主函数
{
    int i, j;
    ⋮
    if(i>100)
    {
        char s[30];
        gets(s);
        process(s);
    }
}
```

（a有效、b、c有效、x、y有效、z有效、i、j有效、s有效）

在 f1 函数内定义的 3 个变量,a 为形参,b、c 为一般变量,只在 f1 函数范围内有效,即其作用域限于 f1 函数内。在 f2 函数中定义的 3 个变量 x、y、z,作用域限于 f2 函数内。在主函数内定义的两个变量 i、j,作用域限于主函数内;在复合语句中定义的字符数组 s,作用域仅限于复合语句内。

说明:

1) 函数的形参是局部变量。

2) 主函数中定义的变量也只能在主函数中使用,不能在其他函数中使用,并且主函数也不能使用其他函数中定义的变量。

3) 允许在不同的函数中使用相同的局部变量名,它们代表不同的对象,分配不同的内存单元,互不干扰,也不会发生混淆,这就像在不同的教室可以有相同的垃圾篓一样。

4) 在条件复合语句中定义局部变量的主要优点在于可以只在需要时才给它分配内存空间,这在嵌入式软件设计中内存不够宽裕时很有用。

2. 全局变量

大家知道，一个 C 源文件可以包含一个或若干个函数。在函数内部定义的变量是内部变量，也称"局部变量"；而在函数外部定义的变量是外部变量，也称"全局变量"。全局变量的有效范围是从定义变量的位置开始到本源文件结束。例如：

```
int m, n;               // 外部变量
int f1(int a)           // 函数 f1
{
    int  b, c;
        ⋮
}
char c1, c2;            // 外部变量
void f2(int x, int y)   // 函数 f2
{
    int  z;
        ⋮
}
int main(void)          // 主函数
{
    int i, j;
        ⋮
}
```

全局变量 m、n 的作用范围

全局变量 c1、c2 的作用范围

m、n、c1、c2 都是全局变量，但它们的作用范围不同。在 main 函数和 f2 函数中都可以使用全局变量 m、n、c1、c2，但在 f1 函数中只能使用全局变量 m、n，而不能使用变量 c1、c2。

说明：

1）在程序中设置全局变量，可以打通函数之间数据联系的通道，使多个函数共用全局变量的值，实现资源共享，并且通过函数调用可以得到一个以上的值。

【例 4.12】输入正方体的棱长，输出其表面积和体积的大小。

```
#include <stdio.h>
float S, V;                          // 定义全局变量 S 和 V，分别存放表面积和体积
void sv(float x)                     // 求正方体的表面积和体积函数
{
    S = 6*x*x;                       // 计算表面积
    V = x*x*x;                       // 计算体积
}
int main(void)
{
    float a;                         // 定义变量 a，存放正方体的棱长
    printf("请输入正方体的棱长：");
```

```
        scanf("%f", &a);
        sv(a);                          // 调用求表面积和体积函数
        printf("棱长 =%6.2f, 表面积 =%6.2f, 体积 =%6.2f\n", a, S, V);
}
```

程序中定义了两个全局变量 S 和 V，主函数通过调用 sv 函数可以得到这两个全局变量的值。

运行情况：请输入正方体的棱长：2
棱长= 2.00,表面积= 24.00,体积= 8.00

2）如果在同一个源文件中，全局变量与局部变量同名，则在局部变量的作用范围内，全局变量因被"屏蔽"而失效。

【例 4.13】全局变量与局部变量同名。

```
#include <stdio.h>
int a=1, b=2;              //a、b 为全局变量
int add(int a, int b)      //a、b 为局部变量
{
    int c;
    c = a+b;
    return (c);
}
int main(void)
{
    int a=3;               //a 为局部变量
    printf("%d\n", add(a, b));
}
```

形参变量a、b的作用范围

局部变量a和全局变量b的作用范围

运行结果：5

主函数调用 add 函数时，a、b 的值分别是 3 和 2，因此 add 函数返回值应该是 5。

3）若定义全局变量时不赋初值，系统会自动赋初值数值 0 或空字符 '\0'。

【例 4.14】考察全局变量和局部变量的系统默认初值。

```
#include <stdio.h>
int a;                     // 定义全局变量
char b;                    // 定义全局变量
int main(void)
{
    int i;                 // 定义局部变量
    char j;                // 定义局部变量
    printf("a=%d,b=%c,i=%d,j=%c\n", a,b,i,j);
}
```

运行结果：a=0,b= ,i=-858993460,j=?

从运行结果看，若定义全局变量时不赋初值，系统会自动赋初值数值 0 或空字符 '\0'；

但若定义局部变量时不赋初值，则系统会随机赋予其不确定的值。

最后需要说明的是，尽管使用全局变量有时会带来一些便利，但建议不是非常必要的情况下，尽量不要使用全局变量，其主要原因：①全局变量在程序执行过程中始终占用内存单元，有时会白白浪费内存单元。②使用全局变量会降低程序的可读性和可靠性，稍不注意可能会因全局变量的值局部变化而引发程序全局乱套。为了实现程序的模块化设计（函数化），提倡通过"实参 - 形参"的方式实现函数之间的信息传递。如果为了实现在函数调用时得到多个值，那么可以使用数组名或指针变量作为函数参数得到多个值（关于指针变量作为函数参数，将在 5.2.3 节中介绍）。

【同步练习 4-8】

1）总结全局变量和局部变量的区别。

2）C 语言程序中各函数之间可以通过多种方式传递数据，下列不能用于实现数据传递的方式是（   ）。

A．参数的形实（虚实）结合　　　B．函数返回值
C．全局变量　　　　　　　　　　D．不作为参数的同名的局部变量

4.5.2　变量的存储方式

从变量值存在的时间（生存期）角度，变量有静态存储和动态存储两种存储方式（存储类别）。静态存储，是指在程序运行期间分配固定的存储空间，即变量在程序整个运行时间内都存在。而动态存储，是指在程序运行期间根据需要（如调用函数时）临时分配存储空间。全局变量使用静态存储方式，而局部变量有静态存储和动态存储两种存储方式。

在 C 语言中，每个变量都有两个属性：存储类别和数据类型。C 语言中有 4 个存储类别标识符：自动的（auto）、静态的（static）、寄存器的（register）和外部的（extern）。在定义变量时，一般应同时指定其存储类别和数据类型。定义变量的完整格式如下：

　　　　存储类别　数据类型　变量名；

下面分别介绍局部变量和全局变量（外部变量）的存储类别声明方法。

1. 局部变量的存储类别声明

（1）用 auto 声明动态局部变量

例如：int f(int x)　　　　　　// 定义 f 函数，x 为形参变量
　　　　{
　　　　　　auto int a, b;　　// 定义 a、b 为自动局部变量
　　　　　　　⋮
　　　　}

用 auto 声明的局部变量 a、b 为动态存储变量。在调用该函数时，系统临时为局部变量 x、a、b 分配存储空间，在函数调用结束时系统自动释放这些存储空间，因此这类局部变量称为自动局部变量，也称为动态局部变量。

实际上，程序中大多数局部变量以及函数的形参变量都是自动局部变量，其关键字"auto"通常省略不写。例如，上述函数体中的"auto int a, b;"通常简写成"int a, b;"。

（2）用 static 声明静态局部变量

有时希望函数中的局部变量在函数调用结束后，其占用的存储单元不被释放，其值不消失而继续被保留，这就需要指定该局部变量为静态存储类型，用关键字 static 进行声明。

【例 4.15】考察动态局部变量和静态局部变量的值。

```
#include <stdio.h>
void lv( );                              // 函数声明
int main(void)
{
    int i;
    for(i=1; i<=3; i++)
    {
        printf("第%d 次调用 lv 函数后：", i);
        lv( );                           // 调用 lv 函数
    }
}
void lv( )                               // 局部变量函数
{
    auto   int a=1;                      // 定义动态局部变量 a
    static int b=1;                      // 定义静态局部变量 b
    a++;
    b++;
    printf("a=%d  b=%d\n", a, b);
}
```

运行结果：
```
第1次调用lv函数后：a=2  b=2
第2次调用lv函数后：a=2  b=3
第3次调用lv函数后：a=2  b=4
```

根据运行结果不难看出，变量 a、b 在 3 次函数调用时的初值和函数调用结束时的值的变化情况，如表 4-1 所示。

表 4-1 变量 a、b 的值

第几次调用	函数调用时的初值		函数调用结束时的值	
	a	b	a	b
第 1 次	1	1	2	2
第 2 次	1	2	2	3
第 3 次	1	3	2	4

根据上述分析，用 static 声明的局部变量为静态存储变量，称为"静态局部变量"。

【例 4.16】考察静态局部变量和静态局部数组的系统默认初值。

```
#include <stdio.h>
int main(void)
{
```

```
        static int  a;                  // 定义静态局部变量
        static char b;                  // 定义静态局部变量
        static int  c[5];               // 定义静态局部数组
        int i;                          // 定义动态局部变量
        printf("i=%d\n", i);
        printf("a=%d\n", a);
        printf("b='%c'\n", b);
        for(i=0; i<5; i++)
            printf("c[%d]=%d\n", i, c[i]);
    }
```

运行结果：
```
i=-858993460
a=0
b=' '
c[0]=0
c[1]=0
c[2]=0
c[3]=0
c[4]=0
```

从运行结果看，若定义静态局部变量时不赋初值，系统会自动赋初值数值 0 或空字符 '\0'；但若定义动态局部变量时不赋初值，系统则会随机赋予其不确定的值。

现对 static 声明的静态局部变量和 auto 声明的动态局部变量进行比较，如表 4-2 所示。

表 4-2 static 声明的静态局部变量与 auto 声明的动态局部变量的比较

	static 声明的静态局部变量	auto 声明的动态局部变量（auto 可省略）
存储类别	静态存储，在程序整个运行期间都不被释放	动态存储，函数调用结束后即被释放
变量的值	编译时赋初值，即只赋值一次。函数调用结束时，其值仍被保留。下次调用函数时，其值为上次函数调用结束时的值	在函数调用时临时赋初值，每次调用函数时重新赋初值
	若定义变量时不赋初值，系统会自动赋数值 0 或空字符 '\0'	若定义变量时不赋初值，其初值不确定

说明：虽然静态局部变量在函数调用结束后其值仍被保留，但仅限本函数（或复合语句）使用，而其他函数不能引用它。

静态局部变量的应用场合：

1) 需要保留上次函数调用结束时的值。

【例 4.17】利用静态局部变量实现：输出 1 ~ 5 的阶乘。

分析：1! = 1   2! = 2×1!   3! = 3×2!   4! = 4×3!   5! = 5×4!   即 (n+1)! = (n+1)×n!

计算 (n+1)! 时要用 n! 的结果，因此计算 n! 后，要保留其结果，供计算 (n+1)! 时使用。

参考程序如下：

```
#include <stdio.h>
int jc(int n);                          // 函数声明
int main(void)
{
    int i;
```

```
        for(i=1; i<=5; i++)
            printf("%d!=%d\n", i, jc(i));
    }
    int jc(int n)                          // 计算阶乘函数
    {
        static int f=1;                    // 定义静态局部变量 f，存放阶乘结果
        f = f*n;
        return (f);
    }
```

运行结果：
```
1!=1
2!=2
3!=6
4!=24
5!=120
```

【例 4.18】嵌入式应用：定时时间到（如每隔 100ms），CPU 执行一次 fun 函数。在 fun 函数中，利用静态局部变量进行定时计数，计数达到预定值时（如每隔 500ms）将执行一次对应的功能程序。

```
    void fun(void)
    {
        static int cnt=0;                  // 定义静态局部变量 cnt，对定时进行计数
        cnt++;                             // 定时时间到，计数变量加 1
        if(cn == 5)                        // 计数达到预定值
        {
            cnt=0;                         // 计数变量清 0
            …                              // 执行功能程序
        }
    }
```

2）若函数中的变量只被引用而不改变值，则定义为静态局部变量（同时初始化）比较方便，以免每次函数调用时重新定义和赋值。这在嵌入式软件设计中，可以减少局部变量或数组、结构体等复杂的数据对象在定义和赋值时的 CPU 开销，从而提高程序执行效率。

3）static 定义静态局部变量，系统默认初始值为数值 0 或空字符 '\0'，这一特点在某些时候可以减少程序员的工作量。比如初始化一个稀疏矩阵，可以一个一个地把所有元素都置 0，然后把不是 0 的几个元素赋值。若定义成静态的，则会省去一开始置 0 的操作。

【同步练习 4-9】

1）以下叙述中正确的是（   ）。
A．全局变量的作用域一定比局部变量的作用域范围大
B．静态（static）变量的生存期贯穿于整个程序的运行期间
C．函数的形参都属于全局变量
D．未在定义语句中赋初值的 auto 变量和 static 变量的初值都是随机值

2）以下程序的输出结果是（　　）。
```c
#include <stdio.h>
int lv(void)
{
    static  int a=1;
    a++;
    return (a);
}
int main(void)
{
    int i, j;
    for(i=1; i<=2; i++)
        j = lv( );
    printf("%d\n", j);
}
```
A．1　　　　　　B．2　　　　　　C．3　　　　　　D．4

（3）用 register 声明寄存器变量

一般情况下，变量是存放在内存中的，当一个变量被频繁读写时，需要反复访问内存，花费大量的存取时间。为此，可用 register 将变量声明为"寄存器变量"，则变量将被存放在 CPU 的寄存器中，使用时可以直接从 CPU 的寄存器中读写（其读写速度远高于内存的读写速度），从而提高程序执行效率。对于循环次数较多的循环控制变量及循环体内反复使用的变量均可定义为寄存器变量，而循环计数是应用寄存器变量的首选。

【例 4.19】使用寄存器变量，输出 1+2+3+…+1000 的值。
```c
#include <stdio.h>
int main(void)
{
    register long i, s=0;                   // 定义寄存器变量 i、s
    for(i=1; i<=1000; i++)
        s = s+i;
    printf("sum=%ld\n", s);
}
```
运行情况：`sum=500500`

说明：

1）由于寄存器变量采用动态存储方式，因此只有动态局部变量才可以定义为寄存器变量，而全局变量和静态局部变量都不能定义为寄存器变量。

2）寄存器变量只能用于整型变量和字符变量。

3）现在很多编译系统会自动识别读写频繁的内存变量，并将其优化为 CPU 寄存器变量（不需要程序设计者指定），以提高变量的存储和读写速度。但要注意的是，在实际应用中，却有一些内存变量是不希望被优化为寄存器变量的，此时需要在定义内存变量时使用关键字"volatile"进行限定,例如"volatile int i;"。关于这一点,在嵌入式软件设计中常用到,读者可在后续通过参考文献 [2] 进一步学习。

2. 全局变量(外部变量)的存储类别声明

(1)用 extern 声明已经定义的全局变量(扩展全局变量的作用域)

在实际的工程应用中,extern 主要用于下面介绍的在多个文件的程序中声明已经定义的全局变量。如果一个 C 程序包括两个文件,在两个文件中都要用到同一个全局变量,则不能在两个文件中同时定义这个全局变量,否则在进行程序连接时将会出现"重复定义"的错误。正确的做法是:在任一个文件中定义全局变量,而在另一个文件中用 extern 对该变量进行"外部变量声明"。

【例 4.20】用 extern 将全局变量的作用域扩展到其他文件。

- 文件 file1.c 中的内容:

```
#include <stdio.h>
int  g_data = 3;                    // 定义全局变量 g_data
void fun(void);                      // 函数声明
int main(void)
{
    fun( );                          // 调用 fun 函数
    printf("g_data = %d\n", g_data); // 输出全局变量的值
}
```

- 文件 file2.c 中的内容:

```
extern  int  g_data;                 // 声明其他文件定义的全局变量,也可写成 extern g_data;
void fun(void)
{
    g_data ++;
}
```

运行结果: `g_data = 4`

在本例中,file2.c 的开头对变量 g_data 进行了 extern 声明,将 file1.c 中的全局变量 g_data 的作用域扩展到 file2.c 中。这两个源文件经过编译、连接后,生成一个可执行的文件。

(2)用 static 声明静态全局变量(缩小全局变量的作用域)

有时在程序设计中希望某些全局变量仅限于本文件使用,而防止被其他文件使用。此时,可以在定义全局变量时加 static 声明,将其声明为静态全局变量。

【实践验证】

请读者将前面例 4.20 文件 file1.c 中的"int g_data = 3;"改为"static int g_data = 3;",重新编译和连接程序,查看结果。

在连接上述两个文件时,编译系统会报错,其原因是:使用 static 声明的全局变量 g_data,作用域仅限于 file1.c 文件。在文件 file2.c 中,尽管使用 extern 对外部变量 g_data 进行了声明,但它仍无法使用该变量。

使用静态全局变量,可以避免其他文件对本文件中的全局变量进行干扰误用,这在模

块化程序设计中常用到。

总结：使用 static 既可以声明局部变量，也可以声明全局变量，其存储方式都是静态存储。当然需要注意的是，全局变量不论是否使用 static 声明，它都是静态存储方式。对全局变量使用 static 声明，使该变量的作用域仅限于本文件中。而对局部变量使用 static 声明，主要使该变量在整个程序执行期间不被释放，其值得到保留。

【同步练习 4-10】

若在一个 C 源程序文件中定义了一个允许其他源文件引用的实型外部变量 a，则在另一文件中可使用的引用声明是（　　）。

A．extern static float a;　　　　　　B．float a;
C．extern auto float a;　　　　　　　D．extern float a;

4.6　使用内部函数和外部函数进行模块化程序设计

根据函数能否被其他源文件调用，可将函数分为内部函数和外部函数。函数一般都是全局的，即外部函数，能被其他的源文件调用，如例 4.20 在文件 file2.c 中定义的 fun 函数可以被文件 file1.c 调用。但也可以通过冠名 static 将函数声明为内部函数，仅限于本文件中调用，而防止被其他文件调用。

定义内部函数的形式如下：

  static 类型标识符 函数名 (形参列表)
  {
    ⋮
  }

定义外部函数的形式如下：

  [extern] 类型标识符 函数名 (形参列表)
  {
    ⋮
  }

可见，若函数首部中冠名 static，则该函数为内部函数；若函数首部中冠名 extern 或省略冠名，则该函数为外部函数。

【例 4.21】定义内部函数。

● 文件 file1.c
```
#include <stdio.h>
int fun(int n);              // 外部函数声明
int main(void)
{
    printf("%d\n", fun(3));  // 调用外部函数
}
```

● 文件 file2.c
```
static int fun(int n)        // 定义内部函数
{
    return (n*n);
}
```

【思考与实践】

请读者编译和连接由上述两个文件组成的 C 程序，查看结果。

在连接上述两个文件时，编译系统会报错，其原因是，在 file2.c 文件中，利用 static 使 fun 函数成为内部函数，其作用域仅限于 file2.c 文件中。因此，尽管在 file1.c 文件中对 fun 函数进行了声明，但仍无法调用 fun 函数。那如何才能在 file1.c 文件中调用 fun 函数？

使用内部函数，可以使函数的作用域仅限于所在的文件，在不同的文件中可以有同名的内部函数，互不干扰，这在模块化程序设计中常用到。

【同步练习 4-11】

请写出关键字 extern 和 static 在 C 语言中的作用。

最后说明：

1）本单元介绍的模块化程序设计方法，读者可通过第 8 单元的 8.1 节进一步理解和掌握。

2）另外，本单元所述的函数，都是被其他函数调用而被动执行；而有一种特殊的函数——中断服务函数，不是被其他函数调用，而是直接被 CPU 调用。关于中断服务函数及其应用，读者可在后续通过参考文献 [2] 进一步学习。

第 5 单元

灵活使用指针处理问题

单元 导读

指针是 C 语言中广泛使用的一种数据类型。通过指针，可以对计算机的硬件地址直接操作，在嵌入式系统与物联网软件设计中应用非常广泛，利用指针编写的嵌入式软件具有精炼、高效的优点；另外，还可以利用指针和下一单元介绍的结构体类型构成表、栈、队列等复杂的数据结构，因此很有必要学习指针知识。

知识 图谱

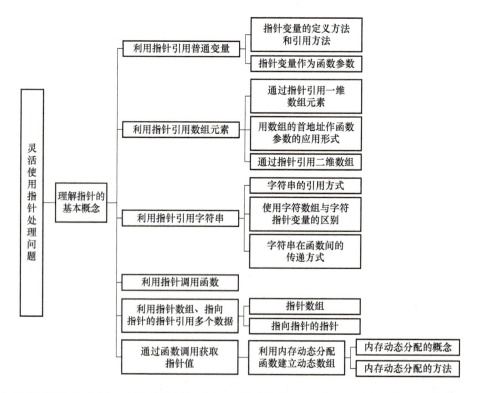

本单元的学习目标：理解指针的概念，利用指针引用普通变量、数组元素和字符串，利用指针数组、指向指针的指针引用多个数据，利用指针调用函数，通过函数调用获取指针值，利用内存动态分配函数建立动态数组。

5.1 理解指针的基本概念

如果在程序中定义一个变量，系统在编译时将为这个变量分配内存单元，而每个内存单元都有一个编号，称为"地址"，每个变量名对应一个内存地址。

假如程序中定义了一个单字节整型变量 i，系统为它分配了地址为 2000 的内存单元，根据所学，对变量值的存、取都是通过变量的地址进行的。例如，输入函数语句"scanf("%d", &i);"在执行时，将键盘上输入的值送给地址为 2000 的内存单元中。再如，输出函数语句"printf("%d", i);"在执行时，根据变量名与地址的对应关系，从地址为 2000 的内存单元中取出变量 i 的值。

以上所讨论的直接按照变量名（对应一个内存地址）进行的访问，称为"直接访问"方式。

除了采用"直接访问"方式，还可以采用"间接访问"方式。将变量 i 的地址存放在另一个变量中，假设定义一个变量 p，用来存放变量 i 的地址，系统为变量 p 分配的地址为 3000，可以通过语句"p=&i;"将变量 i 的地址（2000）存放到变量 p 中。此时，变量 p 的值就是 2000，即变量 i 的内存单元地址。要读取变量 i 的值，可以先找到存放"变量 i 的地址"的变量 p，从中取出 i 的地址（2000），然后到地址为 2000 的内存单元取出 i 的值（3），如图 5-1 所示。通过变量 p 能够找到变量 i，可以说变量 p 指向了变量 i，因此在 C 语言中，将地址形象地称为"指针"。

一个变量的地址，称为该变量的"指针"。例如，地址 2000 是变量 i 的指针，而变量 p 用来存放变量 i 的地址，称为"指针变量"。

综上所述，指针是一个地址，而指针变量是存放地址的变量。变量、数组、函数都有地址（其中函数的地址是函数的入口地址），因此相应地，就有指向变量的指针、指向数组的指针、指向函数的指针。

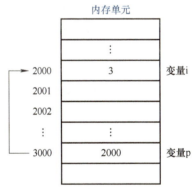

图 5-1 指针的概念

5.2 利用指针引用普通变量

所谓普通变量，是指基本数据类型（整型、实型、字符型）的变量。

如前所述，变量的指针就是变量的地址。存放变量地址的变量是指针变量，用来指向另一个变量。

5.2.1 定义指针变量的方法

定义指针变量的一般形式为：类型标识符 * 变量名；
其中，* 表示这是一个指针变量，变量名即为定义的指针变量名，类型标识符表示该指针变量所指向的变量的数据类型。

123

例如： int *p1;
表示 p1 是一个指针变量，它的值是某个整型变量的地址，或者说 p1 指向一个整型变量。至于 p1 究竟指向哪一个整型变量，应由向 p1 赋予的地址来决定。

再如：float　*p2;　　　　　// p2 是指向实型变量的指针变量
　　　char　*p3;　　　　　// p3 是指向字符变量的指针变量

应该注意的是，一个指针变量只能指向同类型的变量，如 p2 只能指向实型变量，不能时而指向一个实型变量，时而又指向一个字符变量。

5.2.2 指针变量的引用

请牢记：指针变量中只能存放地址（指针）。
两个有关的运算符：
1）&：取地址运算符。
2）*：指针运算符（或称"间接访问"运算符），取其指向单元的内容。

例如，在图 5-1 中，&i 表示变量 i 的地址，*p 表示指针变量 p 所指向的存储单元的内容（即 p 所指向的变量 i 的值 3）。

【例 5.1】通过指针变量访问整型变量。

```
#include <stdio.h>
int main(void)
{
    int a=10, b=20;
    int *p1, *p2;                   // 定义两个指针变量，均指向整型变量
    p1 = &a;                        // 取变量 a 的地址，赋给指针变量 p1
    p2 = &b;                        // 取变量 b 的地址，赋给指针变量 p2
    printf("a=%d,b=%d\n", a, b);
    printf("a=%d,b=%d\n", *p1, *p2); // 输出指针变量所指向单元的内容
    printf("变量 a 的地址：%x\n", p1); // 输出变量 a 的地址
    printf("变量 b 的地址：%x\n", p2); // 输出变量 b 的地址
}
```

指针变量 p1、p2 分别指向变量 a、b，如图 5-2 所示。

运行结果：
```
a=10,b=20
a=10,b=20
变量a的地址：12ff44
变量b的地址：12ff40
```

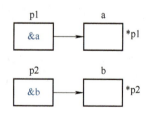

图 5-2 指针变量与变量之间的关系

说明：
1）将整型变量 a 的地址赋给指针变量 p 的方法：

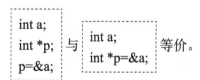

等价。

2）不能直接将一个地址常数赋给一个指针变量，只有强制类型转换后才能赋值。
  int *p = 0x12345600;   // 错误
  int *p = (int *)0x12345600;   // 正确

3）注意"*p"在定义和引用中的区别：
定义时，*p 的前面要有类型标识符，表示指针变量 p 是指向某种类型数据的；
引用时，*p 的前面没有类型标识符，表示指针变量 p 所指向的存储单元的内容。

4）如果已经执行了下面的语句：
  int a;
  int *p = &a;
则 &*p 和 *&a 的含义分别是什么？

"&" 和 "*" 优先级相同，并且按照"自右至左"的结合性，因此：

① 对于 &*p，先执行 *p，表示变量 a，再执行 & 运算。因此 &*p 与 &a 相同，即变量 a 的地址（p）。

② 对于 *&a，先执行 &a，表示变量 a 的地址，也就是变量 p，再执行 * 运算。因此 *&a 与 *p 等价，表示变量 a。

5）在 VC++ 系统中，指针变量在内存中占用 4 字节的空间，读者可以通过 sizeof 运算符进行测试。

【例 5.2】指针变量的应用：输入两个整数，按由大到小的顺序输出这两个整数。
```
#include <stdio.h>
int main(void)
{
    int a, b;
    int *p1, *p2, *p;
    printf("请输入两个整数（用空格间隔）：");
    scanf("%d%d", &a, &b);
    p1 = &a;  p2 = &b;
    if(a<b)
    {
        p = p1;  p1 = p2;  p2 = p;            // 交换指针变量的指向
    }
    printf("由大到小：%d,%d\n", *p1, *p2);
}
```

运行情况：请输入两个整数（用空格间隔）：2 5
     由大到小：5,2

程序执行时，使指针变量 p1 指向变量 a，p2 指向变量 b，如图 5-3a 所示。当输入 a=2，b=5 时，由于 a<b，将交换 p1 和 p2 的指向，使 p1 指向变量 b，p2 指向变量 a，如图 5-3b 所示。

可见，变量 a 和 b 的值并未改变，而是指针变量 p1 和 p2 的指向发生了变化，这样在输出 *p1 和 *p2 的值时，就满足了按照由大到小的顺序将两个数输出的要求。

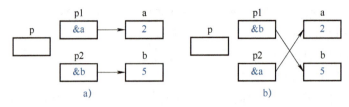

图 5-3 例 5.2 指针变量的指向

【同步练习 5-1】

1）若有语句"int *p, a=4;"和"p=&a;"，则下面均代表地址的一组选项是（   ）。
A．a、p、*&a
B．&*a、&a、*p
C．*&p、*p、&a
D．&a、&*p、p

2）若有定义"int *p, m=5, n;"，则以下的程序段正确的是（   ）。
A．p=&n; scanf("%d", &p);
B．p=&n; scanf("%d", *p);
C．scanf("%d", &n); *p=n;
D．p=&n; *p=m;

3）若有声明"int i, j=2, *p=&i;"，则能完成"i = j;"赋值功能的语句是（   ）。
A．i = *p;
B．*p = *&j;
C．i = &j;
D．p = j;

4）下面程序的运行结果是（   ）。
```
#include <stdio.h>
int main(void)
{
    int m=1, n=2, *p=&m, *q=&n, *r;
    r=p; p=q; q=r;
    printf("%d,%d,%d,%d\n", m, n, *p, *q);
}
```
A．1,2,1,2
B．1,2,2,1
C．2,1,2,1
D．2,1,1,2

5.2.3 指针变量作为函数参数

函数的参数不仅可以是基本类型（整型、实型、字符型）的数据，还可以是指针类型的数据。指针变量作为函数参数，其作用是将一个变量的地址传递到另一个函数中。

【例 5.3】指针变量（变量的地址）作为函数参数。
```
#include <stdio.h>
void fun(int *p1, int *p2);              // 函数声明
int main(void)
{
    int a=1, b=5;
    int *pa = &a, *pb = &b;              // 定义指针变量
    printf("调用 fun 函数前：a=%d,b=%d\n", a, b);
    printf("实参变量的值：pa=%x,pb=%x\n", pa, pb);          // 输出实参变量的值
    printf("实参变量的地址：&pa=%x,&pb=%x\n", &pa, &pb);    // 输出实参变量的地址
```

```
    fun(pa, pb);                                    // 调用 fun 函数，指针变量作函数实参
    printf("调用 fun 函数后：a=%d,b=%d\n", a,b);
}
void fun(int *p1, int *p2)                          // 指针变量作形参
{
    (*p1)++;                                        // 使 p1 指向的变量值加 1
    (*p2)++;                                        // 使 p2 指向的变量值加 1
    printf("形参变量的值：p1=%x,p2=%x\n", p1, p2);           // 输出形参变量的值
    printf("形参变量的地址：&p1=%x,&p2=%x\n", &p1, &p2);     // 输出形参变量的地址
}
```

运行结果：
```
调用fun函数前：a=1,b=5
实参变量的值：pa=effeac,pb=effea8
实参变量的地址：&pa=effea4,&pb=effea0
形参变量的值：p1=effeac,p2=effea8
形参变量的地址：&p1=effe4c,&p2=effe50
调用fun函数后：a=2,b=6
```

程序运行时，先执行 main 函数，将变量 a 和 b 的地址分别赋给指针变量 pa 和 pb，使 pa 指向 a，pb 指向 b，如图 5-4 所示。主函数调用 fun 函数时，将实参变量 pa 和 pb 的值（变量 a 和 b 的地址）分别传递给形参变量 p1 和 p2，使指针变量 pa 和 p1 都指向变量 a，指针变量 pb 和 p2 都指向变量 b，如图 5-5 所示。

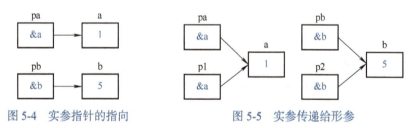

图 5-4　实参指针的指向　　　　　　图 5-5　实参传递给形参

接着执行 fun 函数的函数体，使 *p1 和 *p2 的值都加 1，也就是使 a 和 b 的值都加 1，如图 5-6 所示。函数调用结束后，形参 p1 和 p2 不复存在（已释放），如图 5-7 所示。最后在 main 函数中输出的 a 和 b 的值都是已经变化了的值。

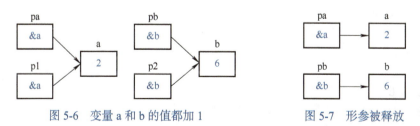

图 5-6　变量 a 和 b 的值都加 1　　　　图 5-7　形参被释放

需要说明的是，当指针变量作为函数参数，在函数调用时，实参指针变量和形参指针变量指向同一个内存单元，但它们本身却占用不同的内存单元。

【总结】

指针变量作函数参数时，传递的是变量的地址，即"地址传递"。函数调用时，使实参

和形参指向同一个内存单元,因此当形参所指向单元的值发生变化时,实参所指向单元的值也随之变化。

在 4.3.1 节曾经介绍过,在函数调用时,利用 return 语句可以得到函数的一个返回值。若通过函数调用得到多个值,有以下两种方法:

1)利用 4.5.1 节介绍的全局变量(如例 4.12)。

2)在主调函数中定义 n 个变量,然后将这 n 个变量的地址作为函数实参,传递给被调函数的形参(指针变量),使形参指向主调函数的变量。4.4.2 节介绍的数组名作为函数参数,其本质也如此。

【例 5.4】变量的地址作为函数实参。

```
#include <stdio.h>
void fun(int *p);                    // 函数声明
int main(void)
{
    int a;
    fun(&a);                         // 调用 fun 函数,变量的地址作为实参
    printf("a=%d\n", a);
}
void fun(int *p)
{
    *p = 3;                          // 使指针变量 p 所指向单元的内容为 3
}
```

运行结果:a=3

在本程序中,主函数调用 fun 函数时,直接将变量 a 的地址 &a 作为函数实参传递给形参指针变量 p,使指针变量 p 指向变量 a。在执行 fun 函数时,使 p 所指向单元的数据(a 的值)为 3。

【例 5.5】对输入的两个整数进行交换并输出,要求编写数据交换的函数,并要求用指针变量作函数参数。

参考程序如下:

```
#include <stdio.h>
void swap(int *p1, int *p2);         // 函数声明
int main(void)
{
    int a, b;
    printf("请输入两个整数(用空格间隔):");
    scanf("%d%d", &a, &b);
    printf("调用 swap 函数前:a=%d,b=%d\n", a,b);
    swap(&a, &b);                    // 调用 swap 函数,变量的地址作实参
    printf("调用 swap 函数后:a=%d,b=%d\n", a,b);
}
```

```
void swap(int *p1, int *p2)        // 指针变量作形参
{
    int temp;
    temp = *p1;   *p1 = *p2;   *p2 = temp;
}
```

运行情况：
```
请输入两个整数（用空格间隔）：1 5
调用swap函数前：a=1,b=5
调用swap函数后：a=5,b=1
```

在本程序中，主函数调用 swap 函数时，直接将变量 a 和 b 的地址 &a 和 &b 作为函数实参传递给形参指针变量 p1 和 p2，使指针变量 p1 和 p2 分别指向变量 a 和 b。在执行 swap 函数时，p1 所指向单元的数据（a 的值）与 p2 所指向单元的数据（b 的值）进行了交换，即实现了变量 a 和 b 的值进行交换。

【同步练习 5-2】

1）已有变量定义和函数调用语句"int a=25; print_value(&a);"，下面函数的正确输出结果是（　　）。

```
void print_value(int *x)
{
    printf("%d\n", ++*x);
}
```
A．23　　　　　B．24　　　　　C．25　　　　　D．26

2）编写一个函数，函数原型为"void max_min(int x, int y, int *max, int *min);"。在主函数中，首先定义两个整型变量用于存放键盘上输入的两个整数，然后通过调用 max_min 函数，得到两个整数的最大值和最小值，最后输出最大值和最小值。

3）编写一个函数，函数原型为"void sort(int *p1, int *p2);"。在主函数中，首先定义两个整型变量用于存放键盘上输入的两个整数，然后调用 sort 函数，最后输出由大到小排序后的两个整数。

5.3　利用指针引用数组元素

5.3.1　指向数组元素的指针

一个变量有一个地址，一个数组包含若干个元素，每个数组元素都在内存中占用存储单元，它们都有相应的地址。指针变量既然可以指向变量，当然也可以指向数组元素（把某一元素的地址存放到一个指针变量中）。数组元素的指针就是数组元素的地址。

定义一个指向数组元素的指针变量的方法，与前面介绍的定义指向普通变量的指针变量的方法相同。例如：

```
int a[10];          // 定义 a 为包含 10 个整型数据的数组
int *p;             // 定义 p 为指向整型数据的指针变量
p = &a[0];          // 对指针变量 p 赋值
```

将 a[0] 元素的地址赋给指针变量 p，使 p 指向数组 a 的第 0 号元素，如图 5-8 所示。

C 语言规定，数组名代表数组的首地址，即第 0 号元素的地址。因此，下面两个语句等价：

　　int *p = &a[0];

　　int *p = a;

此时，p、a、&a[0] 均代表数组 a 的首地址（首元素 a[0] 的地址）。但要说明的是，p 是变量，而 a、&a[0] 都是常量，编程时要特别注意。

5.3.2　通过指针引用一维数组元素

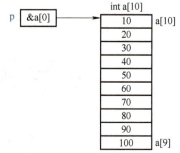

图 5-8　指向数组元素的指针变量

C 语言规定：如果指针变量 p 已指向一维数组中的某一元素，则 p+1 指向同一数组中的下一个元素，p-1 指向同一数组中的上一个元素。如图 5-9 所示，如果 p 的初值为 &a[0]，则：

1）p+i 和 a+i 就是 a[i] 的地址，即 &a[i]，或者说它们指向数组 a 的第 i 个元素。

注意：p+i 的实际地址为 a+ i*d，其中 d 为数组的数据类型在内存中占用的字节数。比如在 VC++ 系统中，char 型占用 1 字节，int 型占用 4 字节，因此如果数组 a 为 int 型，则 p+i 的实际地址为 a+i*4。

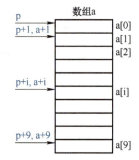

图 5-9　通过指针变量引用数组元素

2）*(p+i) 或 *(a+i) 就是 p+i 或 a+i 所指向的数组元素，即 a[i]。例如，*(p+5) 或 *(a+5) 就是 a[5]，即 *(p+5)、*(a+5)、a[5] 三者等价。实际上，在编译时，对数组元素 a[i] 就是按 *(a+i) 处理的，即按照数组首元素的地址加上相对位移量得到要找的元素的地址，然后找出该单元中的内容。因此 [ ] 实际上是变址运算符，即将 a[i] 按 a+i 计算地址，然后找出该地址单元中的值。

3）指向数组的指针变量也可以带下标，如 p[i] 与 *(p+i) 等价。

综上所述，引用一维数组元素有两种方法：

1）下标法，如 a[i] 形式。

2）指针法，即采用 *(a+i) 或 *(p+i) 形式，其中 a 是数组名，p 是指向数组元素的指针变量，其初值 p=a。

【例 5.6】用不同形式输出数组中的全部元素。

（1）程序 1
```
#include <stdio.h>
int main(void)
{
    int a[5]={1,3,5,7,9}, i;
    for(i=0; i<5; i++)
        printf("%d ", a[i]);
    printf("\n");
}
```

（2）程序 2
```
#include <stdio.h>
int main(void)
{
    int a[5]={1,3,5,7,9}, i;
    for(i=0; i<5; i++)
        printf("%d ", *(a+i));
    printf("\n");
}
```

（3）程序 3
```
#include <stdio.h>
int main(void)
{
    int a[5]={1,3,5,7,9}, i, *p;
    for(p=a; p<a+5; p++)
        printf("%d ", *p);
    printf("\n");
}
```

说明：

1）程序 3 中的 "for(p=a; p<a+5; p++)" 也可以写成 "for(p=a, i=0; i<5; i++, p++)"。

2）顺序访问数组元素时，对上述 3 个程序进行比较：程序 1 和程序 2 的执行效率相同。C 语言编译系统是将 a[i] 转换为 *(a+i) 处理的，即先计算元素的地址，因此访问数组元素费时较多。程序 3 要比程序 1 和程序 2 执行快，用指针变量直接指向元素，不必每次都重新计算地址，这种有规律地改变地址值（p++）能大大提高程序执行效率。

【思考与实践】

若将程序 3 的 for 循环语句改为：

    for(p=a, i=0; i<5; i++)
        printf("%d ", *(p+i));

则程序运行结果如何？程序执行效率有无变化？

在使用指针变量引用数组元素时，要特别注意：

1）可以通过改变指针变量的值（如 p++）而指向不同的元素，这是合法的；而 a++ 是错误的，因为 a 是数组名，它是数组的首地址，是常量。

2）要注意指针变量的当前值，以防出错。

【思考与实践】

请读者上机编写和运行下面的例 5.7 程序，根据运行结果，查看是否能够实现将输入的 5 个整数输出，若不能，请分析错误原因并加以改正。

【例 5.7】通过指针变量输入和输出数组 a 的 5 个元素。

```
#include <stdio.h>
int main(void)
{
    int i, a[5];
    int *p=a;
    printf("请输入 5 个整数（用空格间隔）: ");
    for(i=0; i<5; i++)
        scanf("%d", p++);
    for(i=0; i<5; i++, p++)
        printf("%d ", *p);
    printf("\n");
}
```

请读者画图分析下面例 5.8 程序的设计思路，并上机编写和运行程序。

【例 5.8】通过指针变量找出数组元素的最大值和最小值。

```
#include <stdio.h>
int main(void)
{
    int a[5] = {23, 12, 34, 78, 55};
    int *p, *max, *min;            // 定义 3 个指针变量
    p = max = min = a;             // 将 3 个指针变量同时指向数组首元素
    for(p=a; p<a+5; p++)
```

```
        {
            if(*p > *max)  max = p;           // 更新 max 指向
            if(*p < *min)  min = p ;          // 更新 min 指向
        }
        printf("max=%d,min=%d\n", *max, *min);
}
```

说明：

有关指针变量的运算，如果指针变量 p 指向数组 a 的某元素，则：

1）*p++，由于 ++ 和 * 同优先级，结合方向自右至左，因此等价于 *(p++)。

2）*(p++) 与 *(++p) 作用不同。若 p 的初值为 a，则 *(p++) 等价于 a[0]，*(++p) 等价于 a[1]。

3）(*p)++ 表示 p 所指向的元素值加 1。

4）若 p 当前指向数组 a 中的第 i 个元素，则：

　　(p--) 先对 p 进行""运算，再使 p 自减，相当于 a[i--]。

　　(++p) 先对 p 自加，再做""运算，相当于 a[++i]。

　　(--p) 先对 p 自减，再做""运算，相当于 a[--i]。

5）若指针变量 p1 和 p2 都指向同一数组，则 p2-p1 代表什么含义？例如 p1 和 p2 分别指向数组元素 a[2] 和 a[5]，即 p1=a+2，p2=a+5，则 p2-p1=3，可见 p2-p1 正好是它们所指元素的相对距离。

【同步练习 5-3】

1）若有定义"int a[9], *p=a;"，并在以后的语句中未改变 p 的值，则不能表示 a[1] 地址的表达式是（　　）。

　　A. p+1　　　　　　B. a+1　　　　　　C. a++　　　　　　D. ++p

2）若已有定义"int a[5]={15,12,7,31,47}, *p;"，则下列语句中正确的是（　　）。

　　A. for(p=a; a<p+5; a++) printf("%d", *p);
　　B. for(p=a; p<a+5; p++) printf("%d", *p);
　　C. for(p=a, a=a+5; p<a; p++) printf("%d", *p);
　　D. for(p=a; a<p+5; ++a) printf("%d", *p);

3）类型相同的两个指针变量之间，不能进行的运算是（　　）。

　　A. <　　　　　　　B. =　　　　　　　C. +　　　　　　　D. -

5.3.3 用数组的首地址作函数参数的应用形式

在 4.4.2 节曾介绍过数组名可以作为函数的实参和形参，例如：

```
int main(void)                          void f(int b[ ], int n)
{                                       {
    int a[10];                              …
    f(a,10);                            }
}
```

a 为实参数组名，b 为形参数组名。如前所学，当用数组名作函数参数时，如果形参组中各元素的值发生变化，则实参数组元素的值也随之变化，这个问题在学习指针以后更易理解。

实参数组名代表该数组的首地址，而形参数组名是用来接收从实参传递过来的数组首地址，因此形参应该是一个指针变量（只有指针变量才能存放地址）。实际上，C 语言编译系统都是将形参数组名作为指针变量来处理的，并非真正开辟一个新的数组空间。例如，上面给出的 f 函数的形参是写成数组形式的：

void f(int b[ ], int n)

但在编译时，是将形参数组名 b 按指针变量处理的，相当于将 f 函数的首部写成：

void f(int *b, int n)

以上两种写法是等价的。在该函数被调用时，系统会建立一个指针变量 b，用来存放从主调函数传递过来的实参数组的首地址。

当指针变量 b 接收了实参数组 a 的首地址后，b 就指向了实参数组 a 的首元素 a[0]，因此 *b 就是 a[0]，b+i 指向 a[i]，*(b+i) 与 a[i] 等价，如图 5-10 所示。

至此可以知道，普通变量、数组元素、普通变量的地址、指针变量、数组名都可以作为函数参数，现进行总结与比较，如表 5-1 所示。

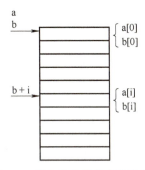

图 5-10　数组名作函数参数的本质

表 5-1　函数参数的比较

实　　参	常量、普通变量或数组元素	& 普通变量名或指向普通变量的指针变量	数组名或指向数组首元素的指针变量
形　　参	普通变量	指针变量	数组名或指针变量
传递的信息	实参的值	普通变量的地址	实参数组的首地址
通过函数调用能否改变实参的值	不能	不能，但能改变实参所指向的普通变量的值	不能，但能改变实参所指向的数组的元素值

【例 5.9】普通变量的地址作为函数参数，函数调用时不能改变实参的值，但可改变实参所指向的普通变量的值。

```
#include <stdio.h>
void fun(int *q);
int main(void)
{
    int i=3;
    printf("%x,%d\n", &i, i);        // 输出变量的地址和变量的值
    fun(&i);                          // 变量的地址作函数实参
    printf("%x,%d\n", &i, i);        // 输出变量的地址和变量的值
}
void fun(int *q)                      // 指针变量作函数形参
{
    (*q)++;
```

```
        printf("%x\n", q);              // 输出形参指针变量的值
}
```

运行结果：
```
b9f920,3
b9f920
b9f920,4
```

根据表 5-1，在主调函数中若有一实参数组，则主调函数的实参和被调函数的形参，有 4 种形式，如表 5-2 所示。

表 5-2 主调函数的实参和被调函数的形参形式

实参	数组名	数组名	指针变量	指针变量
形参	数组名	指针变量	指针变量	数组名

举例	int main(void)
	{
	    int a[10];
	    f(a,10);
	}
	void f(int b[ ], int n)
	{
	    ...
	}
		int main(void)
		{
		    int a[10];
		    f(a,10);
		}
		void f(int *b, int n)
		{
		    ...
		}
			int main(void)
			{
			    int a[10], *p = a;
			    f(p,10);
			}
			void f(int *b, int n)
			{
			    ...
			}
				int main(void)
				{
				    int a[10], *p = a;
				    f(p,10);
				}
				void f(int b[ ], int n)
				{
				    ...
				}

上述 4 种形式的本质是一样的，即实参向形参传递的是数组的首地址，都能通过函数调用，改变实参所指向的数组的元素值。

【例 5.10】用指针变量作函数形参，改写例 4.9 给出的程序。

```
#include <stdio.h>
void change(int *b, int n);              // 函数声明
int main(void)
{
    int a[5]={1, 3, 5, 7, 9}, i;
    printf("函数调用前：");
    for(i=0; i<5; i++)
        printf("a[%d]=%d  ", i, a[i]);
    printf("\n");
    change(a, 5);                        // 调用 change 函数，实参：数组名 a、数值 5
    printf("函数调用后：");
    for(i=0; i<5; i++)
        printf("a[%d]=%d  ", i, a[i]);
    printf("\n");
}
void change(int *b, int n)               // 形参：指针变量 b、变量 n
{
    int *p;
    for(p=b; p<b+n; p++)
        (*p)++;
}
```

函数调用时，形参指针变量 b 获取实参数组 a 的首地址，如图 5-11 所示。在 change 函数中，通过改变指针变量 p 的值而指向数组 a 的各个元素，并使各元素的值加 1。程序运行结果与例 4.9 相同。

【例 5.11】用指针变量作为函数的参数，改写例 4.10 给出的冒泡法排序程序（由小到大）。

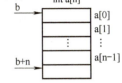

图 5-11 函数参数传递

参考程序如下：
```
#include <stdio.h>
#define N 5                            // 宏定义参与排序的数据个数
void MPSort(int *p, int n)             // 冒泡排序函数
{
    int i, *j, t, swap_flag;
    for(i=1; i<n; i++)                 // n 个数，共需比较 n-1 轮
    {
        swap_flag = 0;                 // 交换标志：0 表示无交换，1 表示有交换
        for(j=p; j<p+n-i; j++)         // 第 i 轮需要比较 n-i 次
        {
            if(*j > *(j+1))            // 依次比较两个相邻的数，将大数放后面
            {
                t = *j; *j = *(j+1); *(j+1) = t; swap_flag = 1;   // 交换
            }
        }
        if(swap_flag == 0)  break;     // 若本轮无交换，则结束比较
    }
}
int main(void)
{
    int a[N];
    int *p;
    printf("请输入 %d 个整数 :", N);
    for(p=a; p<a+N; p++)
        scanf("%d", p);                // 将 N 个数据存入数组 a
    printf("排序前：");
    for(p=a; p<a+N; p++)
        printf("%5d", *p);             // 输出排序前的 N 个数据
    printf("\n");
    p=a;                               // 使 p 重新指向数组 a 的首元素
    MPSort(p, N);                      // 调用冒泡排序函数
    printf("排序后：");
    for(p=a; p<a+N; p++)
        printf("%5d", *p);             // 输出排序后的 N 个数据
```

```
    printf("\n");
}
```
本例程序运行结果与例 4.10 相同。

通过以上两例可以看出，使用指针变量作函数参数与使用数组名作函数参数的程序运行结果是相同的。但通过指针变量引用数组元素会提高程序的执行效率，因此建议读者要善用指针处理数组问题。

【同步练习 5-4】

1）下面程序段的运行结果是（　　）。
```
#include <stdio.h>
void f(int *b)
{
    b[0] = b[1];
}
int main(void)
{
    int a[10]={1,2,3,4,5,6,7,8,9,10}, i;
    for(i=2; i>=0; i--)    f(&a[i]);
    printf("%d\n", a[0]);
}
```
A．4　　　　　　　B．3　　　　　　　C．2　　　　　　　D．1

2）若有函数首部"int fun(double x[10], int *n)"，则下面针对此函数的函数声明语句中正确的是（　　）。

A．int fun(double x, int *n);　　　　　　B．int fun(double x, int n);
C．int fun(double *x, int n);　　　　　　D．int fun(double *x, int *n);

3）编写一个计算多个数据平均值的 datas_ave 函数，要求函数参数为两个：第 1 个参数是数组名或指针变量，用于接收实参数组的首地址；第 2 个参数是整型变量，用于接收参与计算的数据个数。函数返回多个数据的平均值（单精度实型）。

5.3.4　通过指针引用多维数组

指针变量可以指向一维数组的元素，也可以指向多维数组的元素。但在概念和使用方法上，多维数组的指针要比一维数组的指针复杂一些，在此，主要介绍二维数组的指针及应用方法。

1．二维数组元素的地址

在 3.2.1 节中曾介绍过：int a[3][4];

定义二维数组 a 后，系统将按"行"依次存储 12 个数组元素。在 C 语言中，二维数组 a 又可看作是一个特殊的一维数组，它有 3 个行元素：a[0]、a[1]、a[2]，而每个行元素又是一个包含 4 个列元素的一维数组，此时把 a[0]、a[1]、a[2] 看作一维数组名，如

图 5-12 所示。

根据一维数组的指针知识，a+i 代表元素 a[i] 的地址 &a[i]，而在二维数组中，元素 a[i] 是包含 4 个元素的一维数组，因此 a+i 代表第 i 行的首地址（起始地址），即 a 代表第 0 行的首地址，a+1 代表第 1 行的首地址，a+2 代表第 2 行的首地址。

a[0]、a[1]、a[2] 既然是一维数组名，而 C 语言规定数组名代表数组首元素的地址，因此 a[0] 代表一维数组 a[0] 中第 0 列元素的地址，即 &a[0][0]。同理，a[1] 代表 &a[1][0]，a[2] 代表 &a[2][0]。据此，不难看出，a[i][j] 的地址 &a[i][j] 可用 a[i]+j 表示。

图 5-12 指向二维数组的指针

如前所述，a[i] 与 *(a+i) 等价。综上所述，二维数组 a 的有关地址和元素值如表 5-3 所示。

表 5-3 二维数组 a 的有关地址和元素值

表 示 形 式	含 义
a+i、&a[i]、&*(a+i)	第 i 行的首地址。特别地，i=0，表示第 0 行首地址
&a[i][j]、a[i]+j、*(a+i)+j	元素 a[i][j] 的地址。特别地，j=0，表示第 i 行第 0 列元素的地址
a[i][j]、*(a[i]+j)、*(*(a+i)+j)	元素 a[i][j] 的值

【思考与总结】

1）由图 5-12 可以看出，a 与 a[0] 指向同一个地址，但两者含义不同。a 指向一维数组，而 a[0] 指向 a[0][0] 元素，因此对两者的指针进行加 1 运算，得到的结果是不同的。a+1 中的"1"代表一行中全部整型元素所占的字节数（VC++ 系统中为 16B），而 a[0]+1 中的"1"代表一个整型元素所占的字节数（VC++ 系统中为 4B）。

2）由表 5-3 可以看出，在行指针 (a+i) 的前面加一个 *，就转换为列指针（指向第 i 行第 0 列元素）。例如，a、a+1 是指向行的指针，而 *a、*(a+1) 就成为指向列的指针，分别指向数组第 0 行第 0 列的元素和第 1 行第 0 列的元素。

反之，在列指针 a[i] 前面加 &，就成为指向第 i 行的行指针。例如，a[0] 是指向数组第 0 行第 0 列元素的指针，而 &a[0] 是指向第 0 行的行指针。

【同步练习 5-5】

若有定义"int a[3][4];"，不能表示数组元素 a[1][1] 的表达式是（　　）。

A．*(a[1]+1)　　　　　　　　B．*(&a[1][1])
C．(*(a+1))[1]　　　　　　　D．*(a+5)

2. 指向二维数组的指针变量

在了解二维数组的地址概念后，可通过指针变量引用二维数组元素。

（1）指向二维数组元素的指针变量

【例 5.12】有一个 3×4 的整型二维数组，要求用指向数组元素的指针变量输出二维数组各元素的值。

分析：二维数组的元素在内存中是按行顺序存放的，12 个元素的地址依次为 a[0] ～ a[0]+11，如图 5-13 所示，因此可以用一个指向二维数组元素的指针，依次指向各个元素。

参考程序如下：

```
#include <stdio.h>
int main(void)
{
    int a[3][4] = { {2,4,6,8}, {10,12,14,16}, {18,20,22,24} };
    int *p = a[0];          // 将 a[0][0] 元素的地址赋给指针变量 p
    for( ; p<a[0]+12; p++)
    {
        if((p-a[0])%4 == 0)
            printf("\n");    // 每输出 4 个值换行
        printf("%4d", *p);
    }
    printf("\n");
}
```

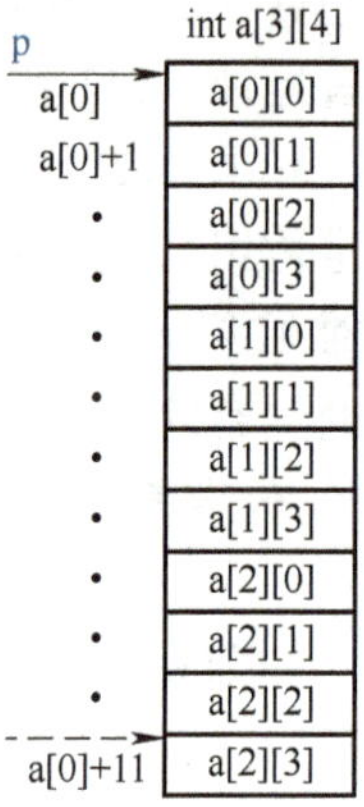

运行结果：
```
 2  4  6  8
10 12 14 16
18 20 22 24
```

图 5-13 例 5.12 示意图

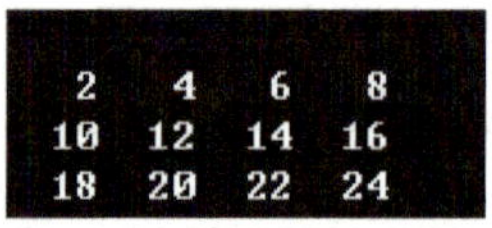

【思考】对一个 m 行 n 列的二维数组 a[m][n]，元素 a[i][j] 在数组中相对于首元素 a[0][0] 的地址如何计算？

如图 5-14 所示，a[i][j] 的地址可表示为：&a[0][0]+i*n+j 或 a[0] +i*n+j。

（2）指向由 n 个元素组成的一维数组的指针变量

例 5.12 中的指针变量 p 是用 "int *p;" 定义的，它指向整型数据，而 p+1 则指向 p 所指向的二维数组元素的下一个元素。现在改用另一方法，使 p 不是指向二维数组元素，而是指向一个包含 n 个元素的一维数组，如图 5-15 所示。如果 p 先指向第 0 行 a[0]（即 p=&a[0]），则 p+1 指向第 1 行 a[1]，p 的增值以一维数组中 n 个元素的长度为单位。

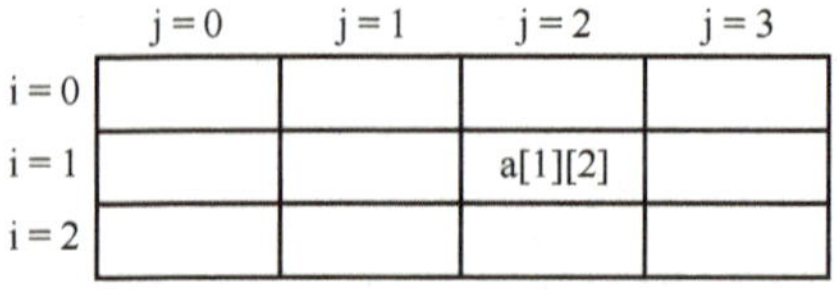

图 5-14 二维数组元素 a[i][j] 的地址示意图 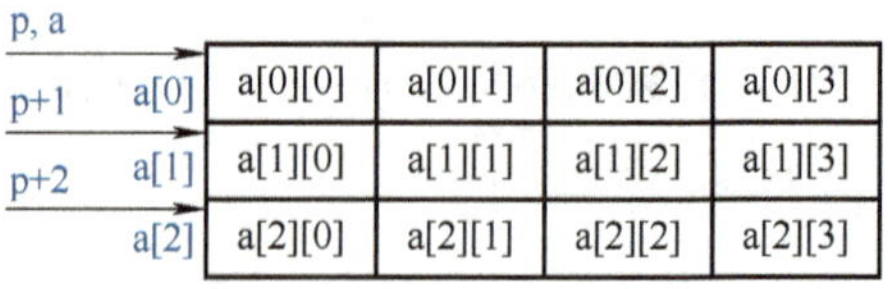　　图 5-15 指向由 n 个元素组成的一维数组的指针变量

在 C 语言中，指向由 n 个元素组成的一维数组的指针变量记作 "(*p)[n]"，如图 5-16 所示。p 是指向由 4 个元素组成的一维数组的指针，p 的值是该一维数组的起始地址。p 不能指向一维数组中的某一个元素。

图 5-16 (*p)[n] 的示意图

【例 5.13】利用该方法，实现输出例 5.12 中二维数组各元素的值。

参考程序如下：

```
#include <stdio.h>
int main(void)
{
    int a[3][4] = {{2,4,6,8}, {10,12,14,16}, {18,20,22,24}};
    int j;
    int (*p)[4];            // 定义指向由 4 个元素组成的一维数组的指针变量 p
    for(p=a; p<a+3; p++)
    {
        for(j=0; j<4; j++)
            printf("%4d", *(*p+j));
        printf("\n");
    }
}
```

运行结果：
```
 2  4  6  8
10 12 14 16
18 20 22 24
```

【思考】在本例中，若"p=a;"后 p 的值不再改变，则如何用变量 p、i、j 表示任一元素 a[i][j] 的值？提示：元素 a[i][j] 的地址为 *(p+i)+j，因此其值可表示为 *(*(p+i)+j)。

【同步练习 5-6】

1）设有声明"int (*ptr)[5];"，其中 ptr 是（   ）。
A．5 个指向整型变量的指针
B．指向 5 个整型变量的函数指针
C．一个指向具有 5 个整型元素的一维数组的指针
D．具有 5 个指针元素的一维指针数组，每个元素都只能指向整型量

2）若有语句"int a[4][5], (*p)[5]; p=a;"，则对 a 数组元素引用正确的是（   ）。
A．p+1   B．*(p+3)   C．*(p+1)+3   D．*(*p+2)

3. 用指向二维数组的指针变量作函数参数

一维数组名可以作函数参数，二维数组名也可以作函数参数。用指针变量作形参，以接收实参数组名传递来的地址时，可有两种方法：①用指向二维数组元素的指针变量（列指针）；②用指向由 n 个元素组成的一维数组的指针变量（行指针）。

【例 5.14】某测控系统，利用温度传感器对室内温度进行检测，在上午、下午和夜间 3 个时间段内各检测 4 次。要求利用指向二维数组的指针，计算室内一天内的平均温度，并输出夜间检测到的 4 次温度值。

参考程序如下：
#include <stdio.h>

```c
void average(float *p, int n);          // 函数声明
void print(float (*p)[4], int n);       // 函数声明
int main(void)
{
    float t[3][4]= {
                    {18,20,22,25},      // 上午温度
                    {26,24,21,19},      // 下午温度
                    {16,14,12,15}       // 夜间温度
                   };
    average(*t, 12);    // 计算平均温度，实参：指向 t[0][0] 元素的指针变量（列指针）
    print(t, 2);        // 输出夜间温度值，实参：二维数组名 t（首行指针）
}
void average(float *p, int n)           // 求平均温度，形参：指针变量 p、变量 n
{
    float sum=0, aver;
    float *q;
    for(q=p; q<p+n; q++)
        sum = sum+(*q);
    aver = sum/n;
    printf("一天内的平均温度：%5.1f\n", aver);
}
void print(float (*p)[4], int n)        // 形参 p 是指向具有 4 个元素的一维数组的指针
{
    int j;
    printf("夜间内温度检测值：");
    for(j=0; j<4; j++)
        printf("%5.1f", *(*(p+n)+j));
    printf("\n");
}
```

运行结果：　一天内的平均温度：19.3
　　　　　　夜间内温度检测值：16.0 14.0 12.0 15.0

【思考与实践】
利用指针变量作为函数参数，改写例 4.11 程序。

5.4　利用指针引用字符串

字符串广泛应用于嵌入式系统与物联网软件设计中，在此主要介绍字符串的引用方式和字符串在函数间的传递方式。

5.4.1 字符串的引用方式

1. 字符数组法

在 3.3 节中介绍过，可以用字符数组存放一个字符串，然后通过数组名和下标引用字符串中的一个字符，或通过数组名和格式符 "%s" 输出该字符串。

【例 5.15】用字符数组存放一个字符串，然后输出该字符串和第 4 个字符。

```c
#include <stdio.h>
int main(void)
{
    char str[ ] = "I love China!";      // 定义字符数组 str
    printf("%s\n", str);                // 用 %s 格式输出 str 整个字符串
    printf("%c\n", str[3]);             // 用 %c 格式输出一个字符数组元素
}
```

运行结果：I love China!
o

程序中 str 是数组名，它代表字符数组的首地址，如图 5-17 所示。

2. 字符指针法

既然 C 语言对字符串常量是按字符数组处理的，即在内存中开辟一个字符数组用来存放该字符串常量，因此可以将字符串首元素（第 1 个字符）的地址赋给一个指针变量，通过指针变量来访问字符串，该指针就是指向字符串的指针。

【例 5.16】用字符指针变量输出一个字符串和该串的第 4 个字符。

```c
#include <stdio.h>
int main(void)
{
    char *p = "I love China!";      // 定义字符指针变量 p，并使其指向字符串的第 1 个字符
    printf("%s\n", p);              // 输出整个字符串
    printf("%c\n", *(p+3));         // 输出第 4 个字符
}
```

在本程序中，定义了字符型指针变量 p，并将字符串常量 "I love China!" 首元素的地址赋给指针变量 p，如图 5-18 所示。程序运行结果与例 5.15 相同。

在使用 "%s" 格式输出时，输出项是指针变量 p，系统先输出它所指向的一个字符，然后自动使 p 加 1，使之指向下一个字符，再输出一个字符，……，如此直到遇到字符串结束标志 '\0' 为止。

【例 5.17】输出字符串中 n 个字符后的所有字符。

```c
#include <stdio.h>
int main(void)
```

图 5-17 字符数组

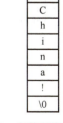

图 5-18 字符型指针

```
{
    int n=10;
    char *ps = "this is a book";     // 定义字符型指针变量并使其指向字符串的第 1 个字符
    ps = ps+n;
    printf("%s\n", ps);
}
```

运行结果：`book`

5.4.2 使用字符数组与字符指针变量的区别

用字符数组和字符指针变量都可以实现对字符串的存储和运算，但两者是有区别的，在使用时应注意以下几个问题：

1. 存储内容不同

字符数组由若干个数组元素组成，每个元素存放一个字符，因此可用来存放整个字符串。将一个字符串赋给一个字符指针变量时，字符指针变量只能存放字符串第 1 个字符的地址，而不能存放整个字符串。

2. 赋值方式不同

（1）对字符数组赋初值

  char st[ ] = "C Language";

而不能写成：char st[20];

          st = "C Language";

（2）对字符指针变量赋初值

  char *ps = "C Language";

也可写成：char *ps;

          ps = "C Language";

从以上几点可以看出字符数组与字符指针变量在使用时的区别，同时也可以看出使用指针变量处理字符串更加方便。但要注意，在使用指针变量时，需要对指针变量赋予确定的地址。

需要说明的是，若定义了一个指针变量，并使它指向一个字符串，也可以用下标方式引用指针变量所指向的字符串中的字符。

【例 5.18】用带下标的字符指针变量引用字符串中的字符。

```
#include <stdio.h>
int main(void)
{
    int i;
    char *p = "I love China!";    // 定义字符指针变量 p，并使其指向字符串的第 1 个字符
    for(i=0; p[i] != '\0'; i++)
        printf("%c", p[i]);       // 通过下标方式引用字符串中的字符
```

```
        printf("\n");
}
```

运行结果：`I love China!`

【同步练习 5-7】

1）若有定义"char a[10], *b=a;"，不能实现给数组 a 输入字符串的语句是（　　）。
  A．gets(a);　　　　B．gets(a[0]);　　　　C．gets(&a[0]);　　　　D．gets(b);

2）下面程序段的运行结果是（　　）。

```
char *p = "abcde";
p += 2;
printf("%s", p);
```

  A．cde　　　　　　　　　　　　　　　B．字符 'c'
  C．字符 'c' 的地址　　　　　　　　　D．无确定的输出结果

3）下面程序段中，不能正确赋字符串（编译时系统会提示错误）的是（　　）。
  A．char s[10] = "abcdefg";　　　　　B．char t[ ] = "abcdefg", *s = t;
  C．char s[10]; s = "abcdefg";　　　D．char s[10]; strcpy(s, "abcdefg");

4）下面程序段的运行结果是（　　）。

```
#include <stdio.h>
#include <string.h>
int main(void)
{
    char *s1 = "AbDeG", *s2 = "AbdEg";
    s1+= 2; s2 += 2;
    printf("%d\n", strcmp(s1, s2));
}
```

  A．正数　　　　　B．负数　　　　　C．零　　　　　D．不确定的值

5）编程实现：利用字符指针指向并输出字符串 "Nothing if too difficult if you put your heart into it!"（代表世上无难事，只怕有心人之意）。在此希望各位同学遇到困难时，积极面对，发现问题、解决问题，不懈努力，迟早会由量变到质变，最终取得成功，正如习近平总书记所言"幸福是奋斗出来的"。

5.4.3 字符串在函数间的传递方式

在字符串处理运算中，经常需要把一个字符串从一个函数传递给另一个函数，字符串的传递可以用"地址"传递的方法：用字符数组名或字符指针变量作函数参数，主调函数将字符串的起始地址传递给被调函数。

下面先看一个简单例题，对比学习字符数组名和字符指针变量作函数参数的使用方法。

【例5.19】字符串的输出。

(1) 用字符数组名作函数参数
```c
#include <stdio.h>
void string_out1(char b[ ]);
void string_out2(char b[ ]);
int main(void)
{
    char str[ ] = "abcde\n";
    string_out1(str);
    string_out2(str);
}
void string_out1(char b[ ])
{
    int i;
    for(i=0; b[i] != '\0'; i++)
        printf("%c", b[i]);
}
void string_out2(char b[ ])
{
    printf("%s", b);
}
```

(2) 用字符指针变量作函数参数
```c
#include <stdio.h>
void string_out1(char *b);
void string_out2(char *b);
int main(void)
{
    char *str = "abcde\n";
    string_out1(str);
    string_out2(str);
}
void string_out1(char *b)
{
    for(; *b != '\0'; b++)
        printf("%c", *b);
}
void string_out2(char *b)
{
    printf("%s", b);
}
```

以上两个程序的运行结果是完全一样的：
```
abcde
abcde
```

用字符数组名或字符指针变量作函数参数，当被调函数中字符串的内容发生变化后，主调函数就可以引用改变后的字符串。

【例5.20】自编字符串复制的函数。

(1) 用字符数组名作函数参数
```c
#include <stdio.h>
void str_cpy(char s[ ], char t[ ]);
int main(void)
{
    char a[20] = "abcdef";      // 字符串 a
    char b[20] = "12345678";    // 字符串 b

    printf("字符串 a:%s\n", a);
    printf("字符串 b:%s\n", b);
    printf("将串 a 复制给串 b:\n");
    str_cpy(a, b);              // 数组名作实参
    printf("字符串 a:%s\n", a);
    printf("字符串 b:%s\n", b);
}
// 字符串复制函数，数组名作形参
void str_cpy(char s[ ], char t[ ])
{   int i=0;
    for(; s[i] != '\0'; i++)
        t[i] = s[i];
    t[i] = '\0';    // 添加字符串结束标志
}
```

(2) 用字符指针变量作函数参数
```c
#include <stdio.h>
void str_cpy(char *s, char *t);
int main(void)
{
    char a[20] = "abcdef";      // 字符串 a
    char b[20] = "12345678";    // 字符串 b
    char *pa=a, *pb=b; // 定义字符指针变量
    printf("字符串 a:%s\n", a);
    printf("字符串 b:%s\n", b);
    printf("将串 a 复制给串 b:\n");
    str_cpy(pa, pb); // 字符指针变量作实参
    printf("字符串 a:%s\n", a);
    printf("字符串 b:%s\n", b);
}
// 字符串复制函数，字符指针变量作形参
void str_cpy(char *s, char *t)
{
    for(; *s != '\0'; s++,t++)
        *t = *s;
    *t = '\0';      // 添加字符串结束标志
}
```

以上两个程序的运行结果是完全一样的：

【同步练习 5-8】

1）编程实现：在主函数中输入一个字符串，然后调用编写的求字符串实际长度函数（使用指针变量作函数形参），输出字符串的实际长度。

2）编程实现：在主函数中，首先定义两个字符数组，分别存放字符串 "Long live " 和 "China."；然后用指针变量作为函数参数，调用自编的字符串连接函数（函数名为 str_cat，函数参数为两个字符指针变量），将两个字符串进行连接；最后通过 printf 函数，使用 %s 格式符将连接后的字符串输出。

5.5 利用指针调用函数

在程序中定义了一个函数，在编译时，编译系统将为函数代码分配一段存储空间，这段存储空间的起始地址，又称为该函数的入口地址。C 语言规定，函数名代表函数的入口地址，可定义一个指针变量存放函数的入口地址，则该指针称为指向函数的指针，简称函数指针。下面通过一个简单的实例，对比学习通过"函数名"和"指向函数的指针变量"调用函数的方法。

【例 5.21】用函数求整数 a、b 的和。

（1）通过"函数名"调用函数
```
#include <stdio.h>
int add(int x, int y);      // 函数声明
int main(void)
{
    int a, b, sum;



    printf("请输入 a、b 的值:");
    scanf("%d%d", &a, &b);
    // 通过函数名调用 add 函数
    sum = add(a, b);
    printf("a=%d,b=%d\n", a, b);
    printf("sum=%d\n", sum);
}
int add(int x, int y)
{
    return (x+y);
}
```

（2）通过"指向函数的指针变量"调用函数
```
#include <stdio.h>
int add(int x, int y);      // 函数声明
int main(void)
{
    int a, b, sum;
    int (*p)(int, int);   // 定义指向函数的指针变量
    p =add;               // 使指针变量 p 指向 add 函数
    printf("请输入 a、b 的值：");
    scanf("%d%d", &a, &b);
    // 通过指针变量调用 add 函数
    sum = (*p)(a, b);
    printf("a=%d,b=%d\n", a, b);
    printf("sum=%d\n", sum);
}
int add(int x, int y)
{
    return (x+y);
}
```

通过以上两种方法进行函数调用的运行效果是完全一样的。

利用指针变量调用函数的步骤和方法如下：

1. **定义指向函数的指针变量**

定义指向函数的指针变量，一般形式如下：

　　类型标识符　(* 指针变量名)(函数参数类型列表)；

如程序（2）中的"int (*p)(int, int);"用来定义 p 是一个指向函数的指针变量，最前面的 int 表示这个函数的值（即函数的返回值）是整型的。最后面的括号中有两个 int，表示这个函数有两个 int 型的参数。要特别注意 *p 两侧的括号不能省略，p 先与 * 结合，表示 p 是指针变量，然后再与后面的 ( ) 结合，( ) 表示是函数，即表示指针变量 p 是指向函数的指针。

简单地说，"int (*p)(int, int);"表示定义一指针变量 p，它可以指向函数返回值为整型且有两个整型参数的函数。

2. **将函数的入口地址（函数名）赋给指针变量，使指针变量指向函数**

在程序（2）中，赋值语句"p=add;"的作用是将 add 函数的入口地址赋给指针变量 p，使指针变量 p 指向 add 函数。

3. **通过"(* 指针变量名)（函数参数列表）"调用函数**

在程序（2）中，通过指针变量 p 调用 add 函数的语句"(*p)(a, b);"和通过函数名调用 add 函数的语句"add(a, b);"等效。可见，通过指针变量调用函数时，只需用"(* 指针变量名)"替代函数名即可。

至此，读者可能会提出以下两个问题：

1）用函数名调用函数既直接又易理解，何必绕弯子通过函数指针变量调用函数呢？

2）指向函数的指针变量能否作为函数参数进行信息传递呢？

【例 5.22】输入两个整数，然后让用户选择 1 或 2：选择 1 时调用 max 函数，输出两数中的大数；选择 2 时调用 min 函数，输出两数中的小数。

下面给出了本例的两个参考程序。

（1）参考程序 1

```
#include <stdio.h>
int max(int x, int y);   // 函数声明
int min(int x, int y);   // 函数声明

int main(void)
{   int (*p)(int, int);  // 定义函数指针变量
    int a, b, n;
    printf("请输入 a、b 的值：");
    scanf("%d%d", &a, &b);
    printf("请选择功能 \n");
    printf("1-max\n");
```

（2）参考程序 2

```
#include <stdio.h>
int max(int x, int y);   // 函数声明
int min(int x, int y);   // 函数声明
int fun(int x, int y, int (*p)(int, int)) ; // 函数声明

int main(void)
{
    int a, b, n;
    printf("请输入 a、b 的值：");
    scanf("%d%d", &a, &b);
    printf("请选择功能 \n");
    printf("1-max\n");
```

```
            printf("2-min\n");                                    printf("2-min\n");
            scanf("%d", &n);  // 菜单功能选择                       scanf("%d", &n);  // 菜单功能选择
            printf("a=%d,b=%d\n", a, b);                          printf("a=%d,b=%d\n", a, b);
            switch(n)                                             switch(n)
            {   case 1: p=max;                                    {   case 1:
                        printf("max=%d\n", (*p)(a,b));                    printf("max=%d\n", fun(a,b,max));
                        break;                                            break;
                case 2: p=min;                                        case 2:
                        printf("min=%d\n", (*p)(a,b));                    printf("min=%d\n", fun(a,b,min));
                        break;                                            break;
            }                                                     }
                                                              }
                                                              int fun(int x, int y, int (*p)(int, int))
                                                              {   int result;
                                                                  result = (*p)(x, y);
                                                                  return (result);
                                                              }
            int max(int x, int y)                             int max(int x, int y)
            {                                                 {
                return (x>y?x:y);                                 return (x>y?x:y);
            }                                                 }
            int min(int x, int y)                             int min(int x, int y)
            {                                                 {
                return (x<y?x:y);                                 return (x<y?x:y);
            }                                                 }
```

先看参考程序 1，在程序的主函数中定义了一个指向函数的指针变量 p，然后使指针变量 p 先后指向 max 函数和 min 函数，但函数调用语句是不变的，即"(*p)(a, b);"。因此不难体会到：用函数名调用函数，只能调用所指定的一个函数，而通过指针变量可以根据不同情况先后调用不同的函数，使用比较灵活。

再看参考程序 2，主函数中没有定义指向函数的指针变量 p，而是单独定义了一个 fun 函数，在 fun 函数中定义了 3 个形式参数：整型变量 x、y 以及指向函数的指针变量 p。调用 fun 函数时，将实参 a、b 的值传递给形参 x、y，将 max 函数或 min 函数的入口地址传递给形参 p，然后即可通过语句"result = (*p)(x, y);"实现对 max 函数或 min 函数的调用。显而易见，不论调用 max 函数还是 min 函数，fun 函数都没有改变，只是改变了实参函数名而已。由于在不同的情况下调用了不同的函数，因此在 fun 函数中可以输出不同的 result 值，这就增加了函数使用的灵活性。

通过本例的两个参考程序，可以看出：指向函数的指针变量既可以用来调用函数，也可以作为函数参数，以实现函数入口地址（函数名）与函数指针变量之间的信息传递。

在嵌入式实时操作系统中，常利用函数指针管理函数，感兴趣的读者可以参阅参考文献 [4]。

【同步练习 5-9】

1）设有定义"int (*ptr)( );"，则以下叙述正确的是（　　）。
A．ptr 是指向一维数组的指针变量
B．ptr 是指向 int 型数据的指针变量
C．ptr 是指向函数的指针，该函数返回一个 int 型数据
D．ptr 是一个函数名，该函数的返回值是指向 int 型数据的指针

2）若有函数 max(int x, int y)，并且已使函数指针变量 p 指向函数 max，则当调用该函数时，正确的调用方法是（　　）。
A．(*p)max(a, b);　　B．*pmax(a, b);　　C．(*p)(a, b);　　D．*p(a, b);

3）编程实现：在主函数中，首先输入两个小数，然后输入功能号（1～4），通过指向函数的指针变量调用对应的加法函数、减法函数、乘法函数或除法函数，输出两个小数相加、相减、相乘或相除的结果。

5.6 利用指针数组、指向指针的指针引用多个数据

5.6.1 指针数组

1．指针数组的概念

指针数组是指数组的元素均为指针类型的数据，即指针数组用来存放一批地址，每一个元素都存放一个地址。

定义一维指针数组的一般形式为：　类型标识符　*数组名 [数组长度]；

例如：int *p[3];

由于 [ ] 比 * 优先级高，因此 p 先与 [3] 结合，构成 p[3] 数组的形式，表示数组 p 有 3 个元素；然后再与 p 前面的 * 结合，"*" 表示数组 p 是指针类型的，即数组 p 包含 3 个指针，均为指向 int 型数据的指针变量。

下面通过两个简单实例，理解指针数组的概念。

【例 5.23】利用指针数组指向多个整型变量，并输出各整型变量的值。

```
#include <stdio.h>
int main(void)
{
    int a=10, b=20, c=30, i;
    int *p[3] = {&a, &b, &c};     // 定义指针数组并使 3 个元素分别指向 3 个整型变量
    for(i=0; i<3; i++)
        printf("%d\n", *p[i]);    // 利用指针数组引用整型变量
}
```

运行结果：
```
10
20
30
```

本例中,定义的指针数组 p 有 3 个元素,分别指向 3 个整型变量 a、b、c,如图 5-19 所示。p[0] 代表变量 a 的地址 &a,而 *p[0] 代表变量 a 的值。

【例 5.24】利用指针数组指向一维整型数组的各元素,并通过指针数组引用一维整型数组中的各个元素。

```
#include <stdio.h>
int main(void)
{
    int a[3] ={10, 20, 30}, i;
    int *p[3] = {&a[0], &a[1], &a[2]};      // 定义指针数组,并初始化
    for(i=0; i<3; i++)
        printf("%d\n", *p[i]);              // 利用指针数组引用整型数组元素
}
```

运行结果:
```
10
20
30
```

本例中,定义的指针数组 p 有 3 个元素,分别指向一维数组 a 的 3 个元素 a[0]、a[1]、a[2],如图 5-20 所示。p[0] 代表数组元素 a[0] 的地址 &a[0],而 *p[0] 代表数组元素 a[0] 的值。

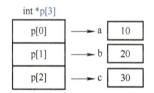 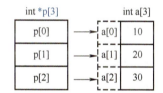

图 5-19 例 5.23 指针数组示意图   图 5-20 例 5.24 指针数组示意图

2. 指针数组的实际应用

在实际应用中,指针数组主要有 3 个用途:一是利用字符型指针数组处理多个字符串;二是利用函数型指针数组实现对若干个函数的调用;三是指针数组作 main 函数的形参。

(1) 利用字符型指针数组处理多个字符串

前面已介绍,一个字符串可用一维数组来存放,而多个字符串可用二维数组存放。若用字符型指针引用多个字符串,则需要多个指针,因此也可利用字符型指针数组处理多个字符串。

【例 5.25】分别用二维数组和字符型指针数组处理多个字符串。

(1) 用二维数组处理多个字符串
```
#include <stdio.h>
int main(void)
{
    char str[3][5]={"ab","abc","abcd"};
    int i;
    for(i=0; i<3; i++)
        printf("%s\n", str[i]);
}
```

(2) 用字符型指针数组处理多个字符串
```
#include <stdio.h>
int main(void)
{
    char *ps[3] ={"ab","abc","abcd"};
    int i;
    for(i=0; i<3; i++)
        printf("%s\n", ps[i]);
}
```

以上两种方式，运行结果是完全一样的：

用上述两种方式处理多个字符串时，有何区别？

1）利用二维数组处理多个字符串：如图 5-21 所示，数组 str 是一个 3 行 5 列的字符数组，每行一个字符串，共 3 行，每行占 5 个字节。

2）利用指针数组处理多个字符串：如图 5-22 所示，每个指针数组元素指向一个字符串，这 3 个字符串单独按照各自的长度放在内存中，因此可节省内存空间。

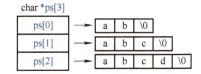

图 5-21 利用二维数组存放多个字符串　　　图 5-22 利用指针数组元素指向字符串

根据例 5.25 可知，字符型指针数组可灵活处理多个字符串数据。

（2）利用函数型指针数组实现对若干个函数的调用

【例 5.26】函数型指针数组的应用：实现对若干个函数的调用。

```c
#include <stdio.h>
void max(int x, int y);                  // 函数声明
void min(int x, int y);                  // 函数声明
void add(int x, int y);                  // 函数声明
int main(void)
{
    int a, b, i;
    void (*p[3])(int, int) = {max, min, add};   // 定义函数型指针数组，存放 3 个函数名
    printf("请输入两个整数：");
    scanf("%d%d", &a, &b);
    printf("a=%d,b=%d\n", a, b);
    for(i=0; i<3; i++)
        (*p[i])(a, b);                   // 利用函数型指针数组调用函数
}
void max(int x, int y)
{
    printf("max=%d\n", x>y?x:y);
}
void min(int x, int y)
{
    printf("min=%d\n", x<y?x:y);
}
void add(int x, int y)
```

{
    printf("sum=%d\n", x+y);
}

运行结果：

```
请输入两个整数: 23 45
a=23,b=45
max=45
min=23
sum=68
```

（3）指针数组作 main 函数的形参

在一般的程序中，main 函数不带参数，调用 main 函数时也不必给出实参。实际上，在一些人机交互应用系统中，main 函数是可以带参数的。

例如：　int main(int argc, char *argv[ ])

其中，argc 和 argv 是 main 函数的形参，它们是程序的"命令行参数"。argc 是 argument count 的缩写，表示参数个数；argv 是 argument vector 的缩写，表示参数向量，它是一个字符型指针数组，数组中每个元素指向命令行中的一个字符串。

通常 main 函数和其他函数组成一个文件模块，有一个文件名。对这个文件进行编译和连接，得到可执行文件（.exe 文件）。用户执行这个可执行文件时，操作系统就调用 main 函数，然后由 main 函数调用其他函数，从而完成程序的运行。

操作系统调用 main 函数时，操作系统将实参传递给 main 函数。在操作系统命令状态下，命令行的一般形式为：

　　命令字（可执行文件名）参数 1 参数 2 … 参数 n

命令字和各参数之间用空格隔开，命令字是可执行文件名（此文件包含 main 函数）。

例如：可执行文件名为 SW.exe，现将两个字符串 "OPEN" "CLOSE" 作为参数传递给 main 函数，则命令行可以写成：

　　SW OPEN CLOSE

实际上，可执行文件名应包括文件路径，为简化说明问题，用 SW 代表。命令行中的 3 个字符串的首地址构成一个指针数组，如图 5-23 所示。

需要说明的是，argc 的值和 argv[ ] 各元素的值都是系统自动赋值的。其中，argc 的值等于命令行中字符串的总个数（包括命令字）；argv 指针数组中的元素 argv[0]、argv[1]、argv[2]、… 依次指向 "命令字" "参数 1" "参数 2" … 的字符串。

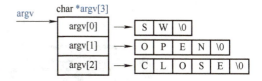

图 5-23　main 函数的参数示意图

【例 5.27】测试带有参数的 main 函数。

在 VC++2010 开发环境中建立项目，项目名为 test，保存路径为 E:\test。在此项目中，建立 ex.c 文件：

```
#include <stdio.h>
int main(int argc, char * argv[ ])
{
    while(argc>0)
```

```
        {
            printf("%s\n", *argv);            // 输出命令行中的字符串
            argv++;
            argc--;
        }
}
```

单击"项目"菜单中的"test 属性"命令,弹出 test 属性页,在"配置属性"→"调试"→"命令参数"项对应的文本框中输入字符串"abcd 123456",如图 5-24 所示。

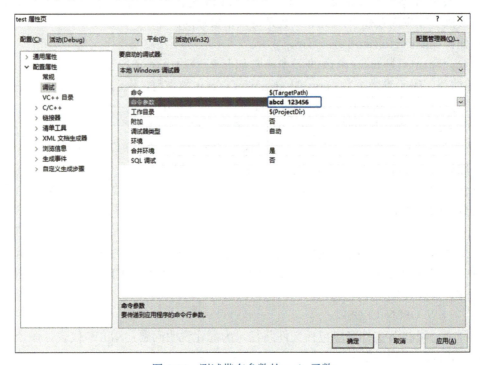

图 5-24　测试带有参数的 main 函数

单击"确定"按钮,然后编译、连接和运行程序。

运行结果:
```
E:\test\Debug\test.exe
abcd
123456
```

其中,第 1、2、3 行分别对应命令行中的命令字(包括路径的可执行文件名,test.exe 被保存在 E:\test\Debug 路径下)和 2 个参数。

也可以在命令提示符下,在 test.exe 所在的路径(E:\test\Debug)下输入 test.exe abcd 123456,之后会在输入行的下面依次输出命令行中的可执行文件名和参数:

```
命令提示符
E:\test\Debug>test.exe  abcd  123456
test.exe
abcd
123456
```

【同步练习 5-10】

1）若有语句"char *ps[2] = {"abcd", "ABCD"};"，则以下说法正确的是（　　）。
　A．ps 数组元素的值分别是 "abcd" 和 "ABCD"
　B．ps 是指针变量，它指向含有两个数组元素的字符型一维数组
　C．ps 数组的两个元素分别存放着含有 4 个字符的一维字符数组的首地址
　D．ps 数组的两个元素中各自存放了字符 'a' 和 'A' 的地址

2）以下叙述正确的是（　　）。
　A．C 语言允许 main 函数带形参，且形参只能有 2 个
　B．C 语言允许 main 函数带形参，形参名只能是 argc 和 argv
　C．当 main 函数带有形参时，传给形参的值只能从命令行中得到
　D．有声明 "main(int argc,char *argv);"，则形参 argc 的值必须大于 1

3）编程实现：通过字符型指针数组存放、分行输出自己的姓名、学号和学校名称对应的 3 个字符串。

5.6.2　指向指针的指针

在 5.2 节中曾介绍过，可通过指针间接访问普通变量。例如：
　　int a=3;
　　int *num = &a;　　　　　　　// 定义指针变量 num，指向变量 a
　　printf("%d\n", *num);　　　// 通过指针变量 num 引用变量 a

通过指针变量 num 间接访问变量 a，该方式称为单级间址访问方式，如图 5-25 所示。

如图 5-26 所示，若再定义一个指针变量 p，存放指针变量 num 的地址，则可通过指针变量 p 访问变量 a，该方式称为二级间址访问方式。

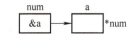
图 5-25　单级间址访问方式

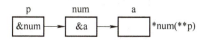
图 5-26　二级间址访问方式

指针变量 p 指向了另一个指针变量 num，因此 p 是指向指针数据的指针变量，简称"指向指针的指针"。

定义指向指针的指针变量的一般形式为：
　　类型标识符 **指针变量名；

例如：int **p;

表示指针变量 p 指向一个整型的指针变量。p 的前面有两个 * 号，根据附录 C 可知，* 运算符的结合性是从右到左，因此 **p 相当于 *(*p)。

【例 5.28】分析程序，理解指向指针的指针。
#include <stdio.h>
int main(void)
{
　　int a=3;
　　int *num = &a;　　　　　　　// 定义指针变量 num，指向变量 a

```
        int **p = &num;              // 定义指针变量 p，指向指针变量 num
        printf("%x\n", num);         // 指针变量 num 的值为变量 a 的地址 &a
        printf("%x\n", *p);          //*p 表示指针变量 num 的值，即变量 a 的地址 &a
        printf("%d\n", **p);         //**p 相当于 *(*p)，即 *&a（变量 a 的值）
}
```

运行结果：
```
12ff44
12ff44
3
```

在实际应用中，指向指针的指针常与指针数组配合使用处理问题。

【例 5.29】如图 5-27 所示，有一指针数组 num，其元素分别指向一维整型数组 a 的各元素。现用指向指针的指针变量 p，依次输出整型数组 a 中各元素的值。

```
#include <stdio.h>
int main(void)
{
    int a[3] ={10, 20, 30}, i;
    int *num[3] = {&a[0], &a[1], &a[2]};    // 定义指针数组 num
    int **p = num;                          // 定义指向指针的指针变量 p，并指向指针数组 num 的首元素
    for(i=0; i<3; i++,p++)
        printf("%d\n", **p);                // 利用指向指针的指针变量 p 引用整型数组元素
}
```

运行结果：
```
10
20
30
```

【例 5.30】如图 5-28 所示，有一指针数组 ps，其元素分别指向 3 个字符串。现用指向指针的指针变量 p，依次输出 3 个字符串。

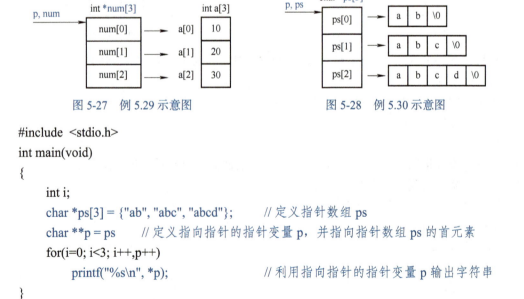

图 5-27 例 5.29 示意图　　　　图 5-28 例 5.30 示意图

```
#include <stdio.h>
int main(void)
{
    int i;
    char *ps[3] = {"ab", "abc", "abcd"};    // 定义指针数组 ps
    char **p = ps;       // 定义指向指针的指针变量 p，并指向指针数组 ps 的首元素
    for(i=0; i<3; i++,p++)
        printf("%s\n", *p);                 // 利用指向指针的指针变量 p 输出字符串
}
```

运行结果：ab
abc
abcd

【同步练习 5-11】

编程实现：利用指向指针的指针变量分行输出 3 个字符串 "Time is life."、"Unity is strength."、"Nothing can be accomplished without norms or standards."（分别代表时间就是生命、团结就是力量、没有规矩不成方圆之意）。

5.7 通过函数调用获取指针值

一个函数可以返回一个整型、实型、字符型的值，也可以返回指针型的值，即返回一个地址。声明返回指针值的函数，一般形式为：

  类型标识符 * 函数名 (形参列表);

例如 "int * f(int x, int y);"，在 f 的两侧分别是 * 运算符和 ( ) 运算符，而 ( ) 的优先级高于 *，因此 f 先与 ( ) 结合，表示这是 f 函数。调用该函数之后能得到一个 int * 型（指向整型数据）的指针，即整型数据的地址。返回指针值的函数又称为指针型函数。

在后续的内存动态分配、链表及其操作、文件读写操作等内容将涉及指针型函数。下面通过一个简单实例理解指针型函数的基本概念和应用方法。

【例 5.31】利用指针型函数输出字符串。

```
#include <stdio.h>
char * fun1(void);                  // 函数声明
char * fun2(void);                  // 函数声明
int main(void)
{
    char *ps;                       // 定义指针变量
    ps = fun1( );                   // 调用 fun1 函数，获取一指向字符型数据的地址
    printf("%s\n", ps);             // 输出 ps 所指向的字符串
    ps = fun2( );                   // 调用 fun2 函数，获取一指向字符型数据的地址
    printf("%s\n", ps);             // 输出 ps 所指向的字符串
}
char * fun1(void)                   // 指针型函数，返回指向字符型数据的指针
{
    char *str = "abcde";            // 定义指针变量，并指向字符串常量
    return  str;                    // 返回字符串的起始地址
}
char * fun2(void)                   // 指针型函数，返回指向字符型数据的指针
{
    static char s[ ] = "12345";     // 定义静态局部数组
    return  s;                      // 返回静态数组的首地址
}
```

运行结果：abcde
12345

在本程序中，字符串 "abcde" 位于内存的常量区，在 fun1 函数运行结束后，字符串 "abcde" 仍保存在内存中。数组 s 被定义为静态局部数组，在 fun2 函数运行结束后，数组 s 中的内容仍被保留。因此在主函数中可以通过指针变量 p 输出字符串常量 "abcde" 和数组 s 中的字符串 "12345"。

【思考与实践】
如果将上述程序中的数组 s 定义为动态局部数组，也就是将 static 去掉，重新编译并运行程序，查看还能否输出字符串 "12345"，若不能，请思考其原因。

【同步练习 5-12】

1）在声明语句 "int * f( );" 中，标识符 f 代表的是（   ）。
A．一个用于指向整型数据的指针变量　B．一个用于指向一维数组的指针
C．一个用于指向函数的指针变量　　　D．一个返回值为指针型的函数名

2）下面程序运行后的输出结果为（   ）。

```
#include <stdio.h>
int * f(int *x, int *y)
{
    if(*x < *y)   return x;
    else          return y;
}
int main(void)
{
    int a=7, b=8, *p, *q, *r;
    p = &a;  q = &b;
    r = f(p, q);
    printf("%d,%d,%d\n", *p, *q, *r);
}
```

A．7,8,8　　　　B．7,8,7　　　　C．8,7,7　　　　D．8,7,8

5.8 利用内存动态分配函数建立动态数组

5.8.1 内存动态分配的概念

在 4.5 节中介绍过全局变量和局部变量，全局变量分配在内存中的静态存储区，非静态的局部变量（包括形参）分配在内存中的动态存储区。除此之外，C 语言还允许建立内存动态分配区域，用来存放一些临时用的数据，这些数据不必在程序中的声明部分定义，也不必等函数结束时才释放，而是在需要时随时申请开辟，不需要时释放。在内存中动态分配的数据，只能通过指针来引用。

5.8.2 内存动态分配的方法

对内存的动态分配是通过系统提供的库函数来实现的，在此主要介绍 malloc（memory allocation 的简称）、calloc、free、realloc 这 4 个函数，这 4 个函数的声明在 stdlib.h 头文件中，因此使用这些函数时，需要用预处理指令"#include <stdlib.h>"将 stdlib.h 头文件包含到程序文件中。

1. malloc 函数

其函数原型为：void * malloc(unsigned size);
其作用是在内存的动态存储区中申请分配一个长度为 size 的连续空间。如果分配成功，函数返回一个指向所分配内存首字节地址的指针，否则返回空指针 NULL。

2. calloc 函数

其函数原型为：void * calloc(unsigned n, unsigned size);
其作用是在内存的动态存储区中申请分配 n 个长度为 size 的连续空间。如果分配成功，函数返回一个指向所分配内存首字节地址的指针，否则返回空指针 NULL。

3. free 函数

其函数原型为：void free(void *p);
其作用是释放指针变量 p 所指向的动态内存空间，使此空间成为再分配的可用内存。指针变量 p 应是最近一次调用 malloc 或 calloc 函数时得到的返回值。

4. realloc 函数

其函数原型为：void * realloc(void *p, unsigned newsize);
其作用是把由指针变量 p 所指向的已分配的内存空间大小变为 newsize。如果分配成功，则返回指针变量 p，否则返回空指针 NULL。

【例 5.32】malloc、calloc、free 三个函数的应用：动态数组的建立和释放。

（1）参考程序 1
```
#include <stdio.h>
#include <stdlib.h>

int main(void)
{
    int i, *p;
    p = (int *)malloc(5*sizeof(int));
// 或 p = (int *)calloc(5, sizeof(int));
    if(p==NULL)    //分配失败
    {
        printf("分配失败 \n");
        exit(1);    //终止程序运行
    }
```

（2）参考程序 2
```
#include <stdio.h>
#include <stdlib.h>
#include <string.h>

int main(void)
{
    char *ps = NULL;
    ps = (char *)malloc(10*sizeof(char));
// 或 ps = (char *)calloc(10, sizeof(char));
    if(ps==NULL)    //分配失败
    {
        printf("分配失败 \n");
        exit(1);    //终止程序运行
    }
```

```
        else        // 分配成功                        else        // 分配成功
        {                                              {
            for(i=0; i<5; i++)  p[i]=i;                    strcpy(ps, "China");
            for(i=0; i<5; i++)                             printf("%s", ps);
                printf("%d ", p[i]);                       printf("\n");
            printf("\n");
            free(p);    // 释放空间                        free(ps);   // 释放空间
        }                                              }
}                                                  }
运行结果：0 1 2 3 4                                运行结果：China
```

说明：

1）在调用 malloc 或 calloc 函数时，参数 size 通常利用 sizeof 运算符测定在当前系统中某数据类型的字节数。malloc 或 calloc 函数返回值是 void * 型的，通常需要进行强制类型转换后赋给一指针变量。

2）在本程序中，没有定义数组，而是通过 malloc 或 calloc 函数申请开辟了一段动态内存分配区，作为动态数组使用。

3）程序结束前，要使用 free 函数释放已分配的内存空间，以免造成系统内存的浪费，导致程序运行速度减慢甚至系统崩溃等严重后果，即防止"内存泄漏"。

4）malloc 和 calloc 函数都可以用来申请动态内存空间，但也有区别：malloc 函数申请的内存空间的数据是不确定的随机值，而 calloc 函数申请的内存空间被系统初始化为零。请读者编程体会。

【例 5.33】realloc 函数的应用：增大动态数组的空间。

```c
#include <stdio.h>
#include <stdlib.h>
int main(void)
{
    int i, *pn;
    pn = (int *)malloc(5*sizeof(int));          // 申请内存空间
    printf("malloc: %x\n", pn);                 // 输出申请内存空间的首地址
    for(i=0; i<5; i++)
        pn[i] = i;
    pn = (int *)realloc(pn, 10*sizeof(int));    // 重新申请分配内存，扩大空间
    printf("realloc:%x\n", pn);                 // 输出重新分配的内存空间的首地址
    for(i=5; i<10; i++)
        pn[i] = i;
    for(i=0; i<10; i++)
        printf("%3d", pn[i]);
    printf("\n");
    free(pn);                                   // 释放空间
}
```

运行结果：
```
malloc: 3b06d0
realloc:3b06d0
 0 1 2 3 4 5 6 7 8 9
```

说明：用 malloc 函数申请 size 的内存空间（设返回内存地址 p）后，再用 realloc 函数重新申请更大的 newsize 内存空间时：

1）如果原来的 size 内存后面有足够的剩余空间，realloc 函数新申请的内存是在原来的 size 内存后面获得附加的字节内存，使内存大小由 size 增至 newsize，并且 realloc 函数还是返回原来内存的地址 p，可见原来的内存数据并没有发生变动。

2）如果原来的 size 内存后面没有足够的剩余空间，realloc 函数将申请新的内存，然后把原来的内存数据复制到新的内存中，原来的内存将被释放掉，realloc 函数返回新的内存地址 p。

【同步练习 5-13】

1）若有声明 "int *p, a;"，则不能通过 scanf 函数给输入项读入数据的是（   ）。
A．*p = &a; scanf("%d", p);
B．scanf("%d", p=&a);
C．p = (int *)malloc(sizeof(int)); scanf("%d", p);
D．scanf("%d", &a);

2）编程实现：首先建立动态字符数组，然后将字符串 "Nothing if too difficult if you put your heart into it!"（代表世上无难事，只怕有心人之意）复制到该数组，最后输出该字符串。

3）在主函数中利用 malloc 函数建立动态数组，输入 5 个数，然后利用指针变量作函数参数，调用一个函数输出这 5 个数。

5.9 指针小结

本单元涉及的指针内容较多，包括指向普通变量的指针、指向数组的指针、指向字符串的指针、指向函数的指针、返回指针值的函数、指针数组、指向指针的指针、内存动态分配与指向动态内存区的指针变量。现对指针进行归纳比较，相关的书写形式及含义如表 5-4 所示。

表 5-4 相关的书写形式及含义

书写形式	含义
int i;	定义整型变量 i
int *p;	定义 p 为指向整型数据的指针变量
int a[5];	定义整型数组 a，含有 5 个元素
int *p[5];	定义指针数组 p，它由 5 个指向整型数据的指针元素组成
int (*p)[5];	定义 p 为指向包含 5 个元素的一维数组的指针变量
int f( );	f 为返回整型值的函数
int * f( );	f 为返回一个指针的函数，该指针指向整型数据

(续)

书写形式	含义
int (*p)( );	定义 p 为指向函数的指针，该函数返回一个整型值
int **p;	定义 p 为指向整型指针数据的指针变量
void *p;	定义 p 为一个空类型的指针变量，不指向具体的对象

指针是 C 语言中非常重要的概念，也是 C 语言的一大特色。使用指针处理问题，优点在于：①利用指针可以实现直接对硬件地址进行操作，因此可有效提高程序的执行效率；②用指针变量作为函数参数，可以通过调用函数得到多个值；③可以实现内存动态分配。

指针是 C 语言学习的重点难点，这对初学者来说可能有点难度，但只要肯努力，学习中遇到的困难也便迎刃而解。

第 6 单元

利用复杂的构造类型解决实际问题

单元 导读

可用数组将相同类型的多个数据组合在一起,在实际问题中,一组数据却往往具有不同的数据类型,例如,在学生成绩表中,一个学生的学号为整型,姓名为字符型,性别为字符型,成绩为实型。显然不能用一个数组将某个学生的这些数据组合在一起,因为数组中各元素的类型和长度都必须一致。此时,可使用结构体类型将不同类型的若干数据组合在一起。有些问题,需要将多个不同类型的变量存放到同一段内存单元中,以便节省内存的开销,此时,可用共用体类型来实现。另外,有些变量的取值仅限于几种可能的列举值,例如一星期只有 7 天,这种变量可声明为枚举类型。

知识 图谱

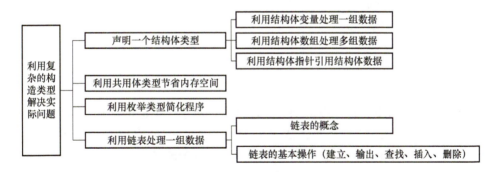

本单元的学习目标:能利用结构体变量和结构体数组分别处理一组数据和多组数据,并学会使用结构体指针引用结构体数据;能利用共用体类型节省内存空间;能利用枚举类型简化程序;能用 typedef 声明类型别名;能利用链表处理一组数据,以弥补数组在处理数据时的一些缺陷。

6.1 声明一个结构体类型

C 语言允许用户自己建立由不同类型(或同类型)数据组成的组合型数据结构——"结构体"。例如:

```
struct Student
{
    int  stu_ID;           // 学号
    char name[20];         // 姓名
    char sex;              // 性别
    float score;           // 成绩
};                         // 注意最后要有分号
struct Date
{
    int month;             // 月
    int day;               // 日
    int year;              // 年
};                         // 注意最后要有分号
```

上面由用户分别声明了两个新的结构体类型 struct Student 和 struct Date（struct 是声明结构体类型时所必须使用的关键字，不能省略），它们向编译系统声明这是一个"结构体类型"，其中 struct Student 类型包括 stu_ID、name、sex、score 几个不同类型的数据成员，struct Date 类型包括 month、day、year 几个相同类型的数据成员。

需要说明的是，struct Student 和 struct Date 都是用户声明的数据类型名，它们和系统提供的标准类型（如 int、char、float、double 等）具有相似的作用，都可以用来定义变量、数组等。

声明一个结构体类型的一般形式如下：

```
struct 结构体名
{
    成员列表
};
```

"结构体名"由用户指定，以区别于其他结构体类型，上面的结构体声明中，Student 和 Date 就是两个不同的结构体名。成员列表由若干个成员组成，如上例中的 stu_ID、name、sex、score 都是 struct Student 类型的成员，由各个成员组成一个结构体。对每个成员都应进行声明：

    类型标识符　成员名；

成员名的命名应符合标识符的书写规定。

在嵌入式网络通信软件设计中，常使用结构体类型对通信数据进行组织管理。

需要说明的是，声明的结构体类型，与基本类型一样，仅相当于一个模型，其中并无具体数据，系统并不对其分配内存空间。系统只对变量或数组分配内存空间，因此为了能在程序中使用结构体类型的数据，应当定义结构体类型的变量或数组，即结构体变量或结构体数组，并在其中存放具体的数据。

6.2 利用结构体变量处理一组数据

下面主要介绍结构体变量的定义、初始化及引用方法。

6.2.1 定义结构体变量的方法

定义结构体变量有以下 3 种方法。

1. 先声明结构体类型，再定义结构体变量

例如：struct Student
  {
    int stu_ID; // 学号
    char name[20]; // 姓名
    char sex;   // 性别
    float score; // 成绩
  };
  struct Student stu1, stu2;

定义的两个变量 stu1 和 stu2 都是 struct Student 结构体类型的，都具有 struct Student 类型的结构，如图 6-1 所示。

这种方式中，声明类型和定义变量分离，在声明类型后可以随时定义变量，使用灵活。在编写大型程序时，常采用此方式定义结构体变量。

图 6-1 结构体变量示意图

需要注意的是，结构体变量在程序执行期间，所有成员一直驻留在内存中。根据结构体类型中包含的成员表，可以计算出结构体类型的长度。例如，上面声明的 struct Student 结构体类型，在 VC++ 中的长度是 29 字节（4＋20＋1＋4）。但在 VC++ 系统中利用"sizeof(struct Student);"语句测试结构体类型 struct Student 的长度时，得到的结果不是理论值 29，而是 32。这是因为计算机系统对内存的管理是以"字"为单位的（很多计算机系统以 4 字节为一个字），因此成员 sex 虽然只占 1 字节，但系统仍按 1 个字进行管理，该字的其他 3 字节不会存放其他数据。

2. 在声明结构体类型的同时，定义结构体变量

例如：struct Student
  {
    int stu_ID; // 学号
    char name[20]; // 姓名
    char sex;   // 性别
    float score; // 成绩
  }stu1, stu2;

这种方式中，声明类型和定义变量一起进行，能直接看到结构体的结构，较为直观，在编写小程序时常用此方法。

3. 不指定结构体名而直接定义结构体变量

例如：struct
　　　　{
　　　　　　int　stu_ID;　　　　// 学号
　　　　　　char name[20];　　　// 姓名
　　　　　　char sex;　　　　　 // 性别
　　　　　　float score;　　　　// 成绩
　　　　}stu1, stu2;

这种方式中，由于没有结构体名，因此不能再用此结构体类型去定义其他变量，实际应用较少。

说明：

1）结构体中的成员也可以是一个结构体类型的变量，如图 6-2 所示。

按图 6-2 可给出以下的结构体：

struct Date
{
　　int month;　　　　// 月
　　int day;　　　　　// 日
　　int year;　　　　 // 年
};

stu_ID	name	sex	birthday			score
			month	day	year	

图 6-2　结构体的数据结构示意图

struct Student
{
　　int　stu_ID ;　　　　　　　// 学号
　　char name[20];　　　　　　 // 姓名
　　char sex;　　　　　　　　　// 性别
　　struct Date birthday;　　　//birthday 为 struct Date 类型
　　float score;　　　　　　　 // 成绩
};
struct Student stu1, stu2;

首先声明一个 struct Date 类型，由 month、day、year 这 3 个成员组成；然后声明 struct Student 类型，将其中的成员 birthday 指定为 struct Date 类型；最后定义 struct Student 类型的两个变量 stu1 和 stu2。

2）结构体中的成员名可与程序中其他变量同名，但二者代表不同的对象，互不干扰。

【同步练习 6-1】

1）若有声明语句"struct stu { int a; float b; } s;"，则下面叙述错误的是（　　）。
　A．struct 是结构体类型的关键字　　　　B．struct stu 是用户声明的结构体类型
　C．s 是用户声明的结构体类型名　　　　　D．a 和 b 都是结构体成员名

2）声明一个结构体变量时，系统分配给它的内存是（　　）。
　A．各成员所需要内存量的总和　　　　　　B．结构体中第一个成员所需内存量

C．成员中占内存量最大者所需的容量　　D．结构中最后一个成员所需内存量

3）C 语言中的结构体变量在程序执行期间（　　）。

A．所有成员一直驻留在内存中　　　　B．只有一个成员驻留在内存中
C．部分成员驻留在内存中　　　　　　D．没有成员驻留在内存中

4）在 VC++ 系统中，定义以下结构体类型的变量：

```
struct  student
{
    char   name[10];
    int    score[20];
    float  average;
}stud1;
```

则 stud1 占用内存的字节数是（　　）。

A．64　　　　　　B．96　　　　　　C．120　　　　　　D．90

6.2.2　结构体变量的初始化

和其他类型的变量一样，结构体变量可以在定义时进行初始化赋值，初始化列表是用花括号括起来的一些常量，这些常量依次赋给结构体变量中的成员。例如：

```
struct Student
{
    int    stu_ID ;         // 学号
    char name[20];          // 姓名
    char sex;               // 性别
    float score;            // 成绩
};
struct Student  stu1 = {1001, "Zhang ping", 'M', 78.5};
```

6.2.3　结构体变量的引用

在定义结构体变量以后，便可引用该变量。在 ANSI C 中除了允许具有相同类型的结构体变量相互赋值以外，一般对结构体变量的输入、输出及各种运算都是通过结构体变量的成员来实现的。

引用结构体变量成员的一般形式为：

　　　　结构体变量名 . 成员名

例如：stu1.stu_ID　　　// 第 1 名学生的学号
　　　　stu2.sex　　　　// 第 2 名学生的性别

"."是成员（分量）运算符，它在所有的运算符中优先级最高，因此可以把 stu1.stu_ID 作为一个整体看待。

如果成员本身又是一个结构体类型，则必须逐级找到最低级的成员才能使用。例如：stu1.birthday.month 为第 1 名学生出生的月份。

【例 6.1】 结构体变量的初始化和引用。

```c
#include <stdio.h>
#include <string.h>
struct Student                              // 声明结构体类型
{
    int    stu_ID;                          // 学号
    char name[20];                          // 姓名
    float score;                            // 成绩
};
int main(void)
{
    struct Student  stu1 = {1001, "Sun Li", 75.0};   // 定义 stu1 变量并初始化
    struct Student  stu2, stu3;                       // 定义 stu2、stu3 变量
    stu2.stu_ID =1002;                                // 引用结构体变量成员，并赋值
    strcpy(stu2.name, "Zhang Ping");
    stu2.score = 80.0;
    stu3 = stu1;                                      // 结构体变量相互赋值
    printf("学号 \t 姓名 \t\t   成绩 \n");
    printf("%d    %-20s    %4.1f\n", stu1.stu_ID, stu1.name, stu1.score);
    printf("%d    %-20s    %4.1f\n", stu2.stu_ID, stu2.name, stu2.score);
    printf("%d    %-20s    %4.1f\n", stu3.stu_ID, stu3.name, stu3.score);
}
```

运行结果：
```
学号     姓名                成绩
1001    Sun Li              75.0
1002    Zhang Ping          80.0
1001    Sun Li              75.0
```

printf 函数中的格式"%-20 s"表示输出字符串，输出的字符串最小宽度是 20，并且向左靠齐。

对结构体变量的几点说明：

1) 结构体变量成员可以和普通变量一样进行各种运算。例如：

   stu3.score = stu2.score + 10;
   sum = stu1.score + stu2.score + stu3.score;

2) 可以引用结构体变量成员的地址，也可以引用结构体变量的地址。例如：

   scanf("%f", &stu1.score);   // 输入 stu1.score 的值
   scanf("%s", stu1.name);   // 输入 stu1.name 的字符串，注意不需要取地址符 &
   printf("%x", &stu1);   // 输出 stu1 的首地址

【同步练习 6-2】

设计超市购物小票：先声明一个商品结构体类型（结构体名为 commodity），其结构如图 6-3a 所示（成员 id、name、price、qty、total 分别代表商品的编号、名称、单价、数量和总价，其中总价等于单价与数量的乘积）；在主函数中，首先定义该结构体类型的 3 个变

量并对它们的前 4 个成员进行初始化,然后分别对这 3 个变量的 total 成员进行赋值,最后分行输出这 3 个变量中的各成员值(输出形式参照图 6-3b)。

图 6-3 商品结构体类型结构及程序输出形式

6.3 利用结构体数组处理多组数据

一个结构体变量可以存放一名学生的相关数据,若有多名学生的数据需要保存和处理,自然会想到使用结构体数组,结构体数组中的每个元素都是一个结构体类型的数据。

6.3.1 定义结构体数组的方法

定义结构体数组的方法和定义结构体变量的方法相似,只需把它定义成数组即可。例如:

```
struct Student              // 声明结构体类型
{
    int    stu_ID;          // 学号
    char   name[20];        // 姓名
    float  score;           // 成绩
};
struct Student  stu[5];     // 定义结构体数组
```

定义的结构体数组 stu,共有 5 个元素,stu[0] ~ stu[4],每个数组元素都是 struct Student 结构体类型的。

6.3.2 结构体数组的初始化

对结构体数组,可以进行初始化赋值。例如:

```
struct Student              // 声明结构体类型
{
    int    stu_ID;          // 学号
    char   name[20];        // 姓名
    float  score;           // 成绩
};
struct Student  stu[3] = {
                          {1001, "Li ping", 45},
```

                    {1002, "Zhao min", 62.5},
                    {1003, "He fen", 92.5}
                };   // 定义结构体数组并赋初值

结构体数组 stu 在内存中的存储形式如图 6-4 所示。与普通数组一样，数组名 stu 代表该数组的首地址，也是首元素 stu[0] 的起始地址；"stu+1" 表示元素 stu[1] 的起始地址；"stu+2" 表示元素 stu[2] 的起始地址。

6.3.3 结构体数组的应用

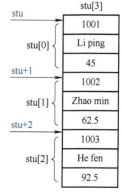

图 6-4 结构体数组的存储形式

【例 6.2】计算一组学生的平均成绩，并统计、输出不及格的人数。

```
#include <stdio.h>
struct Student                          // 声明结构体类型
{
    int   stu_ID;                       // 学号
    char  name[20];                     // 姓名
    float score;                        // 成绩
};
struct Student  stu[5] = {
                    {1001, "Li ping", 45}, {1002, "Zhao min", 62.5},
                    {1003, "He fen", 92.5}, {1004, "Chen lin", 87},
                    {1005, "Wan min", 58}
                };                      // 定义结构体数组并赋初值
int main(void)
{
    int i, count=0;
    float ave, sum=0;
    for(i=0; i<5; i++)
    {
        sum = sum + stu[i].score;
        if(stu[i].score < 60)   count++;   // 统计不及格人数
    }
    ave = sum/5;                           // 计算平均分
    printf("平均分：%.1f\n", ave);         // 输出数据保留 1 位小数
    printf("不及格人数：%d\n", count);
}
```

运行结果： 平均分：69.0
不及格人数：2

【例 6.3】建立学生通讯录。

```c
#include <stdio.h>
#define NUM 3                        // 宏定义人数
struct Message                       // 声明结构体类型
{
    char name[20];                   // 姓名
    char phone[15];                  // 电话
};
int main(void)
{
    struct Message stu[NUM];         // 定义结构体数组
    int i;
    for(i=0; i<NUM; i++)             // 对结构体数组元素进行赋值
    {
        printf("请输入姓名 :");
        gets(stu[i].name);
        printf("请输入手机号码 :");
        gets(stu[i].phone);
    }
    printf("\n");
    printf("姓名 \t\t\t 电话 \n\n");
    for(i=0; i<NUM; i++)
        printf("%-20s%s\n", stu[i].name, stu[i].phone);
}
```

运行情况：

本程序中声明了一个结构体类型 struct Message，它有两个成员 name 和 phone，用来表示姓名和电话号码。在主函数中定义 stu 为具有 struct Message 类型的结构体数组，在 for 语句中，用 gets 函数分别输入各个元素的两个成员的值，最后在 for 语句中用 printf 函数输出各元素的两个成员值。

【同步练习 6-3】

1）定义以下结构体数组：
```
struct date
{
```

```
        int year;
        int month;
        int day;
    };
    struct s
    {
        struct date birthday;
        char name[20];
    } x[4] = {{2008, 10, 1, "guangzhou"}, {2009, 12, 25, "Tianjin"}};
```

语句 "printf("%s,%d\n", x[0].name, x[1].birthday.year);" 的输出结果为（　　）。

A．guangzhou,2009　　　　　　　　B．guangzhou,2008
C．Tianjin,2008　　　　　　　　　　D．Tianjin,2009

2）编程：先声明图 6-5a 所示的结构体类型；在主函数中，首先定义该结构体类型的数组（元素个数为 3）并对各个元素的"学号""姓名"及"成绩"中的"语文""数学""英语"成员进行初始化，然后分别对这 3 个数组元素的"总分"成员进行赋值，最后分行输出各个数组元素中的所有成员值（输出形式参照图 6-5b）。

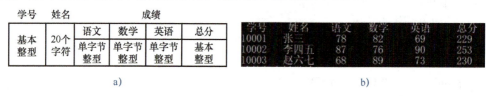

图 6-5　学生信息结构体类型结构及程序输出形式

6.4　利用结构体指针引用结构体数据

结构体指针是用来指向结构体数据（结构体变量或结构体数组元素）的指针，一个结构体数据的"起始地址"就是这个结构体数据的指针。若把一个结构体数据的起始地址赋给一个指针变量，那么该指针变量就指向这个结构体数据。

6.4.1　指向结构体变量的指针

定义结构体指针变量的一般形式为：

　　　　struct 结构体名　*结构体指针变量名；

如前声明了 struct Student 结构体类型，若要定义一个指向 struct Student 类型的指针变量 pstu，则可写为：

　　　　struct Student　*pstu；

定义结构体指针变量 pstu 后，pstu 就可以用来指向 struct Student 类型的变量或数组元素。当然也可在声明 struct Student 结构体类型的同时，定义结构体指针变量 pstu。

若结构体指针变量指向了一结构体数据，则可以利用该指针变量访问结构体数据中的各个成员，现以例 6.4 说明其访问方式。

【例 6.4】通过 3 种方式访问结构体变量中的成员。

```c
#include <stdio.h>
struct Student                                    // 声明结构体类型
{
    int    stu_ID;                                // 学号
    char   name[20];                              // 姓名
    float  score;                                 // 成绩
};
int main(void)
{
    struct Student  stu1 = {1002, "张三强", 78.5};   // 定义结构体变量 stu1 并赋值
    struct Student  *pstu = &stu1;                  // 定义结构体指针变量 pstu，并指向变量 stu1
    printf("学号   姓名   成绩 \n");
    printf("%d  %s  %.1f\n", stu1.stu_ID, stu1.name, stu1.score);
    printf("%d  %s  %.1f\n", (*pstu).stu_ID, (*pstu).name, (*pstu).score);
    printf("%d  %s  %.1f\n", pstu->stu_ID, pstu->name, pstu->score);
}
```

该程序中，结构体指针变量 pstu 指向结构体变量 stu1，如图 6-6 所示。

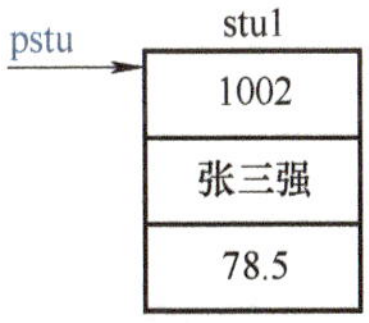

运行结果：
```
学号    姓名    成绩
1002   张三强   78.5
1002   张三强   78.5
1002   张三强   78.5
```

图 6-6　指向结构体变量的指针

可见，若结构体指针变量指向了一结构体数据（结构体变量或结构体数组元素），则访问结构体数据的成员时，有以下 3 种方式：

① 结构体变量名.成员名 或 结构体数组元素名.成员名　例如：stu1.name
② (*结构体指针变量名).成员名　例如：(*pstu).name
③ 结构体指针变量名 -> 成员名　例如：pstu->name

说明：

1）应该注意 (*pstu) 中的括号不可少，因为成员符"."的优先级高于"*"。
2）"->" 代表一个箭头，是指向运算符。

【同步练习 6-4】

如果有下面的定义和赋值，则使用（　　）不可以输出 n 中 data 的值。
```c
struct  SNode
{
    unsigned int id;
    int data;
}n, *p;
```

p = &n;

A．p.data B．n.data C．p->data D．(*p).data

6.4.2 指向结构体数组的指针

当结构体指针变量指向结构体数组中的某个元素时，结构体指针变量的值是该结构体数组元素的起始地址。下面通过例 6.5 领会指向结构体数组的指针变量的使用方法。

【例 6.5】用结构体指针变量输出结构体数组。

```
#include <stdio.h>
struct Student                          //声明结构体类型
{
    int    stu_ID;                      //学号
    char   name[20];                    //姓名
    float  score;                       //成绩
};
int main(void)
{
    struct Student stu[3] = {
                              {1001, "Li ping", 45},
                              {1002, "Zhao min", 62.5},
                              {1003, "He fen", 92.5}
                            };          //定义结构体数组，并赋初值
    struct Student *ps;                 //定义结构体指针变量
    printf("学号 \t 姓名 \t\t 成绩 \n");
    for(ps=stu; ps<stu+3; ps++)
        printf("%-6d%-20s%.1f\n", ps-> stu_ID, ps->name, ps->score);
}
```

运行结果：
```
学号    姓名           成绩
1001    Li ping        45.0
1002    Zhao min       62.5
1003    He fen         92.5
```

该程序执行 for 循环中的"ps=stu;"语句后，ps 指向数组 stu 的首元素 stu[0]，如图 6-7 所示。执行 ps++ 后，ps 指向数组元素 stu[1]；再次执行 ps++ 后，ps 指向数组元素 stu[2]。通过 3 次循环，依次输出数组 stu 各元素的数据。

需要注意的是，一个结构体指针变量虽然可以用来访问结构体变量或结构体数组元素的成员，但不能使它指向一个成员，也就是说不允许取一个成员的地址赋予结构体指针变量。因此，赋值语句"ps = &stu[1].sex;"是错误的，而"ps=stu;"或"ps = &stu[0];"是正确的，都表示

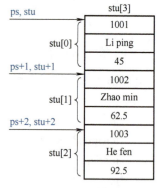

图 6-7 指向结构体数组的指针变量

将结构体数组 stu 的首地址赋给指针变量 ps。

【同步练习 6-5】

1）运行下面的程序段，输出结果是（   ）。
```
struct country
{
    int num;
    char name[10];
}x[5]={1, "China", 2, "USA", 3, "France", 4, "England", 5, "Spanish"};
struct country  *p = x+2;
printf("%d,%c\n", p->num, (*p).name[2]);
```
A．3,a   B．4,g   C．2,U   D．5,S

2）请利用结构体指针引用结构体数组元素，改写同步练习 6-3 的第 2）题程序。

6.4.3 结构体指针变量作函数参数

将一个结构体数据（结构体变量或结构体数组元素）传递给另一个函数时，可以采用结构体数据作函数参数进行整体"值传递"的方式，显而易见，若结构体数据的规模很大，则在函数参数传递时，时间和空间上的开销将很大。为解决这一问题，自然会想到采用"地址传递"的方式：用指向结构体数据的指针变量作函数参数，将结构体数据的起始地址传递给形参，这样会大大提高程序执行效率。

【例 6.6】用结构体指针变量作函数参数，输出结构体变量的值。
```
#include <stdio.h>
struct Student                              //声明结构体类型
{
    int   stu_ID;                           //学号
    char  name[20];                         //姓名
    float  score;                           //成绩
};
void output(struct Student *p);             //函数声明
int main(void)
{
    struct Student  stu1 = {1002, "张三强", 78.5};   //定义结构体变量 stu1 并赋值
    struct Student  *pstu = &stu1;          //定义结构体指针变量 pstu，并指向变量 stu1
    output(pstu);                           //调用函数，结构体指针变量作函数实参
}
void output(struct Student *p)              //结构体指针变量作函数形参
{
    printf("学号   姓名   成绩 \n");
```

```
        printf("%d  %s  %.1f\n", p->stu_ID, p->name, p->score);
}
```

运行结果：
```
学号    姓名    成绩
1002    张三强  78.5
```

现使用结构体指针变量作函数参数，将例 6.2 程序改写为下面的例 6.7 程序。

【例 6.7】计算一组学生的平均成绩，并统计、输出不及格的人数。

参考程序如下：

```
#include <stdio.h>
struct Student                          // 声明结构体类型
{
    int   stu_ID;                       // 学号
    char  name[20];                     // 姓名
    float score;                        // 成绩
};
void ave(struct Student *ps, int n);    // 函数声明
int main(void)
{
    struct Student stu[5] = {
                    {1001, "Li ping", 45},  {1002, "Zhao min", 62.5},
                    {1003, "He fen", 92.5}, {1004, "Chen lin", 87},
                    {1005, "Wan min", 58}
                };                      // 定义结构体数组并赋初值
    struct Student *pstu = stu;         // 定义结构体指针变量，并指向数组 stu 首元素
    ave(pstu, 5);                       // 调用 ave 函数，实参：结构体指针变量 pstu、数值 5
}
void ave(struct Student *ps, int n)     // 形参：结构体指针变量 ps、变量 n
{
    int count=0, i;
    float ave, sum=0;
    for(i=0; i<n; i++, ps++)
    {
        sum = sum + ps->score;
        if(ps->score < 60)   count++;
    }
    ave = sum/5;
    printf("平均分：%.1f\n", ave);
    printf("不及格人数：%d\n", count);
}
```

运行结果：
```
平均分：69.0
不及格人数：2
```

【同步练习 6-6】

1）对于同步练习 6-3 的第 2）题，使用结构体指针变量作函数参数，编写统计课程总分的 count 函数和输出数组元素各成员值的 output 函数。在主函数中，使用结构体指针变量作为函数参数调用 count 函数和 output 函数，实现同样的输出效果。

2）有 n 名学生，每名学生的数据包括学号（num），姓名（name[20]），语文、数学、英语三门课的成绩（score[3]）。要求在主函数中首先输入这 n 名学生的数据；然后调用一个函数 count，在该函数中计算出每名学生的总分（total）和平均分（ave）；最后输出所有各项数据（包括原有的和新求出的）。

3）有 n 名学生，每名学生包括学号、姓名、成绩 3 个信息，编写程序找出成绩最高的学号、姓名和成绩（用结构体指针方法）。

6.4.4 结构体指针数组及其应用

1. 结构体指针数组的概念

结构体指针数组可以存放多个结构体数据的指针（地址），现使用结构体指针数组将例 6.5 的程序改写为下面例 6.8 的程序，以便理解结构体数组的概念。

【例 6.8】用结构体指针数组输出结构体数组。

```
#include <stdio.h>
struct Student                       // 声明结构体类型
{
    int   stu_ID;                    // 学号
    char  name[20];                  // 姓名
    float score;                     // 成绩
};
int main(void)
{
    int i;
    struct Student stu[3] = {
                    {1001, "Li ping", 45},
                    {1002, "Zhao min", 62.5},
                    {1003, "He fen", 92.5}
                    };               // 定义结构体数组，并赋初值
    struct Student *ps[3] = {stu, stu+1, stu+2}; // 定义结构体指针数组，并赋初值
    printf("学号 \t 姓名 \t\t 成绩 \n");
    for(i=0; i<3; i++)
        printf("%-6d%-20s%.1f\n", ps[i]-> stu_ID, ps[i]->name, ps[i]->score);
}
```

在本程序中，将结构体数组 stu 各元素的首地址 stu、stu+1、stu+2 分别赋给了指针数组 ps 的各个元素 ps[0]、ps[1]、ps[2]，使指针数组 ps 的各个元素分别指向结构体数组 stu

的各元素，如图 6-8 所示。程序的运行结果与例 6.5 的相同。

2. 结构体指针数组名作为函数参数

和普通数组名作为函数参数一样，使用结构体指针数组名作为函数的实参和形参时，应在主调函数和被调函数中分别定义实参数组和形参数组，并且类型要一致，其中形参数组在定义时可以不指定大小。实参向形参传递的信息是结构体指针数组的首地址。

现以结构体指针数组名作为函数参数，将例 6.8 程序改写为下面的例 6.9 程序。

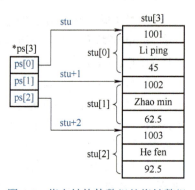

图 6-8 指向结构体数组的指针数组

【例 6.9】用结构体指针数组名作为函数参数，输出结构体数组。

```c
#include <stdio.h>
struct Student                                    // 声明结构体类型
{
    int   stu_ID;                                 // 学号
    char  name[20];                               // 姓名
    float score;                                  // 成绩
};
void output(struct Student *p[ ], int n);         // 函数声明
int main(void)
{
    struct Student stu[3] = {
                              {1001, "Li ping", 45},
                              {1002, "Zhao min", 62.5},
                              {1003, "He fen", 92.5}
                            };                    // 定义结构体数组，并赋初值
    struct Student *ps[3] = {stu, stu+1, stu+2};  // 定义结构体指针数组，并赋初值
    output(ps, 3);                                // 调用output函数，结构体指针数组名作函数实参
}
void output(struct Student *p[ ], int n)          // 结构体指针数组名作函数形参
{
    int i;
    printf(" 学号 \t 姓名 \t\t 成绩 \n");
    for(i=0; i<n; i++)
        printf("%-6d%-20s%.1f\n", p[i]->stu_ID, p[i]->name, p[i]->score);
}
```

说明：

1）关于结构体指针数组的应用方法，读者可在后续通过第 8 单元的 8.2 节进一步理解并加以掌握。

2）在嵌入式软件设计中，结构体指针数组常用于保存嵌入式芯片外设寄存器的基地址，读者可在后续通过参考文献 [2] 或 [3] 进一步学习。

6.5 利用共用体类型节省内存空间

6.5.1 共用体类型的概念

有时需要通过"分时复用内存"的方式，将多个不同类型的变量存放到同一段内存单元中。例如，如图 6-9 所示，将字符变量 c、短整型变量 i、基本整型变量 j 存放在同一地址即以 2000 开始的内存单元中。这种使多个不同的变量共用一段内存的结构，称为"共用体"或"联合体"。

声明一个共用体类型的一般形式如下：

union 共用体名
{
    成员列表
};

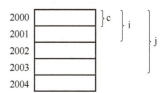

例如，可将图 6-9 所示的共用体类型声明如下：

union UData
{
    char c;   // 成员 c
    short i;   // 成员 i
    int j;   // 成员 j
};

图 6-9 共用体类型示意图

6.5.2 共用体类型的变量

与其他变量一样，共用体类型的变量要先定义后使用。

1. 定义共用体变量的方法

与结构体变量类似，定义共用体变量也有 3 种方法，如表 6-1 所示。

表 6-1 定义共用体变量的方法

方法	先声明共用体类型，再定义共用体变量	在声明共用体类型的同时，定义共用体变量	不指定共用体名而直接定义共用体变量

举例	union UData
	{
	    char c;
	    short i;
	    int j;
	};
	union UData d1, d2, d3;
		union UData
		{
		    char c;
		    short i;
		    int j;
		} d1, d2, d3;
			union
			{
			    char c;
			    short i;
			    int j;
			} d1, d2, d3;

2. 共用体变量的引用方法

在定义共用体变量以后，便可引用该变量。在 ANSI C 中除了允许具有相同类型的共用体变量相互赋值以外，一般对共用体变量的输入、输出及各种运算都是通过共用体变量的成员来实现的。

引用共用体变量成员的一般形式为：

　　　　共用体变量名.成员名

例如，前面定义了 d1 为共用体变量，则 d1.c、d1.i、d1.j 分别表示引用共用体变量 d1 的 3 个成员。

3. 结构体与共用体的比较

由上可见，"共用体"和"结构体"的声明、定义变量的形式、变量的引用方法相似，但其含义不同。

结构体变量中的所有成员是"共存"的，每个成员分别占用自己的内存单元，因此结构体变量所占的内存长度是各成员所占内存长度之和。

共用体变量中的各成员是"互斥"的，在任何时刻只能使用其中的一个成员。共用体变量所占的内存长度等于最长成员的长度，例如，上面定义的共用体变量 d1、d2、d3 各占 4 字节（成员 j 占用内存的长度）。

共用体变量的地址和它的各成员的地址是同一地址，例如 &d1 和 &d1.i、&d1.c、&d1.j 相同。共用体变量在程序执行期间，只有一个成员驻留在内存中。

4. 共用体变量的赋值

（1）共用体变量的初始化赋值

定义共用体变量时，可以对变量赋初值，但只能对变量的一个成员赋初值，而不能像结构体变量那样对变量的所有成员赋初值。例如：

```
union UData d1 = { 'a'};              //'a'赋给变量 d1 的第一个成员 c
union UData d1 = { 'a', 12, 345};     // 错误，{ }中只能有一个值
union UData d1 = 'a';                 // 错误，初值必须用{ }括起来
```

（2）共用体变量在程序中赋值

定义了共用体变量以后，如果要对其赋值，则只能对其成员赋值，不可对其整体赋值。同类型的共用体变量可以相互赋值。例如：

```
union UData d1, d2, d[10];     // 定义共用体类型的变量、数组
d1 = { 'a', 12, 345};          // 错误，不能对变量整体赋值
d1.i = 12;                     // 正确，将 12 赋给 d1 的成员 i
d2 = d1;                       // 正确，同类型的共用体变量相互赋值
d[0].c = 'a';                  // 正确，将'a'赋给 d[0]的成员 c
```

（3）共用体的存放顺序

共用体的所有成员都是从低地址开始存放的，对共用体变量中的某个成员赋值，会覆盖其他成员相应字节上的值，而使变量存储单元中的值被更新。例如执行以下赋值语句：

```
d1.i = 0x12;
d1.j = 0x345;
d1.c = 'a';
```

在完成以上 3 个赋值运算后，变量 d1 存储单元中的值是 0x361，请读者自行分析。

【同步练习 6-7】

1）当声明一个共用体变量时，系统分配给它的内存是（　　）。

A．各成员所需要内存量的总和　　　B．第一个成员所需内存量
C．成员中占内存量最大者所需的容量　D．最后一个成员所需内存量

2）以下对 C 语言中共用体类型数据的叙述正确的是（　　）。

A．可以同时对共用体变量的所有成员赋值
B．一个共用体变量中可以同时存放其所有成员
C．一个共用体变量中不可以同时存放其所有成员
D．共用体类型声明中不能出现结构体类型的成员

3）C 语言中的共用体类型变量在程序运行期间（　　）。

A．所有成员一直驻留在内存中　　　B．只有一个成员驻留在内存中
C．部分成员驻留在内存中　　　　　D．没有成员驻留在内存中

6.5.3 共用体的应用举例

【例 6.10】利用共用体类型测试 CPU 的大端、小端模式。

CPU 的大端模式，是指数据的低字节（尾巴）保存在内存的高地址中，高字节保存在内存的低地址中；小端模式，是指数据的低字节（尾巴）保存在内存的低地址中，高字节保存在内存的高地址中。例如数据 0x12345678（低字节为 0x78）在内存中的大端、小端存储模式如图 6-10 所示。

大端模式	12	34	56	78
	低地址			高地址
小端模式	78	56	34	12

图 6-10　CPU 大端、小端模式对比示意图

参考程序如下：

```c
#include <stdio.h>
int main(void)
{
    union TestCPU
    {
        short i;
        char c[2];
    } test;                                 // 定义共用体变量 test
    test.i = 0x0102;
    if(test.c[0]==1 && test.c[1] == 2)
        printf(" 大端模式 \n");             //CPU 为大端模式
    else if(test.c[0] == 2 && test.c[1] == 1)
        printf(" 小端模式 \n");             //CPU 为小端模式
    else
        printf(" 不确定 \n");
}
```

数组的存放顺序是从低地址开始存放,即 c[0] 存放在低地址,c[1] 存放在高地址。对共用体变量 test 的成员 i 赋值后,通过测试变量 test 的高、低字节数据在内存的地址关系,从而判断 CPU 的大、小端模式。

【例 6.11】设有一个教师与学生通用的表格,教师数据有姓名、年龄、职业、教研室 4 项,学生有姓名、年龄、职业、班级 4 项。编程输入人员数据,再以表格输出。

参考程序如下:

```c
#include <stdio.h>
struct Student_Teacher                          // 声明结构体类型
{
    char  name[10];                             // 姓名
    int   age;                                  // 年龄
    char  job;                                  // 职业,s 表示学生,t 表示教师
    union Class_Office                          // 定义共用体变量
    {
        int  Class;                             // 学生班级号
        char Office[20];                        // 教师教研室名
    } depart;
};
int main (void)
{
    struct Student_Teacher  person[2];          // 定义结构体数组
    int  i;
    for(i=0; i<2; i++)                          // 输入人员信息
    {
        printf(" 请输入姓名、年龄、职业(用空格隔开): ");
        scanf("%s %d %c", person[i].name, &person[i].age, &person[i].job);
        if(person[i].job == 's')                // 如果是学生,输入班级号
        {
            printf(" 请输入班级 :");
            scanf("%d", &person[i].depart.Class);
        }
        else if(person[i].job == 't')           // 如果是教师,输入教研室名
        {
            printf(" 请输入教研室 :");
            scanf("%s", person[i].depart.Office);
        }
        else  printf(" 输入有误! \n");
    }
    printf ("\n 姓名 \t 年龄 \t 职业 \t 班级 / 教研室 \n");   // 显示人员信息
    for(i=0; i<2; i++)
```

```
        {
            if(person[i].job == 's')                               // 输出学生信息
                printf("%s\t%3d\t%3c\t%d\n", person[i].name, person[i].age,
                        person[i].job, person[i].depart.Class);
            else if(person[i].job == 't')                          // 输出教师信息
                printf("%s\t%3d\t%3c\t%s\n", person[i].name, person[i].age,
                        person[i].job, person[i].depart.Office);
        }
}
```

运行情况：

```
请输入姓名、年龄、职业（用空格隔开）：张三 36 t
请输入教研室：电子教研室
请输入姓名、年龄、职业（用空格隔开）：李思琪 21 s
请输入班级：151201
姓名      年龄    职业      班级/教研室
张三      36      t         电子教研室
李思琪    21      s         151201
```

在本程序中，首先声明结构体类型，并在结构体类型中又定义了共用体变量，作为结构体的一个成员，使教师的教研室和学生的班级放在同一段内存中，从而节省了内存开支。

6.6 利用枚举类型简化程序

现在请看这样一个例题：选择输入一个星期内的某个数字，然后输出对应的信息。

```
#include <stdio.h>
#define Sun  0
#define Mon  1
#define Tue  2
#define Wed  3
#define Thu  4
#define Fri  5
#define Sat  6
int main(void)
{
    int day;
    printf(" 今天是周几？请输入对应的数字（0—周日，1—周一，…，6—周六）：");
    scanf("%d", &day);
    switch(day)
    {
        case Mon: puts(" 今天是周一 "); break;
        case Tue: puts(" 今天是周二 "); break;
        case Wed: puts(" 今天是周三 "); break;
```

```
            case Thu: puts(" 今天是周四 "); break;
            case Fri:  puts(" 今天是周五 "); break;
            case Sat:  puts(" 今天是周六 "); break;
            case Sun: puts(" 今天是周日 "); break;
            default:   puts(" 输入有误！ ");
        }
    }
```

在上述程序中，整型变量day只有7种可能的取值（整数0～6），为了增强程序的可读性，在主函数前对一个星期的7天分别进行了宏定义，分别用符号常量Sun、Mon、Tue、Wed、Thu、Fri、Sat代表整数0、1、2、3、4、5、6。对此，是否有更简捷的表示方法？

在实际应用中，如果一个变量只有几种可能的取值，例如一星期只有7天，那么该变量可定义为"枚举（enumeration）类型"。所谓"枚举"是指将变量的值一一列举出来，变量的值仅限于列举值的范围内。声明枚举类型用enum开头，例如：

    enum Weekday {Sun, Mon, Tue, Wed, Thu, Fri, Sat};

以上声明了enum Weekday枚举类型，花括号中的Sun、Mon、…、Sat称为枚举元素或枚举常量。需要注意的是，枚举常量之间是用逗号间隔，而不是分号。

声明枚举类型后，就可以用此类型定义枚举变量，例如：

枚举变量只能取枚举声明中的某个枚举元素值，例如上面定义的枚举变量workday和restday只能是7天中的某一天，例如：

    workday=Mon; restday =Sat;

与结构体类似，也可以在声明枚举类型的同时，定义枚举变量，例如：

    enum Weekday{Sun, Mon, Tue, Wed, Thu, Fri, Sat} workday, restday;

或   enum {Sun, Mon, Tue, Wed, Thu, Fri, Sat} workday, restday;

说明：

1）枚举元素表中的每一个枚举元素都代表一个整数，默认值依次为0、1、2、3、…。如在上面的定义中，Sun的值为0，Mon的值为1，……，Sat的值为6。

至此，我们就可以将上述例题中的7个宏定义和整型变量day的声明语句简化为一条语句，将变量day声明为枚举类型。请读者从中体会此类问题使用枚举类型的好处。

```
#include  <stdio.h>
int main(void)
{
    enum Weekday {Sun, Mon, Tue, Wed, Thu, Fri, Sat} day;
    …
}
```

如果在声明枚举类型时，人为地指定枚举元素的数值，例如：
    enum Weekday{Sun=7, Mon=1, Tue, Wed, Thu, Fri, Sat};

则枚举元素 Sun 的值为 7，Mon 的值为 1，其后的元素按照顺序依次加 1，如 Fri 为 5。

2）只能把枚举元素赋予枚举变量，但不能把元素的数值直接赋予枚举变量。例如：
    workday = Mon;   // 正确
    workday = 1;   // 错误

如果确实需要把数值赋予枚举变量，则必须要用强制类型转换：
    workday = (enum Weekday) 1;

该语句表示，将数值为 1 的枚举元素赋给 workday，相当于 workday=Mon;

3）枚举元素是常量，不是变量，因此不能在程序中再对它赋值。例如：
    enum Weekday{Sun, Mon, Tue, Wed, Thu, Fri, Sat} workday;   // 定义枚举变量
    Sun=7;   // 错误

4）在 ARM 嵌入式芯片头文件中，使用枚举类型实现了中断向量号的编排，具体应用方法，可通过参考文献 [2] 或 [3] 进一步了解。

【同步练习 6-8】

设有如下枚举类型声明：
    enum language { Basic=3, Assembly, Ada=100, COBOL, Fortran};

枚举元素 Fortran 的值为（　　）。

A．4   B．7   C．102   D．103

6.7　用 typedef 声明类型别名

除了可以直接使用 C 语言提供的基本类型名（如 int、char、float、double、long 等）和用户自己声明的结构体、共用体和枚举类型外，还可以用 typedef 为已有的类型名声明类型别名。

1. 用"简单且见名知意"的类型别名替代已有或复杂的类型名

（1）替代基本类型

    typedef char   int8;   // 用 int8 代表有符号 8 位整型
    typedef short int int16;   // 用 int16 代表有符号 16 位整型
    typedef long int   int32;   // 用 int32 代表有符号 32 位整型
    typedef unsigned char   uint8;   // 用 uint8 代表无符号 8 位整型或字符型
    typedef unsigned short int uint16;   // 用 uint16 代表无符号 16 位整型
    typedef unsigned long int   uint32;   // 用 uint32 代表无符号 32 位整型

经过上述声明后，即可用类型别名定义变量，如：
    int8 i;   // 定义有符号 8 位整型变量 i
    uint16 j;   // 定义无符号 16 位整型变量 j

使用 typedef 有利于程序在不同计算机系统之间的移植，实现程序的通用性。例如，在

计算机系统 A 中，int 型数据占用 2 字节；而在计算机系统 B 中，short int 型数据占用 2 字节，int 型数据占用 4 字节。若将在计算机系统 A 中使用 int 定义变量的程序代码移植到计算机系统 B 中，则需要将程序代码中的每个"int"改为"short int"，可想而知，如果程序中有多处 int，则需要改动多处，比较麻烦。此时，在计算机系统 A 中可以使用 int16 替代 int：

  typedef int　int16;

然后用 int16 定义整型数据，例如：

  int16 i, j, k;
  int16 a[10], b[20];

这样，在将计算机系统 A 中的上述程序代码移植到计算机系统 B 中时，只需要改动 typedef 声明即可：typedef short int int16;

（2）替代结构体类型

  typedef struct
  { 　int month;
  　　int day;
  　　int year;
  }Date, *Date_Ptr;

以上声明 Date 为结构体类型名，同时声明 Date_Ptr 为指向该结构体的指针类型名。

  Date birthday;　　　　　// 定义结构体变量 birthday
  Date *p1;　　　　　　　// 定义结构体指针变量 p1，指向此结构体类型的数据
  Date_Ptr p2;　　　　　　// 定义结构体指针变量 p2，指向此结构体类型的数据

（3）替代指针类型

  typedef char * String;　　// 声明 String 为字符指针类型
  String p, s[10];　　　　　// 定义 p 为字符指针变量，s 为字符指针数组

（4）替代指向函数的指针类型

  typedef int (*Ptr)( );　　// 声明 Ptr 为指向函数的指针类型，该函数返回整型值
  Ptr p1, p2;　　　　　　// 定义指向函数的指针变量 p1、p2

2. 几点说明

1）用 typedef 声明一个类型别名的方法步骤，如表 6-2 所示。

表 6-2　用 typedef 声明一个类型别名的方法步骤

方　法　步　骤	举　　例
① 先按定义变量的方法写出定义体 ② 将变量名换成类型别名 ③ 在最前面加上 typedef ④ 然后就可以用类型别名定义变量	short int i; short int int16; typedef short int int16; int16 i;

2）用 typedef 只是对已经存在的类型指定一个类型别名，而没有创造新的类型。

3）typedef 与 #define 在表面上很相似，例如：

  #define int16 short int 和 typedef short int int16;

表面上，它们的作用都是用 int16 代表 short int。但事实上，它们是不同的：#define 是在预编译时处理的，它只能做简单的字符串替换；而 typedef 是在编译阶段处理的，并且它不是做简单的字符串替换。例如前面所述的：

  typedef short int int16;
  int16 i;

并不是用"int16"简单代替"short int"，而是首先生成一个类型别名"int16"，然后用它去定义变量。

4）当在不同源文件中用到同一类型数据（尤其是数组、指针、结构体、共用体等类型数据）时，常用 typedef 声明一些数据类型别名。可以把所有的 typedef 声明单独放在一个头文件中，然后在需要用到它们的文件中用 #include 命令把它们所在的头文件包含进来，以便提高编程效率。

【同步练习 6-9】

1）下面的叙述中不正确的是（　　）。
A．用 typedef 可以声明各种类型名，但不能用来定义变量
B．用 typedef 可以增加新类型
C．用 typedef 只是将已存在的类型用一个新的标识符来代表
D．使用 typedef 有利于程序的通用和移植

2）声明一种类型别名，正确的是（　　）。
A．typedef v1 int;　　　　　　　　B．typedef v2=int;
C．typedef int v3;　　　　　　　　D．typedef v4; int;

3）若有声明语句"typedef struct{ int n; char ch[8]; } PER;"，则叙述正确的是（　　）。
A．PER 是结构体变量名　　　　　B．PER 是结构体类型名
C．typedef struct 是结构体类型　　D．struct 是结构体类型名

4）用 typedef 将本单元同步练习 6-2 中的结构体类型声明为一个更简单的结构体类型名 Cmdty_Type，同时声明 Cmdty_Ptr 为指向该结构体的指针类型名。

6.8 利用链表处理一组数据

6.8.1 链表概述

大家知道，用数组存放数据时，系统为数组分配一片连续的存储空间，因此，对数组元素的访问非常方便，只要指定其下标即可实现随机访问，而不必顺序访问。但数组也存在以下几个缺点：

1）向数组中插入或删除一个元素时，该元素后的所有元素都要向后或向前移动，即对数组元素的插入或删除操作不方便，效率较低。

2）用数组存放数据时，必须事先确定数组长度，以便系统预先分配空间（静态分配）。当待处理的数据个数不确定时，很难确定合适的数组长度，空间过大会造成内存浪费，空间过小会造成不够用。

链表作为一种新的数据结构，可以弥补数组存在的以上缺陷。链表在高级嵌入式系统，尤其在嵌入式实时操作系统和嵌入式网络通信软件设计中应用非常广泛，因此非常有必要掌握链表及其操作方法。

链表中的每个元素称为节点（node），一个链表由头指针和若干个节点组成，图 6-11 所示的是一种简单的单向链表结构。

图 6-11　单向链表示意图

在链表中，每个节点由数据域（存放本节点的实际数据）和指针域（存放下一个节点的地址）两部分组成。头指针习惯上命名为 head，用于存放第 1 个节点的地址，即头指针 head 指向第 1 个节点，因此可通过头指针找到链表中的第 1 个节点，然后再通过第 1 个节点找到第 2 个节点，依次类推，直到找到最后一个节点（尾节点）。最后一个节点不指向任何节点，该节点的指针域存放 NULL（空地址）。

在单向链表中，人们其实并不关心每个节点实际的存储地址，而只注重各节点的逻辑关系，于是可以用更简单直观的图来表示单向链表，如图 6-12 所示。其中尾节点的指针域中的"∧"符号表示空地址 NULL。

图 6-12　单向链表的简单图示法

可以设计一个结构体类型来描述节点的结构：

  typedef char DataType;　　// 节点的数据域类型为 DataType，这里是 char 型
  typedef struct Node　　　 // 声明结构体类型
  {
    DataType data;　　 // 节点的数据域（存放本节点的实际数据）
    struct Node *next; // 节点的指针域（存放下一个节点的地址）
  } L_Node;

对于实际的问题，描述节点的结构体类型中的数据域可以具体化，例如可用下面的结构体类型来描述图 6-13 所示的单向链表。

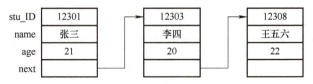

图 6-13　由 3 个学生节点组成的单向链表

  typedef struct Node　　　 // 声明结构体类型
  {
    int　stu_ID;　　　　 // 学号

```
    char  name[10];      // 姓名
    int   age;           // 年龄
    struct Node *next;   // 节点的指针域（存放下一个节点的地址）
} Stu_Node;
```

该链表节点的数据域包含了学号（stu_ID）、姓名（name）、年龄（age）3 项信息，指针域（next）用于存放下一个节点的地址。

对链表，主要有建立、输出、查找、插入、删除等操作。为了便于链表的操作，常在链表中增加一个头节点（不存放数据）。例如带头节点的单向字符链表（a,b,c），如图 6-14 所示，其中包括 1 个头节点（0 号节点）和 3 个数据节点（1～3 号节点），第 1 个数据节点的地址被放在头节点的指针域中。

图 6-14　带头节点的单向字符链表

6.8.2　链表的建立

所谓建立链表，是指在程序执行过程中从无到有地建立一个链表，即一个一个地开辟节点和输入各节点的数据，并建立起前后相链接的关系。

现以图 6-11 所示的单向字符链表（a,b,c）为例，介绍两种建立单向链表的方法。

1. 头插法建立单向链表

头插法是按节点的逆序方法逐渐将节点插入到链表的头部。用头插法建立单向链表（a,b,c）的过程如图 6-15 所示，首先插入最后一个字符 c，然后插入字符 b，最后插入第一个字符 a。

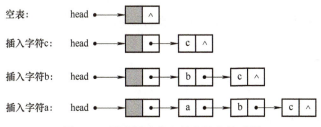

图 6-15　用头插法建立单向链表的过程

从图 6-12 中可以看出，用头插法建立单向链表的过程特点是：开始链表头节点的指针域为空；然后头节点的指针域始终指向新增数据节点，新增节点的指针域值为原链表头节点的指针域值。

插入字符 a 的详细过程如图 6-16 所示，首先分配待插入节点的空间，然后给其数据域赋值（字符 a）及指针域赋值（原链表头节点的指针域值），最后更新头节点的指针域，使其指向新增节点，实现新增节点插入原链表的头部。

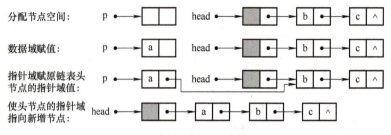

图 6-16　用头插法插入一个节点的过程

根据上述分析，用头插法建立带头节点的单向链表的算法流程如图 6-17 所示。

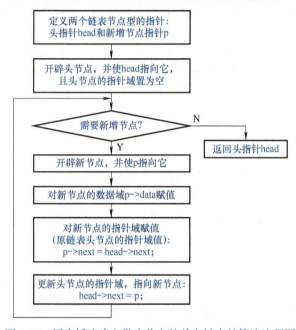

图 6-17　用头插法建立带头节点的单向链表的算法流程图

根据上述算法流程，用头插法建立带头节点的单向链表程序设计如下：

```
//================================================================
// 函数名称：CreatList_1
// 函数功能：用头插法建立带头节点的单向链表
// 函数参数：无
// 函数返回：链表的头指针
//================================================================
L_Node * CreatList_1(void)
{
    char ch;                                    // 定义字符变量
    L_Node *head, *p;                           // 定义链表节点型的指针变量
    head = (L_Node *) malloc(sizeof(L_Node));   // 申请空间，建立头节点
    head->next = NULL;                          // 将头节点的指针域置为空
    printf(" 请输入链表中各节点的数据（字符，以 # 结束）:");
```

```
    while((ch=getchar( )) != '#')
    {   // 从键盘输入字符，开辟一个个节点，当输入 # 时，结束
        p = (L_Node *) malloc(sizeof(L_Node));    // 申请空间，建立新节点
        p->data = ch;                              // 给新节点的数据域赋值
        p->next = head->next;                      // 给新节点的指针域赋值
        head->next = p;                            // 更新链表头节点的指针域，使其指
                                                   //   向新增节点
    }
    return (head);                                 // 返回链表的头指针
}
```

本程序中，需要开辟新节点时，使用 malloc 函数动态分配内存空间，由于 malloc 函数返回 void * 类型的指针，因此需要对其进行强制类型转换，转换为指向链表节点型的指针。

2. 尾插法建立单向链表

尾插法是按节点的顺序逐渐将节点插入到链表的尾部。用尾插法建立单向链表（a,b,c）的过程如图 6-18 所示，首先插入第 1 个字符 a，然后插入第 2 个字符 b，最后插入第 3 个字符 c。

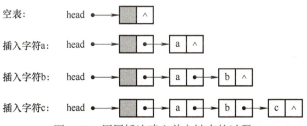

图 6-18　用尾插法建立单向链表的过程

从图 6-18 中可以看出，用尾插法建立单向链表的过程特点是：开始链表头节点的指针域为空；然后头节点的指针域始终指向第 1 个数据节点，新增节点链接到原链表的尾部。可见，为了实现尾插法建立链表，需要设定 3 个链表节点型的指针：头指针 head、尾节点指针 e、新增节点指针 p。

插入字符 c 的详细过程如图 6-19 所示，首先申请分配待插入节点的空间，给数据域赋值（字符 c），将新增节点链接到原链表的尾部（使原链表中尾节点的指针域指向新节点），然后更新尾节点指针的指向，使尾节点指针指向新节点，最后使链表中的新尾节点的指针域置空。

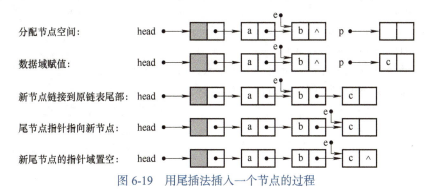

图 6-19　用尾插法插入一个节点的过程

根据上述分析，用尾插法建立带头节点的单向链表的算法流程如图 6-20 所示。

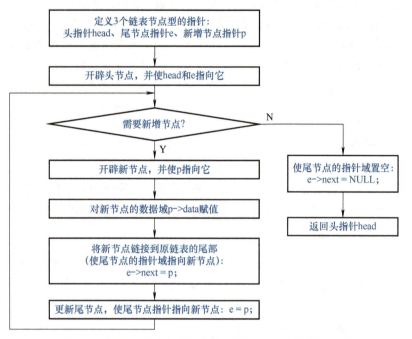

图 6-20　用尾插法建立带头节点的单向链表的算法流程图

根据上述算法流程，用尾插法建立带头节点的单向链表程序设计如下：
//==
// 函数名称：CreatList_2
// 函数功能：用尾插法建立带头节点的单向链表
// 函数参数：无
// 函数返回：链表的头指针
//==
L_Node * CreatList_2(void)
{
  char ch;   // 定义字符变量
  L_Node *head, *p, *e;   // 定义链表节点型的指针变量
  head = (L_Node *)malloc(sizeof(L_Node));   // 建立头节点
  e = head;   //e 开始时指向头节点，以后指向尾节点
  printf(" 请输入链表中各节点的数据（字符，以＃结束）：");
  while((ch=getchar( )) != '#')
  {   // 从键盘输入字符，开辟一个个节点，当输入＃时，结束
    p = (L_Node *)malloc(sizeof(L_Node));   // 建立新节点
    p->data = ch;   // 给新节点的数据域赋值
    e->next = p;   // 新节点插入链表尾部
    e = p;   // 更新尾节点，使尾节点指针指向新节点
  }

```
        e->next = NULL;                    // 将尾节点的指针域置空
        return (head);                     // 返回链表的头指针
}
```

6.8.3 链表的输出

建立链表后，可将链表中各节点的数据依次输出。现以带头节点的字符链表为例，参考程序如下：

```
//==================================================================
// 函数名称：OutputList
// 函数功能：依次输出单向链表中各节点的数据
// 函数参数：链表的头指针
// 函数返回：无
//==================================================================
void OutputList(L_Node *head)
{
    L_Node *p;                             // 定义链表节点型指针变量
    p = head->next;                        // 从第1个节点开始输出
    while(p != NULL)                       // 判断 p 是否指向空
    {
        printf("%c", p->data);             // 将节点的数据输出
        p = p->next;                       //p 指向下一个节点
    }
    printf("\n");
}
```

6.8.4 链表的查找

1. 按序号查找

在链表中，如果知道节点的序号，并不能像数组那样直接通过序号访问到节点，而必须从链表的头节点开始，逐个节点进行搜索，直到搜索到指定序号节点为止。如果指定的节点序号非法（序号小于 0 或序号大于数据节点数），则查找失败，需要返回 NULL。如图 6-21 所示的链表，包含 1 个头节点（0 号节点）和 4 个数据节点（1～4 号节点）。

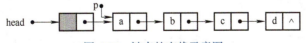

图 6-21　链表的查找示意图

按序号查找节点的参考程序如下：

```
//==================================================================
// 函数名称：FindNode_1
```

```
// 函数功能：按序号查找链表中的节点
// 函数参数：链表的头指针 head、待查找节点的序号 i
// 函数返回：查找成功，返回待查找节点的地址；否则，返回 NULL
//================================================================
L_Node * FindNode_1( L_Node *head, int i)
{
    L_Node *p = head;                    // 从头节点开始扫描
    int j=0;                             // j 记录已扫描的数据节点个数
    while(p->next!=NULL && j<i)          // 逐个扫描，搜索节点
    {
        p = p->next;                     // 移动到下一个节点
        j++;                             // 扫描计数器加 1
    }
    if(j==i)  return  (p);               // 节点被找到，返回节点的地址
    else      return  (NULL);            // 节点未找到，返回 NULL
}
```

程序分析如下：

当待查找节点的序号 i 合法时，有两种情况：

1）i=0，搜索不进行，返回 p 的初始值，即头指针 head。

2）0<i≤数据节点数，执行 while 循环，进行逐个搜索，直到计数器 j 等于 i 时，搜索结束，返回节点的地址，因此 while 循环的条件之一是"j<i"。

当待查找节点的序号 i 非法时，有两种情况：

1）i<0，搜索不进行，返回 NULL。

2）i<数据节点数，搜索到最后一个节点时，指针 p->next 指向空，不能再继续搜索，因此 while 循环的条件之二是"p->next!=NULL"。

2. 按值查找

按值查找是在链表中查找给定节点值的节点存储地址。查找过程也是从链表的第 1 个节点开始，逐个节点进行搜索，直到搜索到指定节点值为止。在搜索过程中，如果找到指定节点，则返回指定节点的地址；当扫描到最后一个节点，仍找不到指定节点值时，则返回 NULL。

按值查找节点的参考程序如下：

```
//================================================================
// 函数名称：FindNode_2
// 函数功能：按值查找链表中的节点
// 函数参数：链表的头指针 head、待查找节点的值 x、记录节点序号的指针变量 pi
// 函数返回：查找成功，返回待查找节点的地址和序号；否则，返回 NULL
//================================================================
L_Node * FindNode_2( L_Node *head, DataType x, int *pi)
{
```

```
    L_Node *p = head->next;          // 从第 1 个节点开始扫描
    *pi = 1;                          // 记录节点序号
    while(p!=NULL && p->data!=x)      // 逐个扫描，搜索节点
    {
        p = p->next;
        (*pi)++;                      // 节点序号加 1
    }
    return (p);
}
```

在搜索过程中，如果找到指定节点，p 就是指定节点的地址；当扫描到最后一个节点，仍找不到指定节点时，p 指向 NULL，因此函数的返回值是 p。

函数参数中的第 3 个参数 pi，是指向节点序号的指针变量，可用于返回已找到节点的序号，其原理可参考 5.2.3 节"指针变量作为函数参数"加以理解。

【思考与实践】

能否将程序中的"while(p!=NULL && p->data!=x)"改为"while(p->data!=x && p!=NULL)"？请上机运行，查看运行结果并思考其原因。

6.8.5 链表的插入

在单向链表中进行插入操作时，必须给定插入位置和所要插入的节点值，插入位置可以直接给定，也可以通过满足某个条件（如节点值）确定插入位置。本节主要介绍直接给定位置的插入算法。

以带头节点的字符链表为例，描述在第 3 个位置（第 2 个位置后）上插入给定节点值 x 的运算过程，如图 6-22 所示。

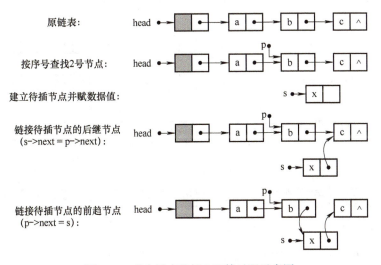

图 6-22 单向链表的插入运算过程示意图

根据上述分析，单向链表的插入程序设计如下：

```
//================================================================
// 函数名称：ListInsert
// 函数功能：将一个节点数据插入链表中
// 函数参数：链表的头指针 head、插入位置 i、待插节点的值 x
// 函数返回：插入成功，返回 1；否则，返回 0
// 相关说明：调用 FindNode_1 函数
//================================================================
int ListInsert(L_Node *head, int i, DataType x)
{
    L_Node *p;                                //p 用于指向待插位置的前一个节点
    L_Node *s;                                //s 用于指向待插节点
    p = FindNode_1(head, i-1);                // 调用节点查找函数，查找第 i-1 个节点
    if(p==NULL) return (0);                   // 查找失败，返回 0
    s = (L_Node *)malloc(sizeof(L_Node));     // 建立新节点
    s->data = x;                              // 将待插数据放入新节点的数据域
    s->next = p->next;                        // 将待插节点链接其后继节点
    p->next = s;                              // 将待插节点链接其前趋节点
    return (1);                               // 插入成功，返回 1
}
```

6.8.6 链表的删除

在单向链表中进行删除操作时，必须给定需要删除的节点的相关信息，该信息可以是节点的位置，也可以是通过满足某个条件（如节点值）确定删除的节点。本节主要介绍删除指定位置的节点运算。

以带头节点的字符链表为例，描述删除第 2 个节点（第 1 个位置后）的运算过程，如图 6-23 所示。

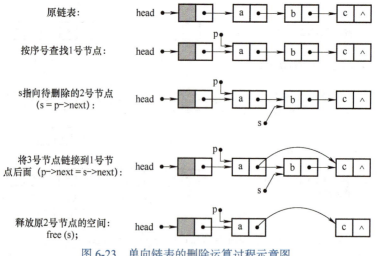

图 6-23　单向链表的删除运算过程示意图

根据上述分析，单向链表的删除程序设计如下：
```
//================================================================
// 函数名称：ListDelete
// 函数功能：将指定的节点从链表中删除
// 函数参数：链表的头指针 head、待删除节点的位置 i
// 函数返回：删除成功，返回 1；否则，返回 0
// 相关说明：调用 FindNode_1 函数
//================================================================
int ListDelete(L_Node *head, int i)
{
    L_Node *p;                        //p 用于指向待删除节点位置的前一个节点
    L_Node *s;                        //s 用于指向待删除的节点
    p = FindNode_1(head, i-1);        //调用节点查找函数，查找第 i-1 个节点
    if(p==NULL || p->next==NULL)      //未找到第 i-1 个节点或第 i 个节点不存在
        return (0);                   //删除失败，返回 0
    s = p->next;                      //s 用于指向待删除节点
    p->next = s->next;                //将待删除节点的前趋节点和后继节点相链接
    free(s);                          //释放删除节点的空间
    return (1);                       //删除成功，返回 1
}
```

假设带头节点的链表中有 4 个数据节点，待删除节点的序号为 i，则：

1）若 1≤i≤4，则找到第 i-1 个节点后，可成功删除第 i 个节点。

2）若 i=5，尽管能找到第 4 个节点，但由于第 5 个节点不存在（执行节点查找函数后，p->next == NULL），因此删除失败。

3）若 i≥6 或 i≤0，则无法找到第 i-1 个节点（执行节点查找函数后，p==NULL），因此删除失败。

【思考与实践】

链表的插入和删除操作在算法上有共同的特点：首先要查找待插入或删除节点的前一个节点，并用一指针 p 指向它；然后用另一指针 s 指向待插入或删除的节点；最后进行节点的插入或删除操作。插入或删除操作成功，返回 1，否则返回 0。

6.8.7 链表操作综合应用

现将链表的建立、输出、查找、插入、删除等操作综合应用于链表的处理。

【例 6.12】 要求运行程序后，选择链表的操作功能号，实现对字符链表的相应操作。首先选择 1 建立单链表（字符 # 作为输入结束标志），并输出链表；然后选择 2 或其他数字进行相应操作，最后选择 0 结束操作。

参考程序如下：
```
#include <stdio.h>
```

```c
#include <stdlib.h>
typedef char DataType;        // 节点的数据域类型为 DataType，这里是 char 型
typedef struct Node           // 声明结构体类型
{
    DataType data;            // 节点的数据域（存放本节点的实际数据）
    struct Node *next;        // 节点的指针域（存放下一个节点的地址）
} L_Node;
//====================== 函数声明 ==============================
L_Node * CreatList_2(void);                            // 尾插法建立单链表
void OutputList(L_Node *head);                         // 输出链表
L_Node * FindNode_1(L_Node *head, int i);              // 按序号查找链表
L_Node * FindNode_2(L_Node *head, DataType x, int *pi);// 按值查找链表
int ListInsert(L_Node *head, int i, DataType x);       // 链表插入
int ListDelete(L_Node *head, int i);                   // 链表删除
//==============================================================
// 函数名称：主函数
// 函数功能：首先选择 1 建立字符单链表（字符 # 作为输入结束标志），并输出链表；
//           然后选择 2 或其他数字进行相应操作，最后选择 0 结束操作
//==============================================================
int main(void)
{
    char  fun;                    // 用于功能选择
    int   i;                      // 用于记录节点的序号
    DataType N_data;              // 用于保存某节点的值
    L_Node *p;                    // 指向链表的头部
    L_Node *q;                    // 指向链表中某节点
    printf("\n 欢迎使用字符链表管理系统 ");
    printf("\n 1 尾插法建立字符链表 ");
    printf("\n 2 按序号查找节点 ");
    printf("\n 3 按值查找节点 ");
    printf("\n 4 插入一个节点 ");
    printf("\n 5 删除一个节点 ");
    printf("\n 0 退出 \n");
    while(1)
    {
        printf(" 请选择：");
        scanf("%c", &fun);        // 选择功能
        fflush(stdin);            // 清除输入缓冲区
        switch(fun)
        {
```

```c
        case '1':
            p = CreatList_2( );                    // 尾插法建立链表
            fflush(stdin);                         // 清除输入缓冲区
            printf(" 链表为：");
            OutputList(p);                         // 输出链表
            break;
        case '2':
            printf(" 请输入要查找节点的序号（数字）：");
            scanf("%d", &i);
            fflush(stdin);                         // 清除输入缓冲区
            q = FindNode_1(p, i);                  // 调用按序号查找节点函数
            if(q==NULL) printf(" 输入序号有误，未查到 \n");
            else   printf(" 第 %d 号节点的值：%c\n", i, q->data);
            break;
        case '3':
            printf(" 请输入要查找的节点值：");
            scanf("%c", &N_data);
            fflush(stdin);                         // 清除输入缓冲区
            q = FindNode_2(p, N_data, &i);         // 调用按值查找节点函数
            if(q==NULL) printf(" 未查到该值的节点 \n");
            else      printf(" 该值对应的节点号：%d\n", i);
            break;
        case '4':
            printf(" 请输入待插入节点的位置（数字）：");
            scanf("%d", &i);
            fflush(stdin);                         // 清除输入缓冲区
            printf(" 请输入待插入节点的值：");
            scanf("%c", &N_data);
            fflush(stdin);                         // 清除输入缓冲区
            if(ListInsert(p, i, N_data))
            {
                printf(" 插入节点后的链表为：");
                OutputList(p);
            }
            else printf(" 插入失败 \n");
            break;
        case '5':
            printf(" 请输入要删除节点的序号：");
            scanf("%d", &i);
            fflush(stdin);                         // 清除输入缓冲区
            if(ListDelete(p, i))
```

```
            {
                printf(" 删除节点后的链表为：");
                OutputList(p);
            }
            else printf(" 删除失败 \n");
            break;
        case '0':
            return;                              // 退出程序
        default: printf(" 输入有误！\n");        // 提示重新选择
    }
  }
}
```

程序说明：

1）本程序中所涉及的链表操作，可直接调用前面几节所介绍的函数：建立函数 CreatList_2( )、输出函数 OutputList( )、查找函数 FindNode_1( ) 和 FindNode_2( )、插入函数 ListInsert( )、删除函数 ListDelete( )。

2）语句 "fflush(stdin);"，用于清除输入缓冲区。在本程序中，主要用来清除调用 scanf 函数或 getchar 函数输入数据后的换行符，以免对后续操作产生影响。

3）本程序中对各个函数进行了注释和说明，旨在提高程序的可读性和规范性。

前已说明，链表及其操作在高级嵌入式系统，尤其在嵌入式实时操作系统中应用非常广泛，感兴趣的读者可参阅参考文献 [4]。

【同步练习 6-10】

1）对于一个头指针为 head 的带头节点的单链表（data，next），判定该表为空表的条件是（   ）。

A．head==NULL   B．head->next==NULL
C．head->next==head   D．head!=NULL

2）对于一个头指针为 head 的带头节点的单链表（data，next），若要向表头插入一个由指针 p 所指向的节点，则正确的操作是（   ）。

A．head=p; p->next=head;   B．p->next=head; p=head;
C．p->next=head; head=p;   D．p->next=head->next; head->next=p;

3）对于单链表（data，next），若在指针 p 所指向的节点之后插入指针 s 所指向的节点，则正确的操作是（   ）。

A．p->next=s; s->next=p->next;   B．s->next=p->next; p->next=s;
C．p->next=s; p->next=s->next;   D．p->next=s->next; p->next=s;

4）对于单链表（data，next），若要删除由指针 p 所指向节点的后继节点，则正确的操作是（   ）。

A．s=p->next; s->next=p->next;   B．s=p->next; p->next=s->next;
C．s=p->next; p->next=s;   D．p->next=p->next->next; p->next=p;

第 7 单元

利用文件进行数据管理

单元 导读

所谓"文件",是指存储在外部介质(如磁盘等)上数据的集合,操作系统是以文件为单位对数据进行管理的。

C 语言程序(尤其是数据管理类的程序)中用到的数据,既可以从键盘输入,也可以从文件中读取,但是对于大批量的数据通过键盘输入时非常麻烦且易出错,而从文件中读取既可以提高数据的输入效率,也可以减少人机交互操作造成的数据错误。另外,程序的输出结果除了可以送显示终端(显示器、打印机等)外,也可以将数据输出(写入)到文件中保存起来,以便以后使用;在嵌入式软件设计中,有时会涉及嵌入式操作系统对文件进行管理的问题,因此,很有必要掌握文件及其操作方法。

知识 图谱

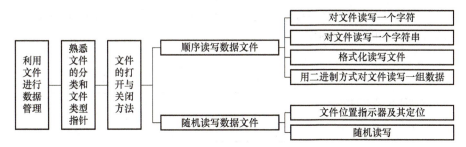

本单元的学习目标:熟悉文件的分类和文件类型指针变量,能打开和关闭文件,能顺序读写数据文件、随机读写数据文件。

7.1 熟悉文件的分类和文件类型指针

7.1.1 文件的分类

可从不同的角度对 C 语言文件进行分类。

1. 按照文件内容分类

文件按照其内容可分为程序文件和数据文件两种类型:

（1）程序文件

内容是程序代码，包括源程序文件（扩展名为 .c）、目标文件（扩展名为 .obj）、可执行文件（扩展名为 .exe）等。

（2）数据文件

内容不是程序，而是供程序运行时读写的数据，如在程序运行过程中输出到磁盘（或其他外设）的数据，或在程序运行过程中供读入的数据，例如一批学生的信息数据等。

操作系统将每一个与主机相连的输入、输出设备都看作一个数据文件。例如终端键盘是输入文件，显示器和打印机是输出文件。

本单元主要讨论数据文件。C 语言的数据文件是由一连串的字符（或字节）组成的，而不考虑行的界限，两行数据间不会自动产生分隔符，对文件的存取是以字符（或字节）为单位的。输入、输出数据流的开始和结束仅受程序控制而不受物理符号（如回车换行符）控制，这就增加了处理的灵活性，这种文件称为流式文件。

2. 按照数据的组织形式分类

按照数据的组织形式，数据文件可分为文本文件和二进制文件两种类型：

（1）文本文件

文本文件也称 ASCII 文件，文件的内容在外存上存放时每个字符对应一字节，用于存放对应的 ASCII 码。

（2）二进制文件

以数据在内存中的存储形式（二进制形式）原样输出到磁盘上的文件。对二进制文件的访问速度比对文本文件的访问速度快。

例如：十进制数 123，按照文本文件的形式存储在文件中，占 3 字节（1、2、3 对应的 ASCII 码值分别是 0x31、0x32、0x33）；按照二进制文件的形式存储在文件中，占 1 字节（123 对应 0x7B），如图 7-1 所示。

图 7-1 十进制数 123 不同的存储形式

7.1.2 文件缓冲区

ANSI C 标准采用"缓冲文件系统"处理数据文件，系统自动地在内存中为程序中每一个正在使用的文件开辟一个文件缓冲区。从内存向磁盘输出数据时，是先将数据送到内存的缓冲区，装满缓冲区后再一起送到磁盘中。如果从磁盘向内存输入数据，则一次从磁盘文件将一批数据输入到内存缓冲区（充满缓冲区），再从缓冲区逐个地将数据送到程序数据区，如图 7-2 所示。缓冲区的大小由各个具体的 C 语言编译系统确定。

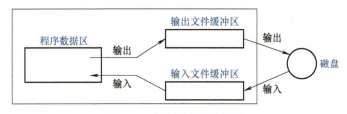

图 7-2 文件缓冲区示意图

7.1.3 文件类型指针

在缓冲文件系统中,关键的概念是"文件类型指针",简称"文件指针"。使用一个文件时,系统将在内存中为该文件开辟一个文件信息区,用来存放文件的有关信息(如文件名、文件状态、文件当前位置等)。这些信息保存在一个结构体变量中,该结构体类型是由系统声明的,取名为 FILE。例如 VC++ 编译环境提供的 stdio.h 头文件中有以下的文件类型声明:

```
typedef struct
{
    char *_ptr;          // 文件输入的下一个位置
    int _cnt;            // 当前缓冲区的相对位置
    char *base;          // 缓冲区的位置
    int _flag;           // 文件状态标志
    int _file;           // 用于有效性检验
    int _charbuf;        // 如无缓冲区,不读取字符
    int _bufsiz;         // 缓冲区的大小
    char *tmpfname;      // 临时文件名
} FILE;
```

可以定义文件型指针变量,例如:

FILE *fp;

定义文件型指针变量 fp 后,可以使 fp 指向某个文件的文件信息区,通过该文件信息区的信息便可访问该文件。简言之,可以通过文件型指针变量 fp 访问一个文件,因此常把 fp 称为指向文件的指针变量。

对文件进行操作之前,必须要使用 FILE 定义指向文件的指针变量。

7.2 文件的打开与关闭

对文件的操作一般需要经过打开、读或写、关闭 3 步,并且这 3 步是有先后顺序的:在对文件进行读或写操作之前,首先要打开文件,然后对文件进行读或写操作,读或写操作结束后,需要关闭该文件,以避免数据丢失。

在 C 语言中,对文件的打开、读或写、关闭等操作都是通过库函数来实现的。

7.2.1 用 fopen 函数打开数据文件

C 语言规定，可用 fopen 函数打开文件，其一般调用方式如下：
  FILE *fp;   // 定义 FILE 类型的指针变量 fp
  fp = fopen(文件名 , 文件使用方式); // 将 fopen 函数的返回值赋给指针变量 fp
例如：FILE *fp;
  fp = fopen("file1", "r");

表示要打开名字为 file1 的文件，文件使用方式为"读取"，并将 fopen 函数的返回值（指向 file1 文件的指针，即 file1 文件信息区的起始地址）赋给指针变量 fp，使 fp 指向 file1 文件。

可见，在打开一个文件时，要通知编译系统 3 个信息：要打开的文件名；文件的使用方式（读、写）；指向待打开文件的指针变量。

说明：

1）在 fopen 函数中，要打开的文件名可以是用一对双撇号括起来的字符串、字符数组名或指向字符串的指针。

2）fopen 函数的返回值是一个地址值，若正常打开了指定文件，则返回指向该文件的指针；若打开操作失败，则返回一个空指针 NULL。常用下面的方法打开一个文件：

if((fp = fopen("file1", "r")) == NULL)
{
  printf(" 不能打开此文件 \n");
  exit(0);   // 关闭文件，终止正在执行的程序
}

该条件语句表示，如果没有正常打开指定文件就退出程序，否则去执行相应的操作。

3）文件的使用方式及含义如表 7-1 所示。

表 7-1　文件的使用方式及含义

使用方式	处 理 方 式	含　　义	若指定的文件存在	若指定的文件不存在
"r"	只读	为了读取数据，打开一个文本文件	正常打开	出错
"w"	只写	为了写入数据，打开一个文本文件	覆盖	建立新文件
"a"	追加	向文本文件尾追加数据	打开，追加	建立新文件
"r+"	读写	为了读和写数据，打开一个文本文件	正常打开	出错
"w+"	写读	为了写和读数据，打开一个文本文件	覆盖	建立新文件
"a+"	追加，读	为了追加和读数据，打开一个文本文件	打开，追加	建立新文件
"rb"		与前面的 6 种方式对应相似，但处理的是二进制文件		
"wb"				
"ab"				
"rb+"				
"wb+"				
"ab+"				

① 使用 "r" 方式打开的文本文件，只能用于从该文件中读取数据，而不能用于向该文件输出（写入）数据。而且该文件应该已经存在，若该文件不存在，则会出错。

② 使用 "w" 方式打开的文本文件，只能用于向该文件输出（写入）数据，而不能用于从该文件中读取数据。若打开的文件已经存在，则在向该文件输出（写入）数据时，将覆盖原有文件的内容；若打开的文件不存在，则新建一个指定名字的文本文件，并打开该文件。

③ 使用 "a" 方式和使用 "w" 方式打开文本文件，含义基本相同，区别在于如果打开的文件已经存在，则在向该文件输出（写入）数据时，"a" 方式将数据追加在原有文件的尾部，而不覆盖原有文件的内容。

④ "r"、"w"、"a" 是打开文件所使用的 3 种基本方式，在此基础上加一个"+"字符，即 "r+"、"w+"、"a+"，其中"+"的含义是由单一的只读或只写方式扩展为既能读又能写的方式，其他与原含义相同。比如使用 "r+" 方式，可以对该文件执行读操作，在读完数据后又可以向该文件写数据；再如使用 "w+" 方式，可以对该文件执行写操作，在写完数据后又可以从该文件读取数据。

⑤ 计算机从文本文件中读取字符时，遇到回车换行符（'\r' 和 '\n'），系统把它转换为一个换行符（'\n'）；在向文本文件输出（写入）字符时，把换行符（'\n'）转换成回车和换行两个字符（'\r' 和 '\n'）。在用二进制文件时，不进行这种转换，在内存中的数据形式和输出到外部文件中的数据形式完全一致，一一对应。因此，C 语言中对二进制文件的访问速度比对文本文件的访问速度快。

⑥ 程序开始运行时，系统自动打开与终端有对应关系的 3 个标准流文件：标准输入流（从终端输入）、标准输出流（向终端输出）和标准出错输出流（当程序出错时将出错信息发送到终端），因此程序员不需要在程序中用 fopen 函数打开它们。系统定义了 3 个文件型指针变量 stdin、stdout 和 stderr，分别指向标准输入流、标准输出流和标准出错输出流。如果程序中指定要从 stdin 所指的文件读取（输入）数据，则是指从终端键盘输入数据。

【同步练习 7-1】

1）系统的标准输入文件是指（   ）。
A．键盘　　　　　　B．显示器　　　　　C．硬盘　　　　　　D．内存

2）若要用 fopen 函数打开一个新的二进制文件，该文件要既能读也能写，则文件的使用方式应是（   ）。
A．"ab+"　　　　　B．"wb+"　　　　　C．"rb+"　　　　　D．"ab"

7.2.2　用 fclose 函数关闭数据文件

当对打开的文件读或写操作结束后，就应关闭打开的文件。若未关闭文件而直接退出程序，可能会使文件缓冲区中未写入文件的数据丢失。

关闭文件使用 fclose 函数，其一般调用形式为：

    fclose(文件型指针变量);

例如：fclose(fp);　　　　　　// 关闭 fp 所指向的文件

fclose 函数也返回一个值，若成功关闭文件，则返回值为 0，否则返回文件结束标志 EOF（-1）。

7.3 顺序读写数据文件

用 fopen 函数打开一个文件后，就可以对该文件进行读写操作，包括顺序读写和随机读写。对顺序读写来说，对文件读写数据的顺序和数据在文件中的物理顺序是一致的。在顺序读时，先读文件中前面的数据，再读文件中后面的数据；在顺序写时，先写入的数据存放在文件中前面的位置，后写入的数据存放在文件中后面的位置。

对文件的顺序读写操作，主要包括对文件进行读写字符、读写字符串、格式化读写、数据块读写等操作。对文件的顺序读写操作都是通过库函数实现的。

7.3.1 对文件读写一个字符

从文本文件中读取一个字符和向文本文件中写入一个字符的函数如表 7-2 所示。

表 7-2 读写一个字符的函数

函数名	调用形式	功　能	返 回 值
fgetc	fgetc(fp)	从 fp 所指向的文件中读取一个字符	返回值为读取的字符。若读到文件结束标志 EOF 或读取出错，则返回值为 EOF
fputc	fputc(ch, fp)	把字符变量 ch 中的字符写入 fp 所指向的文件中	写入成功，返回值为写入的字符；否则，返回值为文件结束标志 EOF

【例 7.1】从键盘上输入一些字符，逐个写入到指定文件 file1.txt 中；然后再从该文件中读取这些字符，并在显示屏上显示。

参考程序如下：
```
#include <stdio.h>
#include <stdlib.h>
int main(void)
{
    char ch;
    FILE *fp;                               //定义文件型指针变量
    if((fp = fopen("file1.txt", "w")) == NULL)  //为了写入数据，打开文件
    {
        printf(" 无法打开 file1.txt 文件 \n");
        exit(0);                            //终止程序运行
    }
    printf(" 请向 file1.txt 输入多个字符（以换行符结束）: ");
    while((ch = getchar( )) != '\n')
        fputc(ch, fp);                      //向文件写入一个字符
```

```
        fclose(fp);                                    // 关闭文件

        if((fp = fopen("file1.txt", "r")) == NULL)     // 为了读取数据，打开文件
        {
            printf(" 无法打开 file1.txt 文件 \n");
            exit(0);                                   // 终止程序运行
        }
        printf(" 从 file1.txt 中读取的内容为：");
        while((ch = fgetc(fp)) != EOF)                 // 从文件中读取字符，并判断文件是否结束
            putchar(ch);                               // 向显示屏输出字符
        putchar('\n');
        fclose(fp);                                    // 关闭文件
}
```

运行情况：请向file1.txt输入多个字符（以换行符结束）：abcd12345ABCD
从file1.txt中读取的内容为：abcd12345ABCD

在本程序中，首先用 fopen 函数打开文件时没有指定路径，只写了文件名 file1.txt，系统默认其路径为当前用户所使用的子目录（即源文件所在的目录），在此目录下新建一个文本文件 file1.txt；然后通过 fputc 函数向文件 file1.txt 中写入数据；最后再通过 fgetc 函数读取该文件中的数据。

在向文本文件 file1.txt 中写入数据后，可以打开该文件查看其中的数据内容：

```
 file1.txt - 记事本
文件(F)  编辑(E)  格式(O)  查看(V)  帮助(H)
abcd12345ABCD
```

说明：

1）程序中的 exit 函数是 stdlib.h 头文件中声明的库函数，其作用是终止程序运行。

2）由于字符的 ASCII 码不可能出现 −1（即文件结束标志，End of File，EOF），因此对文本文件来说，当读入的字符等于 −1 时，可表示读入的是文件结束符。但对二进制文件来说，−1 也可能是有效的数据，因此不能再用 EOF 作为文件结束标志。系统提供了测试文件是否结束的函数 feof(fp)，若文件结束，该函数返回值为非 0 值（真），否则为 0（假）。该函数既适用于文本文件，也适用于二进制文件。如果想顺序读取文件中的数据，则可用下面的语句实现：

```
while(!feof(fp))
{
    ch = fgetc(fp);
        ⋮
}
```

【例 7.2】 将一个文本文件（file1.txt）中的内容复制到另一个文本文件（file2.txt）中。

参考程序如下：

```
#include <stdio.h>
```

```c
#include <stdlib.h>
void file_copy(FILE *fp1, FILE *fp2)              // 文件复制函数
{
    char ch;
    while(!feof(fp1))                              // 当 fp1 所指向的文件未结束
    {
        ch = fgetc(fp1);                           // 从 fp1 所指向的文件读取一个字符
        fputc(ch, fp2);                            // 向 fp2 所指向的文件写入一个字符
    }
}
int main(void)
{
    FILE *fp1, *fp2;                               // 定义文件型指针变量
    char file1[10], file2[10];
    printf(" 请输入源文件名：");
    scanf("%s", file1);
    printf(" 请输入目标文件名：");
    scanf("%s", file2);
    if((fp1 = fopen(file1, "r")) == NULL)          // 为了读取数据，打开文件 file1
    {
        printf(" 无法打开源文件 \n");
        exit(0);
    }
    if((fp2 = fopen(file2, "w")) == NULL)          // 为了写入数据，打开文件 file2
    {
        printf(" 无法打开目标文件 \n");
        exit(0);
    }
    file_copy(fp1, fp2);                           // 调用文件复制函数
    fclose(fp1);                                   // 关闭源文件
    fclose(fp2);                                   // 关闭目标文件
}
```

通过本程序，可实现将源文件中的内容复制到目标文件中。程序运行后，可以打开对应的文本文件查看其数据内容。

【同步练习 7-2】

1）若指针 fp 已正确定义并指向某个文件，当未遇到该文件结束标志时，函数 feof(fp) 的值为（   ）。

A．0　　　　　　　B．1　　　　　　　C．-1　　　　　　　D．一个非 0 值

2）若 fp 是指向某文件的指针，且已读到文件末尾，则函数 feof(fp) 的返回值是（   ）。

A．EOF　　　　　B．-1　　　　　C．非零值　　　　　D．NULL

3）执行下面的程序后，文件 test.txt 中的内容是_____。

```
#include <stdio.h>
#include <string.h>
void fun(char *fname, char *st)
{
    FILE *fp;
    int i;
    fp = fopen(fname, "w");
    for(i=0; i<strlen(st); i++)
        fputc(st[i], fp);
    fclose(fp);
}
int main (void)
{
    fun("test.txt", "new world");
    fun("test.txt", "hello");
}
```

7.3.2 对文件读写一个字符串

从文本文件中读取一个字符串和向文本文件中写入一个字符串的函数如表 7-3 所示。

表 7-3 读写一个字符串的函数

函数名	调用形式	功　能	返　回　值
fgets	fgets(str, n, fp)	从 fp 所指向的文件中读取一个长度为 n-1 的字符串，并自动加上字符串结束标志 '\0'，然后把这 n 个字符存放到字符数组 str 中。如果在读完 n-1 个字符之前遇到换行符 '\n' 或文件结束标志 EOF，则结束读入，但 '\n' 也作为一个字符读入	读取成功，返回字符数组 str 的首地址。若读取一开始就遇到文件结束标志 EOF 或读数据出错，则返回 NULL
fputs	fputs(str, fp)	把 str 所指向的字符串写入 fp 所指向的文件中，但字符串结束标志 '\0' 不写入。其中，str 可以是字符串常量、字符数组名或字符型指针	写入成功，返回 0；否则返回非 0 值

【例 7.3】从键盘上输入一个字符串，写入到指定文件 file1.txt 中；然后再从该文件中读取这个字符串，并在显示屏上显示。

参考程序如下：

```
#include <stdio.h>
#include <stdlib.h>
void ReadStr(FILE *fp);                    // 函数声明
int main(void)
{
```

```
        FILE *fp;
        char string[20];
        printf(" 请输入一个字符串： ");
        gets(string);                              // 从键盘输入字符串
        if((fp=fopen("file1.txt", "w")) == NULL)   // 为了写入数据，打开文件
        {
            printf(" 无法打开此文件 \n");
            exit(0);
        }
        fputs(string, fp);                         // 向指定文件写入一个字符串
        fclose(fp);                                // 关闭指定文件
        if((fp=fopen("file1.txt", "r")) == NULL)   // 为了读取数据，打开文件
        {
            printf(" 无法打开此文件 \n");
            exit(0);
        }
        ReadStr(fp);                               // 调用读取字符串函数
        fclose(fp);                                // 关闭指定文件
    }
    void ReadStr(FILE *fp)                         // 读取字符串函数
    {
        char str[10];
        while(fgets(str, 10, fp) != NULL)          // 从指定文件中读取字符串
            printf("%s", str);
        printf("\n");
    }
```

运行情况：请输入一个字符串：1234567890ABCD
1234567890ABCD

【思考与实践】

1）程序中，数组 str 只能容纳 10 个字符，但由键盘上输入的 14 个字符全部在显示器上显示出来了，这是怎么回事？请读者思考。

2）若将 ReadStr 函数中 while 循环语句改为如下形式：

```
        while(fgets(str, 10, fp) != NULL)          // 从指定文件中读取字符串
            printf("%s\n", str);
```

重新运行程序，观察运行结果，并体会 fgets 函数的功能。

【同步练习 7-3】

1）函数 fgets(s, n, f) 的功能是（　　）。

A. 从文件 f 中读取长度为 n 的字符串存入指针 s 所指的内存
B. 从文件 f 中读取长度不超过 n-1 的字符串存入指针 s 所指的内存

C．从文件 f 中读取 n 个字符串存入指针 s 所指的内存

D．从文件 f 中读取长度为 n-1 的字符串存入指针 s 所指的内存

2）执行下面的程序后，文件 t1.dat 中的内容是_____。

```
#include <stdio.h>
void WriteStr(char *fn, char *str)
{
    FILE *fp;
    fp = fopen(fn, "w");
    fputs(str, fp);
    fclose(fp);
}
int main(void)
{
    WriteStr("t1.dat", "start");
    WriteStr("t1.dat", "end");
}
```

7.3.3 格式化读写文件

大家知道，scanf 函数和 printf 函数是以"终端"为对象的格式化输入、输出函数。而 fscanf 函数和 fprintf 函数是以"文件"为对象的格式化输入、输出函数，如表 7-4 所示。

表 7-4 格式化读写文件的函数

函数名	调用形式	功能
fscanf	fscanf(fp, 格式控制字符串, 地址列表)	从 fp 所指向的文件中按格式控制字符串指定的格式读取数据，并存入地址列表中变量的存储单元
fprintf	fprintf(fp, 格式控制字符串, 输出列表)	将输出列表中变量的值按指定的格式输出（写入）到 fp 所指向的文件中

注：表中的格式控制字符串，与 scanf 函数、printf 函数中的用法相同。

例如：fscanf(fp, "%d%f", &i, &j);   // 格式化读取文件

若文件指针 fp 指向的文件中有数据 3 和 5.8，则从 fp 指向的文件中分别读取数据 3 和 5.8 送给变量 i 和 j。

例如：fprintf(fp, "%d%f", i, j);   // 格式化写入文件

把变量 i 和 j 的值分别按 %d 和 %f 的格式输出（写入）到 fp 指向的文件中。

【例 7.4】将学生的数据信息写入指定文件 file1.txt 中；然后再从该文件中读取学生的数据信息，并在显示屏上显示。

参考程序如下：

```
#include <stdio.h>
#include <stdlib.h>
```

```c
typedef struct                              // 声明结构体类型
{
    int   stu_ID;                           // 学号
    char  name[10];                         // 姓名
    float score;                            // 成绩
} Student;
int main(void)
{
    int i;
    FILE *fp;                               // 定义文件型指针变量
    Student stu1[5]={
                    {82013101," 张三 ", 45}, {82013102," 李四五 ", 62.5},
                    {82013103," 王六其 ", 92.5}, {82013104," 钱多九 ", 87},
                    {82013105," 赵三六 ", 58}
                    };
    Student stu2[5];
    if((fp=fopen("file1.txt", "w")) == NULL)   // 为了写入，打开文件
    {
        printf(" 无法打开此文件 ");
        exit(0);
    }
    for(i=0; i<5; i++)                      // 格式化写文件
        fprintf(fp, "%10d%10s%5.1f\n", stu1[i].stu_ID, stu1[i].name, stu1[i].score);
    fclose(fp);                             // 关闭文件
    if((fp=fopen("file1.txt", "r")) == NULL)   // 为了读取，打开文件
    {
        printf(" 无法打开此文件 ");
        exit(0);
    }
    printf(" 学号 \t  姓名 \t   成绩 \n");
    for(i=0; i<5; i++)                      // 格式化读文件，并将数据信息送显示屏显示
    {
        fscanf(fp, "%d%s%f", &stu2[i].stu_ID, stu2[i].name, &stu2[i].score);
        printf("%-10d%-10s%-5.1f\n", stu2[i].stu_ID, stu2[i].name, stu2[i].score);
    }
    fclose(fp);                             // 关闭文件
}
```

程序运行后，打开源文件所在目录下的 file1.txt 文件，其中的内容显示如下：

显示屏显示：

【同步练习 7-4】

执行下面的程序后，输出结果是 _____。

```
#include <stdio.h>
int main(void)
{
    FILE *fp;
    int i, k=0, n=0;
    fp = fopen("d1.dat", "w");
    for(i=1; i<4; i++)
        fprintf(fp, "%d", i);
    fclose(fp);
    fp = fopen("d1.dat", "r");
    fscanf(fp, "%d%d", &k, &n);
    printf("%d %d\n", k, n);
    fclose(fp);
}
```

说明：用 fscanf 函数和 fprintf 函数对磁盘文件进行格式化读写，使用方便，容易理解。但由于在读取文件时，要将文件中的 ASCII 码转换为二进制形式再保存在内存变量中，而在写入文件时，又要将内存中的二进制形式转换为字符，要花费较多时间。因此，在内存与磁盘之间频繁交换数据时，最好不用 fscanf 和 fprintf 函数，而用下面介绍的 fread 函数和 fwrite 函数以二进制方式对文件进行读写。

7.3.4 用二进制方式对文件读写一组数据

在实际应用中，不仅需要一次读写一个数据，还经常需要一次读写一组数据（如数组或结构体变量的值）。C 语言中，可用 fread 函数从文件中读取一个数据块，用 fwrite 函数向文件写入一个数据块。在读写时是以二进制形式进行的，数据在内存与磁盘文件之间"原封不动、无须转换"地进行交换，这样就可以用 fread 函数和 fwrite 函数对文件读写任何类型的数据，其调用形式和功能如表 7-5 所示。

表 7-5 读写一组数据的函数

函数名	调用形式	功 能	返 回 值
fread	fread(buffer, size, count, fp)	从 fp 所指向的文件中读取 count 个含有 size 个字节的数据块，存入起始地址为 buffer 的内存（变量）中	执行成功，返回 count 的值；执行失败，返回小于 count 的值
fwrite	fwrite(buffer, size, count, fp)	从起始地址为 buffer 的内存（变量）中，把 count 个含有 size 个字节的数据块写入 fp 所指向的文件中	

例如：

int a[10];

fread(a, 4, 10, fp);　　　　// 从 fp 所指向的文件中读取 10 个 4 字节的数据，存入数组 a 中

如果定义一个结构体类型的数组 stu[10]：

struct Student
{
　　char name[10];　　// 姓名
　　int stu_ID;　　　// 学号
　　int age;　　　　 // 年龄
}stu[10];

假设学生的数据信息已存放在磁盘文件中，则可以用下面的 for 语句和 fread 函数从 fp 所指向的磁盘文件中读取 10 名学生的数据，存入内存结构体数组 stu 中：

for(i=0; i<10; i++)
　　fread(&stu[i], sizeof(struct Student), 1, fp);

循环执行 10 次，每次从 fp 所指向的文件中读取数据，存入结构体数组 stu 的一个元素中。

同样地，可用下面的 for 语句和 fwrite 函数将内存中 10 名学生的数据写入 fp 所指向的磁盘文件中：

for(i=0; i<10; i++)
　　fwrite (&stu [i], sizeof(struct Student), 1, fp);

【例 7.5】从键盘输入 5 名学生的相关数据，然后将它们转存到磁盘文件中，最后再读取磁盘文件中的数据，并送显示屏显示。

参考程序如下：

#include <stdio.h>
#include <stdlib.h>
#define SIZE 5　　　　// 宏定义学生人数
typedef struct　　　　// 声明结构体类型
{
　　char name[10];　　// 姓名
　　int stu_ID;　　　// 学号
　　int age;　　　　 // 年龄

```c
} Student;
int main(void)
{
    int i;
    FILE *fp;                                   // 定义文件型指针变量
    Student  stu1[SIZE], stu2[SIZE];            // 定义结构体数组，存放多名学生的信息
    printf(" 请输入 %d 名学生的姓名、学号、年龄 \n", SIZE);
    for(i=0; i<SIZE; i++)                       // 输入学生信息
        scanf("%s%d%d", stu1[i].name, &stu1[i].stu_ID, &stu1[i].age);
    printf("\n");
    if((fp=fopen("file1.txt", "wb")) == NULL)   // 为了二进制形式写入，打开文件
    {
        printf(" 无法打开此文件 \n");
        exit(0);                                // 终止程序运行
    }
    for(i=0; i<SIZE; i++)                       // 向文件写数据块
    {
        if(fwrite(&stu1[i], sizeof(Student), 1, fp) != 1)
        {
            printf(" 写文件出错 \n");
            exit(0);
        }
    }
    fclose(fp);                                 // 关闭文件
    if((fp=fopen("file1.txt", "rb")) == NULL)   // 为了二进制形式读取，打开文件
    {
        printf(" 无法打开此文件 \n");
        exit(0);
    }
    printf(" 姓名 \t  学号 \t\t 年龄 \n");
    for(i=0; i<SIZE; i++)                       // 从文件中读取数据块，并送显示屏显示
    {
        if(fread(&stu2[i], sizeof(Student), 1, fp) != 1)
        {
            printf(" 读文件出错 \n");
            exit(0);
        }
        printf("%s\t %8d\t %3d\n", stu2[i].name, stu2[i].stu_ID, stu2[i].age);
    }
    fclose(fp);                                 // 关闭文件
}
```

本程序，首先在内存中开辟两个结构体数组 stu1 和 stu2，并将从键盘输入的学生信息

存入数组 stu1 中；然后将数组 stu1 中的数据写入文件 file1.txt 中；最后再将 file1.txt 中的数据读入到数组 stu2 中，并送显示屏显示。程序运行情况如下：

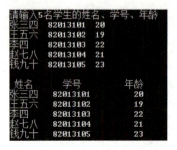

【同步练习 7-5】

1）在 C 语言程序中，可把整型数以二进制形式存放到文件中的函数是（　　）。
A．fprintf 函数　　　B．fread 函数　　　C．fwrite 函数　　　D．fputc 函数
2）以下叙述错误的是（　　）。
A．C 语言中的文本文件以 ASCII 码形式存储数据
B．文件按数据的组织形式可分为二进制文件和文本文件
C．C 语言中对二进制文件的访问速度比文本文件快
D．C 语言中，顺序读写方式不适用于二进制文件

7.4　随机读写数据文件

前面介绍了顺序读写数据文件的方法：
1）用 fgetc 和 fputc 函数对文件读写一个字符；
2）用 fgets 和 fputs 函数对文件读写一个字符串；
3）用 fscanf 和 fprintf 函数对文件格式化读写；
4）用 fread 和 fwrite 函数对文件读写一组数据（二进制方式）。

顺序读写，是从文件的开头逐个字符进行读写，该方式易理解，也易操作，但有时效率不高。例如文件中有若干个数据，若随机查找第 i 个数据，则必须先逐个读取其前面的所有数据，才能读取第 i 个数据。显然，在这种情况下，顺序读写效率很低。为了解决这个问题，可以采用随机访问的方式。

随机访问不是按数据在文件中的物理位置次序进行读写，而是可以对任何位置上的数据进行访问，显然这种方法比顺序访问效率高。

7.4.1　文件位置指示器及其定位

1．文件位置指示器

在文件中，有一个"文件位置指示器"，用来指示当前读写的位置。对文件顺序读写时，文件位置指示器开始指向文件开头，每次读写一个字符后，文件位置指示器自动移动到下一个字符的位置，如图 7-3 所示。

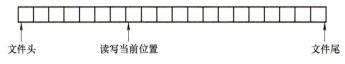

图 7-3　文件位置指示器

需要说明的是,"文件位置指示器",有资料形象化地称之为"文件位置指针",或简称为"文件指针",这容易和"指向文件的指针"相混淆。"指向文件的指针"是用来指向文件的,如果不重新赋值,它是不会改变的;而"文件位置指示器"是在文件打开之后,随着文件的读写而在文件内部移动的。

除了对文件可以顺序读写,还可根据读写的需要,人为地将文件位置指示器移动到文件的任意位置,从而实现随机读写。

2. 文件位置指示器的定位

确定文件位置指示器指向的位置,可以通过 3 个函数实现:使位置指示器返回到文件头的 rewind 函数、获取位置指示器当前位置的 ftell 函数、改变当前文件位置的 fseek 函数。其具体用法如表 7-6 所示。

表 7-6　文件位置指示器的定位函数

函数名	调 用 形 式	功能及返回值
rewind	rewind(fp)	使 fp 所指向的文件中的位置指示器置于文件头。函数无返回值
ftell	ftell(fp)	获取 fp 所指向的文件中的位置指示器的当前位置,用相对于文件头的位移量来表示。函数执行成功,返回相对于文件头的位移量;否则,返回 -1L
fseek	fseek(fp, 位移量 , 起始点)	使 fp 所指向的文件中的位置指示器从"起始点"指定的位置向文件尾或文件头的方向移动"位移量"个字节数 起始点:数字 0 或宏名 SEEK_SET 表示文件开始位置 　　　　数字 1 或宏名 SEEK_CUR 表示文件当前位置 　　　　数字 2 或宏名 SEEK_END 表示文件末尾位置 位移量:为 long 型数据,在数字后加 L 可表示 long 型,正整数表示向文件尾移动,负整数表示向文件头移动 函数执行成功,返回 0;否则,返回非零值

例如:i = ftell(fp);　　　　// 获取文件位置指示器的当前位置
　　　if(i == -1L)　　printf(" 文件位置读取出错 ");　　// 出错
例如:fseek(fp, 10L, 0);　　// 将文件位置指示器移到离文件头 10 个字节处
　　　fseek(fp, 10L, 1);　　// 将文件位置指示器移到离当前位置 10 个字节处
　　　fseek(fp, -10L, 2);　 // 将文件位置指示器从文件尾向后退 10 个字节

【同步练习 7–6】

以下与函数 fseek(fp, 0L, SEEK_SET) 有相同作用的是(　　)。
A．feof(fp)　　　　B．ftell(fp)　　　　C．fgetc(fp)　　　　D．rewind(fp)

7.4.2 随机读写

在熟悉文件位置指示器的定位函数之后，即可实现对文件的随机读写。

【例 7.6】从键盘输入 5 名学生的相关数据，然后将它们转存到磁盘文件中，最后随机查询磁盘文件中的某名学生的信息，并送显示屏显示。

其解题思路流程如图 7-4 所示。

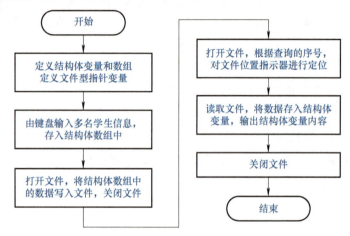

图 7-4 例 7.6 程序设计流程图

参考程序如下：

```c
#include <stdio.h>
#include <stdlib.h>
#define  SIZE  5                              // 宏定义学生数常量
typedef struct                                // 声明学生结构体类型
{
    int   Num;                                // 序号
    char  name[10];                           // 姓名
    int   stu_ID;                             // 学号
    int   age;                                // 年龄
} Student;
int main(void)
{
    int i;                                    // 定义整型变量，用于存放待查询的序号
    Student  stu1[SIZE], stu;                 // 定义结构体数组和变量
    FILE  *fp;                                // 定义文件型指针变量
    printf(" 请输入 %d 名学生的序号、姓名、学号、年龄：\n", SIZE);
    for(i=0; i<SIZE; i++)                     // 由键盘输入学生信息
        scanf("%d%s%d%d", &stu1[i].Num, stu1[i].name, &stu1[i].stu_ID, &stu1[i].age);
    printf("\n");
    if((fp=fopen("file1.txt", "wb")) == NULL) // 为了二进制形式写入，打开文件
    {
```

```c
        printf(" 无法打开此文件 \n");
        exit(0);                                    // 终止程序运行
    }
    for(i=0; i<SIZE; i++)                           // 向文件写数据块
    {
        if(fwrite(&stu1[i], sizeof(Student), 1, fp) != 1)
        {
            printf(" 写文件出错 \n");
            exit(0);
        }
    }
    fclose(fp);                                     // 关闭文件
    if((fp=fopen("file1.txt", "rb")) == NULL)       // 为了二进制形式读取，打开文件
    {
        printf(" 无法打开此文件 \n");
        exit(0);                                    // 终止程序运行
    }
    while(1)
    {
        printf(" 请输入要查询学生的序号（输入 0 号结束查询）：");
        scanf("%d", &i);
        if(i==0)   return;                          // 输入 0 号，结束查询
        rewind(fp);                                 // 使文件位置指示器返回文件头
        fseek(fp, (i-1)*sizeof(Student), 0);        // 文件位置指示器定位
        if(fread(&stu, sizeof(Student), 1, fp) != 1) // 从文件中读取数据块
        {
            printf(" 读文件出错 \n");
            exit(0);
        }
        printf("%d\t%s\t%d\t%d\n", stu.Num, stu.name, stu.stu_ID, stu.age); // 输出信息
    }
    fclose(fp);                                     // 关闭文件
}
```

运行情况：

【同步练习 7-7】

执行下面的程序后，输出结果是 _____。

```c
#include <stdio.h>
int main(void)
{
    FILE *fp;
    int i, a[4]={1,2,3,4}, b;
    fp = fopen("data.dat", "wb");
    for(i=0; i<4; i++)
        fwrite(&a[i], sizeof(int), 1, fp);
    fclose(fp);
    fp = fopen("data.dat", "rb");
    fseek(fp, -2*sizeof(int), SEEK_END);
    fread(&b, sizeof(int), 1, fp);
    fclose(fp);
    printf("%d\n", b) ;
}
```

【单元拓展知识】

在调用各种文件读写函数时，如果出现错误，除了函数返回值有所反映外，还可通过表 7-7 中的 ferror 函数检查文件读写是否出错。若文件读写出错，可通过表 7-7 中的 clearerr 函数清除错误标志。

表 7-7　文件读写出错检测与清除错误函数

函数名	调用形式	功　　能	返　回　值
ferror	ferror(fp)	检查 fp 所指向的文件读写是否出错	对同一个文件每一次调用读写函数时，都会产生一个新的 ferror 函数值。若出错，则返回非零值；若未出错，则返回 0。在执行 fopen 函数时，ferror 函数的初始值自动置为 0
clearerr	clearerr(fp)	使 fp 所指向的文件读写错误标志和文件结束标志置为 0	无

说明：只要出现文件读写错误标志，它就一直被保留，直到对同一文件调用任何一个读写函数、clearerr 函数或 rewind 函数清除错误标志。

第 8 单元

应用软件设计

单元 导读

按照软件工程的要求，在实际工程应用中，一个完整的系统软件，既包括程序，也包括相关的文档说明。C 程序采用模块化设计，一个 C 程序可包括若干个文件（.h 头文件和 .c 源文件）。通过本单元的学习，读者可以进一步理解和掌握模块化程序设计方法，并且可以掌握软件工程文件的组织方法。其中，"数据处理系统软件设计"主要利用一维数值数组保存和处理若干个数据，是对第 1～4 单元知识和技能的综合应用；而"学生信息管理系统软件设计"主要利用结构体数组保存和处理若干名学生的信息，并用到结构体指针变量和结构体指针数组，是对前 7 个单元知识和技能的综合应用，因此难度相对大一些。本单元，也可作为 C 语言程序设计课程实训内容。

在工程应用中，模块化程序设计非常重要，尤其在嵌入式软件设计中，采用模块化（构件化）程序设计，可以实现软件的可移植和可复用，减少重复劳动。关于模块化的嵌入式软件设计方法和内容，读者可在后续通过参考文献 [2] 进一步学习。

知识 图谱

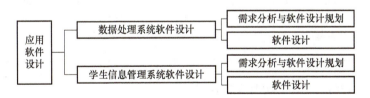

本单元的学习目标：掌握模块化 C 程序设计方法、软件工程文件组织方法，以及注重软件设计规范。

8.1 数据处理系统软件设计

8.1.1 需求分析与软件设计规划

在很多工程应用中，需要对若干个数据进行处理，如数据的输入、输出、排序，以及获取最大值、最小值和平均值等。数据处理系统软件设计规划如表 8-1 所示。

表 8-1　数据处理系统软件设计规划

项 目 框 架	说　　明
datas_process	项目名称
01_Doc 　　Readme.txt	01 文档文件夹 　　文本文件：项目功能和程序运行说明
02_Program 　　01common.h 　　02datas.h 　　03datas.c 　　04includes.h 　　05main.c	02 程序文件夹 　　公共要素头文件：包含公共的文件、声明基本数据类型别名 　　数据运算软件构件头文件：文件包含、宏定义、对外接口函数声明 　　数据运算软件构件源文件：文件包含、内部函数声明、对外接口函数和内部函数的定义与实现 　　项目总头文件：包含所有头文件 　　主程序源文件：包含项目总头文件、主程序（菜单式管理）

读者可在 VC++2010 软件中新建项目（项目名称为 datas_process），然后在硬盘的项目文件夹下建立两个子文件夹：01_Doc 文件夹和 02_Program 文件夹，分别用于存放文本文件和程序代码文件，这称为文件的物理组织。在 VC++2010 软件中，对应的项目框架如图 8-1 所示，这称为文件的逻辑组织。这样，文件的物理组织和逻辑组织保持一致。

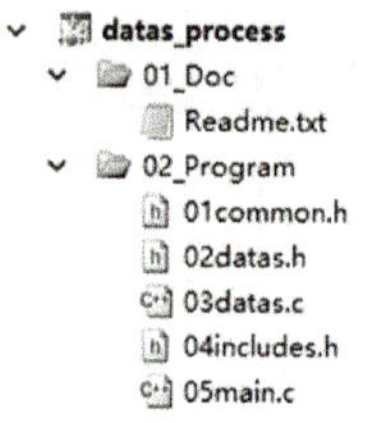

图 8-1　项目框架图

8.1.2　软件设计

1. 01_Doc\Readme.txt 文件设计

```
==========================================================================
项目名称：数据处理系统
集成开发环境：VC++2010
版权所有：江苏电子-索明何 & 昆山鑫盛盟创科技-黄鑫
版本更新：2023-07-30 V1.0
==========================================================================
1. 系统功能：具有数据的输入、输出、排序，以及获取最大值、最小值和平均值等功能。
2. 运行程序时，首先选择数字 1，输入若干个数据；然后选择其他数字进行相应操作，
   其中选择数字 0 结束程序运行。
==========================================================================
```

2. 02_Program\01common.h 文件设计

```
//==========================================================================
// 文件名称：01common.h
// 功能概要：公共要素头文件
// 版权所有：江苏电子-索明何 & 昆山鑫盛盟创科技-黄鑫
// 版本更新：2023-07-28 V1.0
//==========================================================================
#ifndef _COMMON_H                    // 防止重复定义（开头）
#define _COMMON_H
//1. 文件包含
#include <stdio.h>                   // 包含输入输出库函数头文件
```

```
#include <string.h>               // 包含字符串处理库函数头文件
#include <math.h>                 // 包含数学库函数头文件
#include <stdlib.h>               // 包含标准库头文件
//2. 声明基本数据类型别名
typedef unsigned char          uint8;     // 无符号 8 位整型或字符型
typedef unsigned short int     uint16;    // 无符号 16 位整型
typedef unsigned int           uint32;    // 无符号 32 位整型
typedef unsigned long long int uint64;    // 无符号 64 位整型
typedef signed char            int8;      // 有符号 8 位整型
typedef signed short int       int16;     // 有符号 16 位整型
typedef signed int             int32;     // 有符号 32 位整型
typedef long long int          int64;     // 有符号 64 位整型
#endif                                    // 防止重复定义（结尾）
```

说明：在头文件中引入条件编译"#ifndef ..#endif"的目的是防止系统在编译、连接多个同时包含本头文件的源文件时出现"重复定义"的错误。

3. 02_Program\02datas.h 文件设计

```
//==================================================================
// 文件名称：02datas.h
// 功能概要：数据运算软件构件头文件
// 版权所有：江苏电子-索明何 & 昆山鑫盛盟创科技-黄鑫
// 版本更新：2023-07-30 V1.0
//==================================================================
#ifndef _DATAS_H                 // 防止重复定义（开头）
#define _DATAS_H
//1. 文件包含
#include "01common.h"            // 包含公共要素头文件
//2. 宏定义
#define N   10                   // 数组长度（可根据实际需要，灵活设置长度值）
//3. 对外接口函数声明
//==================================================================
// 函数名称：datas_input
// 函数功能：将键盘上输入的若干个整数存入数组中
// 函数参数：b[ ]: 用于接收实参数组的首地址（可用实参数组名作为函数实参）
//           n: 数据个数（2 ～ 255）
// 函数返回：无
// 函数调用示例：datas_input(a, 5);   // 将键盘上输入的 5 个整数存入实参数组 a 中
//==================================================================
void datas_input(int32 b[ ], uint8 n);
```

//==
// 函数名称：datas_output
// 函数功能：将数组中的若干个整数输出
// 函数参数：b[ ]: 用于接收实参数组的首地址（可用实参数组名作为函数实参）
//   n: 数据个数（2 ～ 255）
// 函数返回：无
// 函数调用示例：datas_output(a, 5);   // 输出实参数组 a 中的 5 个整数
//==
void datas_output(int32 b[ ], uint8 n);

//==
// 函数名称：datas_max
// 函数功能：获取多个整数的最大值
// 函数参数：b[ ]: 用于接收实参数组的首地址（可用实参数组名作为函数实参）
//   n: 数据个数（2 ～ 255）
// 函数返回：多个整数的最大值
// 函数调用示例：datas_max(a, 5);   // 获取实参数组 a 中 5 个数据的最大值
//==
int32 datas_max(int32 b[ ], uint8 n);

//==
// 函数名称：datas_min
// 函数功能：获取多个整数的最小值
// 函数参数：b[ ]: 用于接收实参数组的首地址（可用实参数组名作为函数实参）
//   n: 数据个数（2 ～ 255）
// 函数返回：多个整数的最小值
// 函数调用示例：datas_min(a, 5);   // 获取实参数组 a 中 5 个数据的最小值
//==
int32 datas_min(int32 b[ ], uint8 n);

//==
// 函数名称：datas_ave
// 函数功能：计算多个整数的平均值
// 函数参数：b[ ]: 用于接收实参数组的首地址（可用实参数组名作为函数实参）
//   n: 数据个数（2 ～ 255）
// 函数返回：多个数据的平均值
// 函数调用示例：datas_ave(a, 5);   // 计算并得到实参数组 a 中 5 个数据的平均值
//==
double datas_ave(int32 b[ ], uint8 n);

//==
// 函数名称：MPSort
// 函数功能：冒泡法排序（由小到大）并输出排序后的结果
// 函数参数：b[ ]: 用于接收实参数组的首地址（可用实参数组名作为函数实参）
//   n: 数据个数（2 ～ 255）
// 函数返回：无
// 函数调用示例：MPSort(a, 5);   // 对实参数组 a 中的 5 个数据由小到大排序
//==
void MPSort(int32 b[ ], uint8 n);

#endif   // 防止重复定义（结尾）

4. 02_Program\03datas.c 文件设计

//==
// 文件名称：03datas.c
// 功能概要：数据运算软件构件源文件
// 版权所有：江苏电子-索明何 & 昆山鑫盛盟创科技-黄鑫
// 版本更新：2023-07-30 V1.0
//==
//1. 包含本软件构件头文件
#include "02datas.h"
//2. 仅限于本文件使用的内部函数声明
static uint8 n_is_right(uint8 n);
//3. 对外接口函数的定义与实现
//==
// 函数名称：datas_input
// 函数功能：将键盘上输入的若干个整数存入数组中
// 函数参数：b[ ]: 用于接收实参数组的首地址（可用实参数组名作为函数实参）
//   n: 数据个数（2 ～ 255）
// 函数返回：无
//==
void datas_input(int32 b[ ], uint8 n)
{
    uint8 i;
    i = n_is_right(n);   // 判断数据个数参数是否有误
    // 若参数有误，则提示错误并返回
    if(!i)
    {
        printf(" 数据个数参数有误！ \n");
        return;

        }
        // 若参数无误，则输入若干个数据
        printf(" 请输入 %d 个整数：", n);
        for(i=0; i<n; i++)
        {
            scanf("%d", &b[i]);
        }
}
//==
// 函数名称：datas_output
// 函数功能：将数组中的若干个整数输出
// 函数参数：b[ ]: 用于接收实参数组的首地址（可用实参数组名作为函数实参）
//   n: 数据个数（2 ～ 255）
// 函数返回：无
//==
void datas_output(int32 b[ ], uint8 n)
{
    uint8 i;
    i = n_is_right(n);   // 判断数据个数参数是否有误
    // 若参数有误，则提示错误并返回
    if(!i)
    {
        printf(" 数据个数参数有误！\n");
        return;
    }
    // 若参数无误，则输出若干个数据
    for(i=0; i<n; i++)
    {
        printf("%d ", b[i]);
    }
    printf("\n");
}
//==
// 函数名称：datas_max
// 函数功能：获取多个整数的最大值
// 函数参数：b[ ]: 用于接收实参数组的首地址（可用实参数组名作为函数实参）
//   n: 数据个数（2 ～ 255）
// 函数返回：多个整数的最大值
//==

```
int32 datas_max(int32 b[ ], uint8 n)
{
    uint8 i;
    int32 max = b[0];                           // 存放最大值
    i = n_is_right(n);                          // 判断数据个数参数是否有误
    // 若参数有误，则提示错误并返回
    if(!i)
    {
        printf(" 数据个数参数有误！ \n");
        return;
    }
    // 若参数无误，则计算并返回最大值
    for(i=1; i<n; i++)
    {
        if(b[i] > max)
            max = b[i];
    }
    return   max;
}
//================================================================
// 函数名称：datas_min
// 函数功能：获取多个整数的最小值
// 函数参数：b[ ]: 用于接收实参数组的首地址（可用实参数组名作为函数实参）
//          n: 数据个数（2 ～ 255）
// 函数返回：多个整数的最小值
//================================================================
int32 datas_min(int32 b[ ], uint8 n)
{
    uint8 i;
    int32 min = b[0];                           // 存放最小值
    i = n_is_right(n);                          // 判断数据个数参数是否有误
    // 若参数有误，则提示错误并返回
    if(!i)
    {
        printf(" 数据个数参数有误！ \n");
        return;
    }
    // 若参数无误，则计算并返回最小值
    for(i=1; i<n; i++)
```

```c
        {
            if(b[i] < min)
                min = b[i];
        }
        return  min;
}
//================================================================
// 函数名称：datas_ave
// 函数功能：计算多个整数的平均值
// 函数参数：b[ ]: 用于接收实参数组的首地址（可用实参数组名作为函数实参）
//          n: 数据个数（2 ～ 255）
// 函数返回：多个整数的平均值
//================================================================
double datas_ave(int32 b[ ], uint8 n)
{
        uint8 i;
        int64 sum = 0;                          // 存放求和结果
        double ave;                             // 存放平均值
        i = n_is_right(n);                      // 判断数据个数参数是否有误
        // 若参数有误，则提示错误并返回
        if(!i)
        {
            printf(" 数据个数参数有误！ \n");
            return;
        }
        // 若参数无误，则计算并返回平均值
        for(i=0; i<n; i++)
        {
            sum = sum + b[i];
            ave = (double)sum/n;
        }
        return  ave;
}
//================================================================
// 函数名称：MPSort
// 函数功能：冒泡法排序（由小到大）并输出排序后的结果
// 函数参数：b[ ]: 用于接收实参数组的首地址（可用实参数组名作为函数实参）
//          n: 参与排序的数据个数（2 ～ 255）
// 函数返回：无
```

//==
void MPSort(int32 b[ ], uint8 n)
{
   uint8 i, j, swap_flag;
   int32 t;
   i = n_is_right(n);   // 判断数据个数参数是否有误
   // 若参数有误，则提示错误并返回
   if(!i)
   {
      printf(" 数据个数参数有误！\n");
      return;
   }
   // 若参数无误，则由小到大排序并输出排序后的结果
   for(i=1; i<n; i++)   //n 个数，共需比较 n-1 轮
   {
      swap_flag = 0;   // 交换标志：0 表示无交换，1 表示有交换
      for(j=0; j<n-i; j++)   // 第 i 轮需要比较 n-i 次
      {
         if(b[j] > b[j+1])   // 依次比较两个相邻的数，将大数放后面
         {
            t=b[j]; b[j]=b[j+1]; b[j+1]=t; swap_flag=1; // 交换
         }
      }
      if(swap_flag==0)   break;   // 若本轮无交换，则结束比较
   }
   printf(" 由小到大排序：\n");
   for(i=0; i<n; i++)
      printf("%d ", b[i]);
}

//4. 内部函数的定义与实现
//==
// 函数名称：n_is_right
// 函数功能：判断参数是否有误
// 函数参数：n: 数据个数
// 函数返回：0 表示参数有误，1 表示参数无误
//==
static uint8 n_is_right(uint8 n)
{
   if(n<2 || n>255)

```
        return 0;
    else
        return 1;
}
```

5. 02_Program\04includes.h 文件设计

```
//===============================================================
// 文件名称：04includes.h
// 功能概要：项目总头文件
// 版权所有：江苏电子-索明何 & 昆山鑫盛盟创科技-黄鑫
// 版本更新：2023-07-30 V1.0
//===============================================================
#ifndef _INCLUDES_H                    // 防止重复定义（开头）
#define _INCLUDES_H
// 包含用到的头文件
#include "01common.h"                  // 包含公共要素头文件
#include "02datas.h"                   // 包含数据运算软件构件头文件
#endif                                 // 防止重复定义（结尾）
```

6. 02_Program\05main.c 文件设计

```
//===============================================================
// 文件名称：05main.c
// 功能概要：主程序源文件
// 版权所有：江苏电子-索明何 & 昆山鑫盛盟创科技-黄鑫
// 版本更新：2023-07-31 V1.0
//===============================================================
//1. 包含项目总头文件
#include "04includes.h"
//2. 主程序
int main(void)
{
    uint8 fun;                         // 菜单功能号
    int32 a[N];                        // 数组存放若干个整数
    uint8 n;                           // 数据个数
    int32 max, min;                    // 最大值、最小值
    printf("\n 欢迎使用数据处理系统 ");
    while(1)
    {
        printf("\n 1 输入若干个整数 ");
        printf("\n 2 输出若干个整数 ");
        printf("\n 3 获取最大值 ");
```

```c
            printf("\n 4 获取最小值 ");
            printf("\n 5 获取平均值 ");
            printf("\n 6 由小到大排序 ");
            printf("\n 0 退出 \n");
            printf(" 请选择功能号：");
            scanf("%d", &fun);                          // 选择功能
            fflush(stdin);                              // 清除输入缓冲区
            switch(fun)
            {
                case 1:                                 // 输入若干个整数
                    printf(" 请输入数据个数（2 ～ 255）：");
                    scanf("%d", &n);                    // 输入数据个数
                    datas_input(a, n);                  // 调用数据输入函数
                    fflush(stdin);                      // 清除输入缓冲区⊖
                    break;
                case 2:                                 // 输出若干个整数
                    datas_output(a, n);                 // 调用数据输出函数
                    break;
                case 3:                                 // 获取最大值
                    printf(" 最大值 =%d\n", datas_max(a, n));  // 调用获取最大值函数
                    break;
                case 4:                                 // 获取最小值
                    printf(" 最小值 =%d\n", datas_min(a, n));  // 调用获取最小值函数
                    break;
                case 5:                                 // 获取平均值
                    printf(" 平均值 =%.2f\n", datas_ave(a, n)); // 调用获取平均值函数
                    break;
                case 6:                                 // 由小到大排序
                    MPSort(a, n);                       // 调用冒泡排序函数
                    break;
                case 0:
                    return;                             // 退出程序
                default: printf(" 输入有误，请重新选择功能号！ \n");
            }
        }
    }
```

【思考与实践】

1）请根据图 8-1 所示的项目框架，首先在 VC++2010 软件中新建项目，在项目中添加上述 6 个文件；然后编写和运行程序，并画出程序执行流程图。

⊖ 语句"fflush(stdin);"，用来清除调用 scanf 函数输入数据后的换行符，以免对后续操作产生影响。

2）设计一个查找函数，实现在数组中顺序查找某个指定数值的功能。顺序查找是最简单、最常用的查找方法，其查找思路是：从头开始，依次将数组中各个元素与指定的数值进行比较，直至在数组中找到指定的数值，给出位置信息（返回对应的数组下标），或者查遍整个数组仍未找到指定的数值而报告查找失败（返回-1）。查找函数原型为"int8 datas_search(int32 b[ ], uint8 n, int x);"，其中 x 为待查找的数值。然后分别在 02_Program\02datas.h 文件和 02_Program\03datas.c 文件中添加相应的代码。最后在 02_Program\05main.c 文件中添加代码，实现查找功能。

8.2 学生信息管理系统软件设计

8.2.1 需求分析与软件设计规划

在学生信息管理系统中，主要涉及学生信息的输入、输出、增加、删除、修改、查询和存盘等操作。在学生成绩表中，由于包括学号、姓名、成绩等不同类型的数据，因此需要使用结构体类型保存和处理学生信息。学生信息管理系统软件设计规划如表 8-2 所示。

表 8-2 学生信息管理系统软件设计规划

项目框架	说　　明
student_infomation	项目名称
01_Doc 　　Readme.txt	01 文档文件夹 　　文本文件：项目功能和程序运行说明
02_Program 　　01common.h 　　02student.h 　　03student.c 　　04includes.h 　　05main.c	02 程序文件夹 　　公共要素头文件：包含公共的文件、声明基本数据类型别名 　　学生信息处理软件构件头文件：文件包含、宏定义、结构体声明、对外接口函数声明 　　学生信息处理软件构件源文件：文件包含、外部变量和内部函数声明、对外接口函数和内部函数定义与实现 　　项目总头文件：包含所有头文件 　　主程序源文件：包含项目总头文件、定义全局变量、主程序（菜单式管理）

8.2.2 软件设计

1. 01_Doc\Readme.txt 文件设计

==
工程应用名称：学生信息管理系统
集成开发环境：VC++2010
版权所有：江苏电子-索明何 & 昆山鑫盛盟创科技-黄鑫
版本更新：2023-07-31 V1.0
==
1. 系统功能：具有学生信息输入、输出、排序、增加、删除、修改、查询、存盘等功能。
2. 运行程序时，首先选择数字 1，输入若干名学生信息；然后选择其他数字进行相应操作，其中选择数字 0 结束程序运行。
==

2. 02_Program\01common.h 文件设计

文件内容与 8.1.2 节对应的内容相同。

3. 02_Program\02student.h 文件设计

```
//==========================================================
// 文件名称：02student.h
// 功能概要：学生信息处理软件构件头文件
// 版权所有：江苏电子-索明何 & 昆山鑫盛盟创科技-黄鑫
// 版本更新：2023-07-31 V1.0
//==========================================================
#ifndef _STUDENT_H    //防止重复定义（开头）
#define _STUDENT_H
//1. 文件包含
#include "01common.h"   //包含公共要素头文件
//2. 宏定义
//(1) 相关参数宏定义
#define  N       5        // 结构体数组长度（可根据实际需要，灵活设置长度值）
#define  STU_ID  0        // 学号排序（从小到大）
#define  TOTAL   1        // 总分排序（从高到低）
//(2) 输出表头宏定义
#define  PRINT_TH printf(" 学号 \t 姓名 \t  语文   数学   英语   总分   平均分 \n")
//3. 学生信息结构体声明
typedef struct Student
{
    uint32 stu_ID;        // 学号
    char  name[20];       // 姓名
    float  score[3];      // 3 门课的成绩
    float  total;         // 3 门课的总分
    float  ave;           // 3 门课的平均分
}StuType;
//4. 对外接口函数声明
//==========================================================
// 函数名称：input
// 函数功能：输入若干名学生信息
// 函数参数：b[ ]: 用于接收结构体数组的首地址（可用结构体数组名作为函数实参）
// 函数返回：无
//==========================================================
void input(StuType b[ ]);


//==========================================================
// 函数名称：output
```

// 函数功能：输出一名学生的信息
// 函数参数：*p: 用于接收指向结构体数组元素的首地址
// 函数返回：无
//==
void output(StuType *p);

//==
// 函数名称：sort
// 函数功能：按照学号或课程总分排序并输出学生信息
// 函数参数：*p[ ]: 用于接收结构体指针数组首地址（可用结构体指针数组名作为函数实参）
//   sort_type: 排序类型（可用宏定义作为函数实参，
//   STU_ID 表示按学号由小到大排序，
//   TOTAL 表示按课程总分由高到低排序）
// 函数返回：无
//==
void sort(StuType *p[ ], uint8 sort_type);

//==
// 函数名称：add
// 函数功能：增加一名学生信息
// 函数参数：*p: 用于接收指向结构体数组元素的首地址
// 函数返回：无
//==
void add(StuType *p);

//==
// 函数名称：search
// 函数功能：按照学号查找一名学生的信息
// 函数参数：*p[ ]: 用于接收结构体指针数组首地址（可用结构体指针数组名作为函数实参）
//   stu_ID: 待查找学生的学号
//   *num: 用于传回待查找学生所在结构体数组元素对应的结构体指针数组下标
// 函数返回：若查找成功，则返回对应结构体数组元素的首地址；否则，返回空地址
//==
StuType * search(StuType *p[ ], uint32 stu_ID, uint16 *num);

//==
// 函数名称：del
// 函数功能：删除指定学号对应的一名学生信息
// 函数参数：*p[ ]: 用于接收结构体指针数组首地址（可用结构体指针数组名作为函数实参）
//   stu_ID: 待删除学生的学号
// 函数返回：1 表示删除成功，0 表示删除失败

//==
// uint8 del(StuType *p[ ], uint32 stu_ID);

//==
// 函数名称：modify
// 函数功能：修改指定学号对应的一名学生信息
// 函数参数：*p[ ]: 用于接收结构体指针数组首地址（可用结构体指针数组名作为函数实参）
//   stu_ID: 待修改学生的学号
// 函数返回：无
//==
void modify(StuType *p[ ], uint32 stu_ID);

//==
// 函数名称：fail
// 函数功能：统计并输出不及格学生的情况
// 函数参数：*p[ ]: 用于接收结构体指针数组首地址（可用结构体指针数组名作为函数实参）
// 函数返回：无
//==
void fail(StuType *p[ ]);

//==
// 函数名称：save_disk
// 函数功能：将内存中的结构体数组内容存至硬盘的 D:\student.txt 文件中
// 函数参数：stu[ ]: 用于接收结构体数组的首地址（可用结构体数组名作为函数实参）
// 函数返回：无
//==
void save_disk(StuType stu[ ]);

#endif   // 防止重复定义（结尾）

4. 02_Program\03student.c 文件设计

//==
// 文件名称：03student.c
// 功能概要：学生信息处理软件构件源文件
// 版权所有：江苏电子-索明何 & 昆山鑫盛盟创科技-黄鑫
// 版本更新：2023-07-31 V1.0
//==
//1. 包含本软件构件头文件
#include "02student.h"
//2. 声明外部变量（在 main.c 中定义）
extern uint16 n;   // 学生实际人数

//3. 仅限于本文件使用的内部函数声明
static void count(StuType *p);
//4. 对外接口函数的定义与实现
//===
// 函数名称：input
// 函数功能：输入若干名学生信息
// 函数参数：b[ ]: 用于接收结构体数组的首地址（可用结构体数组名作为函数实参）
// 函数返回：无
//===
void input(StuType b[ ])
{
    int i, j;
    for(i=0; i<n; i++)
    {
        printf(" 请输入第 %d 名学生的学号：", i+1);
        scanf("%d", &b[i].stu_ID);
        printf(" 请输入第 %d 名学生的姓名：", i+1);
        scanf("%s", b[i].name);
        printf(" 请输入第 %d 名学生的语文、数学、英语成绩 (用空格间隔)：", i+1);
        for(j=0; j<3; j++)
            scanf("%f", &b[i].score[j]);
        count(b+i);   // 统计课程总分和平均分
    }
}
//===
// 函数名称：output
// 函数功能：输出一名学生的信息
// 函数参数：*p: 用于接收指向结构体数组元素的首地址
// 函数返回：无
//===
void output(StuType *p)
{
    uint8 i;
    printf("%-8d %-8s ", p->stu_ID, p->name);   // 输出学号和姓名
    for(i=0; i<3; i++)
        printf("%5.1f ", p->score[i]);   // 输出 3 门课成绩
    printf("%5.1f %5.1f\n", p->total, p->ave); // 输出总分和平均分
}
//===
// 函数名称：sort

// 函数功能：按照学号或课程总分排序并输出学生信息
// 函数参数：*p[ ]: 用于接收结构体指针数组首地址（可用结构体指针数组名作为函数实参）
//   sort_type: 排序类型（可用宏定义作为函数实参，
//   STU_ID 表示按学号由小到大排序，
//   TOTAL 表示按课程总分由高到低排序）
// 函数返回：无
//==
```c
void sort(StuType *p[ ], uint8 sort_type)
{
    int i, j, swap_flag;
    StuType  *pt;                              // 结构体指针变量
    for(i=1; i<n; i++)                         // n 个数共需比较 n-1 轮
    {
        swap_flag=0;                           // 交换标志：0 表示无交换，1 表示有交换
        for(j=0; j<n-i; j++)                   // 第 i 轮需要比较 n-i 次
        {
            if(sort_type == STU_ID)            // 按学号由小到大排序
            {
                if(p[j]->stu_ID > p[j+1]->stu_ID)   // 依次比较两个相邻的数
                {
                    pt=p[j]; p[j]=p[j+1]; p[j+1]=pt; swap_flag=1; // 交换指针指向
                }
            }
            else if(sort_type == TOTAL)        // 按课程总分由高到低排序
            {
                if(p[j]->total < p[j+1]->total)    // 依次比较两个相邻的数
                {
                    pt=p[j]; p[j]=p[j+1]; p[j+1]=pt; swap_flag=1; // 交换指针指向
                }
            }
        }
        if(swap_flag==0) break;                // 若本轮无交换，则结束比较
    }
    if(sort_type == STU_ID)
        printf(" 按学号排序：\n");
    else if(sort_type == TOTAL)
        printf(" 按总分排序：\n");
    PRINT_TH;                                  // 输出表头
    for(i=0; i<n; i++)                         // 输出多名学生信息
    {
```

```c
            output(p[i]);
    }
}
//================================================================
// 函数名称：add
// 函数功能：增加一名学生信息
// 函数参数：*p: 用于接收指向结构体数组元素的首地址
// 函数返回：无
//================================================================
void add(StuType *p)
{
    int i;
    printf(" 请输入新增学生的学号：");
    scanf("%d", &p->stu_ID);
    printf(" 请输入新增学生的姓名：");
    scanf("%s", p->name);
    printf(" 请输入新增学生的语文、数学、英语成绩(用空格间隔)：");
    for(i=0; i<3; i++)
        scanf("%f", &p->score[i]);
    count(p);                              // 统计课程总分和平均分
}
//================================================================
// 函数名称：search
// 函数功能：按照学号查找一名学生的信息
// 函数参数：*p[ ]: 用于接收结构体指针数组首地址（可用结构体指针数组名作为函数实参）
//            stu_ID: 待查找学生的学号
//            *num: 用于传回待查找学生所在结构体数组元素对应的结构体指针数组下标
// 函数返回：若查找成功，则返回对应结构体数组元素的首地址；否则，返回空地址
//================================================================
StuType * search(StuType *p[ ], uint32 stu_ID, uint16 *num)
{
    int i;
    StuType *q;                            // 结构体指针变量
    for(i=0; i<n; i++)                     // 顺序查找
    {
        if(p[i]->stu_ID == stu_ID)         // 查找成功
        {
            q = p[i];
            *num = i;                      // 结构体指针数组下标
            break;                         // 终止查询，跳出循环
```

```
        }
    }
    if(i < n)   return  q;                    // 查找成功
    else      return   NULL;                  // 查找失败
}
//================================================================
// 函数名称：del
// 函数功能：删除指定学号对应的一名学生信息
// 函数参数：*p[ ]: 用于接收结构体指针数组首地址（可用结构体指针数组名作为函数实参）
//           stu_ID: 待删除学生的学号
// 函数返回：1 表示删除成功，0 表示删除失败
//================================================================
uint8 del(StuType  *p[ ], uint32 stu_ID)
{
    uint16 i;                                 // 循环变量
    uint8  j;                                 // 循环变量
    uint16 num;                               // 结构体指针数组下标
    StuType * q1, *q2;                        // 结构体指针变量
    q1 = search(p, stu_ID, &num);             // 调用查找函数
    q2 = q1+1;
    if(q1 != NULL)                            // 查找成功
    {
        for(i=num; i<n; i++, q1++, q2++)      // 结构体数组内容更新
        {
            q1->stu_ID = q2->stu_ID;
            strcpy(q1->name, q2->name);
            for(j=0; j<3; j++)
            {
                q1->score[j] = q2->score[j];
            }
            q1->total = q2->total;
            q1->ave = q2->ave;
        }
        printf(" 删除成功！\n");
        return  1;
    }
    else                                      // 查找失败
    {
        printf(" 查无此人 \n");
        return  0;
```

        }
    }
//==
// 函数名称：modify
// 函数功能：修改指定学号对应的一名学生信息
// 函数参数：*p[ ]: 用于接收结构体指针数组首地址（可用结构体指针数组名作为函数实参）
//   stu_ID: 待修改学生的学号
// 函数返回：无
//==
void modify(StuType *p[ ], uint32 stu_ID)
{
    uint8 i;   // 循环变量
    uint16 num;   // 结构体指针数组下标
    StuType * q;   // 结构体指针变量
    q = search(p, stu_ID, &num);   // 调用查找函数
    if(q != NULL)   // 查找成功
    {
        printf(" 请重新输入学生的学号：");
        scanf("%d", &q->stu_ID);
        printf(" 请重新输入学生的姓名：");
        scanf("%s", q->name);
        printf(" 请重新输入学生的语文、数学、英语成绩 (用空格间隔)：");
        for(i=0; i<3; i++)
            scanf("%f", &q->score[i]);
        count(q);   // 统计课程总分和平均分
    }
    else   // 查找失败
    {
        printf(" 查无此人！\n");
    }
}
//==
// 函数名称：fail
// 函数功能：统计并输出不及格学生的情况
// 函数参数：*p[ ]: 用于接收结构体指针数组首地址（可用结构体指针数组名作为函数实参）
// 函数返回：无
//==
void fail(StuType *p[ ])
{
    uint16 i;   // 循环变量

```c
        uint8  j;                              // 循环变量
        uint16  num = 0;                       // 不及格人数
        for(i=0; i<n; i++)                     // 循环查找 n 名学生
        {
            for(j=0; j<3; j++)                 // 循环查找一名学生的 3 门课成绩
            {
                if(p[i]->score[j] < 60)
                {
                    num ++;                    // 不及格人数加 1
                    if(num == 1)
                        PRINT_TH;              // 输出表头
                    output(p[i]);              // 输出课程不及格学生信息
                    break;                     // 只要查找到一门课程不及格，则终止查找
                }
            }
        }
        if(num == 0)
            printf(" 无不及格学生！\n");
        else
            printf(" 课程不及格人数：%d\n", num);
    }
    //================================================================
    // 函数名称：save_disk
    // 函数功能：将内存中的结构体数组内容存至硬盘的 D:\student.txt 文件中
    // 函数参数：stu[ ]: 用于接收结构体数组的首地址（可用结构体数组名作为函数实参）
    // 函数返回：无
    //================================================================
    void save_disk(StuType stu[ ])
    {
        FILE *fp;                              // 文件型指针变量
        uint16 i;                              // 循环变量
        uint8 j;                               // 循环变量
        char string[ ] = " 学号    姓名    语文  数学  英语  总分  平均分 \n";
        if((fp=fopen("D:\student.txt", "w"))==NULL)   // 为了写入数据，打开文件
        {
            printf(" 无法打开此文件 \n");
            exit(0);                           // 终止程序运行
        }
        fputs(string, fp);                     // 向指定文件写入一个字符串
        fclose(fp);                            // 关闭指定文件
```

```c
        if((fp=fopen("D:\student.txt","a"))==NULL)        // 为了追加数据, 打开文件
        {
            printf(" 无法打开此文件 \n");
            exit(0);                                      // 终止程序运行
        }
        for(i=0; i<n; i++)                                // 格式化写文件
        {
            fprintf(fp, "%-10d %-12s", (stu+i)->stu_ID, (stu+i)->name);   // 写入学号和姓名
            for(j=0; j<3; j++)
                fprintf(fp, "%-7.1f", (stu+i)->score[j]);                 // 写入3门课成绩
            fprintf(fp, "%-7.1f%-7.1f\n", (stu+i)->total, (stu+i)->ave);  // 写入总分和平均分
        }
        fclose(fp);                                       // 关闭指定文件
}
```

//5. 内部函数的定义与实现
//==
// 函数名称：count
// 函数功能：计算一名学生的课程总分和平均分
// 函数参数：*p: 用于接收指向结构体数组元素的首地址
// 函数返回：无
//==

```c
static void count(StuType  *p)
{
    uint8 i;
    p->total = 0;                                         // 课程总分
    for(i=0; i<3; i++)                                    // 计算3门课的总分
        p->total = p->total + p->score[i];
    p->ave = p->total/3;                                  // 计算3门课的平均分
}
```

5. 02_Program\04includes.h 文件设计

//==
// 文件名称：04includes.h
// 功能概要：项目总头文件
// 版权所有：江苏电子-索明何 & 昆山鑫盛盟创科技-黄鑫
// 版本更新：2023-07-31 V1.0
//==

```c
#ifndef  _INCLUDES_H                                      // 防止重复定义（开头）
#define  _INCLUDES_H
// 包含用到的头文件
#include "01common.h"                                     // 包含公共要素头文件
```

```
#include "02student.h"        // 包含学生信息处理软件构件头文件
#endif                        // 防止重复定义（结尾）
```

6. 02_Program\05main.c 文件设计

```
//===============================================================
// 文件名称：05main.c
// 功能概要：主程序源文件
// 版权所有：江苏电子-索明何 & 昆山鑫盛盟创科技-黄鑫
// 版本更新：2023-07-31  V1.0
//===============================================================
//1. 包含项目总头文件
#include "04includes.h"
//2. 定义全局变量
uint16 n;                     // 学生实际人数
//3. 主程序
int main(void)
{
    uint8 fun;                // 菜单功能号
    uint16 i;                 // 循环变量
    uint32 stu_id;            // 学号
    StuType stu[N];           // 结构体数组，存放学生信息
    StuType *q;               // 结构体指针变量，存放结构体数组元素的首地址
    StuType *p[N];            // 结构体指针数组，存放结构体数组元素的首地址
    uint16 num;               // 结构体指针数组下标
    printf("\n 欢迎使用学生成绩管理系统 ");
    while(1)
    {
        printf("\n 1 输入学生信息 ");
        printf("\n 2 按学号顺序输出学生信息 ");
        printf("\n 3 按总分排序输出学生信息 ");
        printf("\n 4 增加一名学生信息 ");
        printf("\n 5 删除一名学生信息 ");
        printf("\n 6 修改一名学生信息 ");
        printf("\n 7 查询一名学生信息 ");
        printf("\n 8 输出课程不及格名单 ");
        printf("\n 9 学生信息存盘 ");
        printf("\n 0 退出 \n");
        printf(" 请选择功能号：");
        scanf("%d", &fun);    // 选择功能
        fflush(stdin);        // 清除输入缓冲区
        switch(fun)
```

```c
    {
        case 1:                             // 输入学生信息
            printf(" 请输入学生人数：");
            scanf("%d", &n);                // 输入学生人数
            fflush(stdin);                  // 清除输入缓冲区
            input(stu);                     // 调用输入学生信息函数
            fflush(stdin);                  // 清除输入缓冲区
            break;
        case 2:                             // 按学号顺序输出学生信息
            for(i=0; i<n; i++)              // 结构体指针数组元素赋值
                p[i] = stu+i;
            sort(p, STU_ID);                // 调用排序输出学生信息函数
            break;
        case 3:                             // 按总分排序输出学生信息
            for(i=0; i<n; i++)              // 结构体指针数组元素赋值
                p[i] = stu+i;
            sort(p, TOTAL);                 // 调用排序输出学生信息函数
            break;
        case 4:                             // 增加一名学生信息
            add(stu+n);                     // 调用增加学生信息函数
            n++;                            // 学生人数加 1
            fflush(stdin);                  // 清除输入缓冲区
            break;
        case 5:                             // 删除一名学生信息
            for(i=0; i<n; i++)              // 结构体指针数组元素赋值
                p[i] = stu+i;
            printf(" 请输入待删除学生的学号：");
            scanf("%d", &stu_id);           // 输入学号
            fflush(stdin);                  // 清除输入缓冲区
            if(del(p, stu_id) != 0)         // 调用删除学生信息函数
                n--;                        // 学生人数减 1
            break;
        case 6:                             // 修改一名学生信息
            for(i=0; i<n; i++)              // 结构体指针数组元素赋值
                p[i] = stu+i;
            printf(" 请输入待修改学生的学号：");
            scanf("%d", &stu_id);           // 输入学号
            fflush(stdin);                  // 清除输入缓冲区
            modify(p, stu_id);              // 调用修改学生信息函数
            break;
```

```
        case 7:                                    // 查询一名学生信息
            for(i=0; i<n; i++)                     // 结构体指针数组元素赋值
                p[i] = stu+i;
            printf(" 请输入待查询学生的学号：");
            scanf("%d", &stu_id);                  // 输入学号
            fflush(stdin);                         // 清除输入缓冲区
            q = search(p, stu_id, &num);           // 调用查找学生信息函数
            if(q != NULL)                          // 查找成功
            {
                PRINT_TH;                          // 输出表头
                output(q);                         // 输出学生信息
            }
            else                                   // 查找失败
                printf(" 查无此人！ \n");
            break;
        case 8:                                    // 输出课程不及格名单
            for(i=0; i<n; i++)                     // 结构体指针数组元素赋值
                p[i] = stu+i;
            fail(p);                               // 调用统计不及格学生信息函数
            break;
        case 9:                                    // 学生信息存盘
            save_disk(stu);                        // 调用存盘函数
            break;
        case 0:
            return;                                // 退出程序
        default: printf(" 输入有误，请重新选择功能号！ \n");
        }
    }
}
```

【思考与实践】

1）请根据表 8-2 所示的项目框架，首先在 VC++2010 软件中新建项目，在项目中添加上述 6 个文件；然后编写和运行程序，并画出程序执行流程图。

2）若需要在学生信息中增加一门课成绩，则上述程序，如何修改？

附 录

附录 A 字符与 ASCII 代码对照表

ASCII值	字符	控制字符	ASCII值	字符	ASCII值	字符	ASCII值	字符	ASCII值	字符	ASCII值	字符	ASCII值	字符	ASCII值	字符
0	null	NUL	32	(space)	64	@	96	`	128	Ç	160	á	192	└	224	α
1	☺	SOH	33	!	65	A	97	a	129	Ü	161	í	193	┴	225	β
2	☻	STX	34	"	66	B	98	b	130	é	162	ó	194	┬	226	Γ
3	♥	ETX	35	#	67	C	99	c	131	â	163	ú	195	├	227	π
4	♦	EOT	36	$	68	D	100	d	132	ä	164	ñ	196	─	228	Σ
5	♣	ENQ	37	%	69	E	101	e	133	à	165	Ñ	197	┼	229	σ
6	♠	ACK	38	&	70	F	102	f	134	å	166	ª	198	╞	230	μ
7	beep	BEL	39	'	71	G	103	g	135	ç	167	º	199	╟	231	τ
8	back-space	BS	40	(	72	H	104	h	136	ê	168	¿	200	╚	232	Φ
9	tab	HT	41	)	73	I	105	i	137	ë	169	⌐	201	╔	233	θ
10	换行	LF	42	*	74	J	106	j	138	è	170	¬	202	╩	234	Ω
11	♂	VT	43	+	75	K	107	k	139	ï	171	½	203	╦	235	δ
12	♀	FF	44	,	76	L	108	l	140	î	172	¼	204	╠	236	∞
13	回车	CR	45	-	77	M	109	m	141	ì	173	¡	205	═	237	ø
14	♫	SO	46	.	78	N	110	n	142	Ä	174	«	206	╬	238	ε
15	☼	SI	47	/	79	O	111	o	143	Å	175	»	207	╧	239	∩
16	►	DLE	48	0	80	P	112	p	144	É	176	░	208	╨	240	≡
17	◄	DC1	49	1	81	Q	113	q	145	æ	177	▒	209	╤	241	±
18	↕	DC2	50	2	82	R	114	r	146	Æ	178	▓	210	╥	242	≥
19	‼	DC3	51	3	83	S	115	s	147	ô	179	│	211	╙	243	≤
20	¶	DC4	52	4	84	T	116	t	148	ö	180	┤	212	╘	244	⌠
21	§	NAK	53	5	85	U	117	u	149	ò	181	╡	213	╒	245	⌡
22	▬	SYN	54	6	86	V	118	v	150	û	182	╢	214	╓	246	÷
23	↨	ETB	55	7	87	W	119	w	151	ù	183	╖	215	╫	247	≈
24	↑	CAN	56	8	88	X	120	x	152	ÿ	184	╕	216	╪	248	°
25	↓	EM	57	9	89	Y	121	y	153	Ö	185	╣	217	┘	249	●
26	→	SUB	58	:	90	Z	122	z	154	Ü	186	║	218	┌	250	·
27	←	ESC	59	;	91	[	123	{	155	¢	187	╗	219	█	251	√
28	∟	FS	60	<	92	\	124	|	156	£	188	╝	220	▄	252	n
29	↔	GS	61	=	93	]	125	}	157	¥	189	╜	221	▌	253	²
30	▲	RS	62	>	94	^	126	~	158	Pt	190	╛	222	▐	254	▪
31	▼	US	63	?	95	_	127	⌂	159	ƒ	191	┐	223	▀	255	

附录 B ANSI C 的关键字

关 键 字	用 途	说 明
char	数据类型声明	单字节整型或字符型
double	数据类型声明	双精度实型
enum	数据类型声明	枚举类型
float	数据类型声明	单精度实型
int	数据类型声明	基本整型
long	数据类型声明	长整型
short	数据类型声明	短整型
signed	数据类型声明	有符号数
struct	数据类型声明	结构体类型
typedef	数据类型声明	重新进行数据类型声明
union	数据类型声明	共用体类型
unsigned	数据类型声明	无符号数
void	数据类型声明	无类型
volatile	数据类型声明	声明该变量在程序执行中可被隐含地改变
sizeof	运算符	计算变量或类型的存储字节数
break	程序语句	退出最内层循环体或 switch 结构
case	程序语句	switch 语句中的选择项
continue	程序语句	结束本次循环,转向下一次循环
default	程序语句	switch 语句中的默认选择项
do	程序语句	构成 do…while 循环结构
else	程序语句	构成 if…else 选择结构
for	程序语句	构成 for 循环结构
goto	程序语句	构成 goto 转移结构
if	程序语句	构成 if…else 选择结构
return	程序语句	函数返回
switch	程序语句	构成 switch 选择结构
while	程序语句	构成 while 和 do…while 循环结构
auto	存储类型声明	声明局部变量,默认值为此
const	存储类型声明	在程序执行过程中不可修改的变量值
register	存储类型声明	声明 CPU 寄存器的变量
static	存储类型声明	声明静态变量或内部函数
extern	存储类型声明	声明外部全局变量或外部函数

附录 C 运算符的优先级和结合性

优先级	运算符	运算符功能	运算类型	结合方向
最高 15	( ) [ ] -> .	圆括号、函数参数表 数组元素下标 指向结构体成员 结构体成员		自左至右
14	! ~ ++、-- - (类型名) * & sizeof	逻辑非 按位取反 自增1、自减1 求负 强制类型转换 指针运算符 取地址运算符 求所占字节数	单目运算	自右至左
13	*、/、%	乘、除、整数求余	双目算术运算	自左至右
12	+、-	加、减	双目算术运算	自左至右
11	<<、>>	左移、右移	移位运算	自左至右
10	<、<=、>、>=	小于、小于等于、 大于、大于等于	关系运算	自左至右
9	==、!=	等于、不等于	关系运算	自左至右
8	&	按位与	位运算	自左至右
7	^	按位异或	位运算	自左至右
6	|	按位或	位运算	自左至右
5	&&	逻辑与	逻辑运算	自左至右
4	||	逻辑或	逻辑运算	自左至右
3	?:	条件运算	三目运算	自右至左
2	=、+=、-=、*=、/=、%=、 &=、^=、|=、<<=、>>=	赋值运算	双目运算	自右至左
最低 1	,	逗号（顺序求值）	顺序运算	自左至右

注：1. 运算符的结合性只对相同优先级的运算符有效，也就是说，只有表达式中相同优先级的运算符连用时，才按照运算符的结合性所规定的顺序运算。而不同优先级的运算符连用时，先进行优先级高的运算。

2. 对于表中所罗列的优先级关系可按照如下口诀记忆：圆下箭头一小点，非反（凡）增减负（富）强星地长，先乘除、后加减、再移位，小等大等、等等又不等，按位与、异或或，逻辑与、逻辑或，讲条件、后赋值、最后是逗号。

附录 D C 库函数

1. 数学函数

使用数学函数时，应包含对应的头文件"math.h"或"stdlib.h"。

函数名	函数原型	功能	返回值	头文件
abs	int abs(int x);	求整数 x 的绝对值	计算结果	math.h
acos	double acos(double x);	计算 arccos x 的值（$-1 \leq x \leq 1$）	计算结果	math.h
asin	double asin(double x);	计算 arcsin x 的值（$-1 \leq x \leq 1$）	计算结果	math.h
atan	double atan(double x);	计算 arctan x 的值	计算结果	math.h
atan2	double atan2(doube x,double y);	计算 arctan(x/y) 的值	计算结果	math.h
ceil	double ceil(double x);	求大于或者等于 x 的最小整数	计算结果	math.h
cos	double cos(double x);	计算 cosx 的值（x 单位为弧度）	计算结果	math.h
cosh	double cosh(double x);	计算 x 的双曲余弦值	计算结果	math.h
exp	double exp(double x);	求 e^x 的值	计算结果	math.h
fabs	double fabs(double x);	求 x 的绝对值	计算结果	math.h
floor	double floor(double x);	求不大于 x 的最大整数	该整数的双精度实数	math.h
fmod	double fmod(double x,double y);	求整除 x/y 的余数	该余数的双精度数	math.h
frexp	double frexp(double value, int *eptr);	将参数 value 分成两部分：0.5 与 1 之间的尾数 x 和以 2 为底的指数 n，即 value=x*2^n，n 存放在 eptr 指向的变量中	尾数 x	math.h
hypot	dobule hypot(double x,double y);	计算直角三角形的斜边长	计算结果	math.h
labs	long labs(long x);	求长整型数 x 的绝对值	计算结果	math.h
ldexp	double ldexp(double value, int exp);	计算 value*2^{exp} 的值	计算结果	math.h
log	double log(double x);	求 lnx	计算结果	math.h
log10	double log10(double x);	求 lg x 的值	计算结果	math.h
modf	double modf(double value, double *iptr);	将参数 value 分割成整数和小数，整数部分存到 iptr 指向的单元	小数部分	math.h
pow	double pow(double x,double y);	计算 x^y 的值	计算结果	math.h
rand	int rand(void);	产生 0～32767 之间的随机整数	随机整数	stdlib.h
sin	double sin(double x);	计算 sinx（x 单位为弧度）	计算结果	math.h
sinh	double sinh(double x);	计算 x 的双曲正弦值	计算结果	math.h
sqrt	double sqrt(double x);	计算 x 的二次方根（$x \geq 0$）	计算结果	math.h
tan	double tan(double x);	计算 tanx 的值（x 单位为弧度）	计算结果	math.h
tanh	double tanh(double x);	计算 x 的双曲正切值	计算结果	math.h

2. 字符函数和字符串函数

在使用字符函数时要包含头文件"ctype.h",在使用字符串函数时要包含头文件"string.h"。

函数名	函数原型	功　能	返　回　值	头文件
isalnum	int isalnum(int ch);	检查字符 ch 是否为字母或数字	是,返回非 0 值,否则返回 0	ctype.h
isalpha	int isalpha(int ch);	检查字符 ch 是否为字母（A～Z 或 a～z）	是,返回非 0 值,否则返回 0	ctype.h
iscntrl	int iscntrl(int ch);	检查字符 ch 是否为控制字符（ASCII 码在 0～0x1F 之间或等于 0x7F(DEL)）	是,返回非 0 值,否则返回 0	ctype.h
isdigit	int isdigit(int ch);	检查字符 ch 是否为数字（0～9）	是,返回非 0 值,否则返回 0	ctype.h
isgraph	int isgraph(int ch);	检查字符 ch 是否为可打印字符（不含空格,ASCII 码在 0x21～0x7E 之间）	是,返回非 0 值,否则返回 0	ctype.h
islower	int islower(int ch);	检查字符 ch 是否为小写字母（a～z）	是,返回非 0 值,否则返回 0	ctype.h
isprint	int isprint(int ch);	检查字符 ch 是否为可打印字符（含空格,ASCII 码在 0x20～0x7E 之间）	是,返回非 0 值,否则返回 0	ctype.h
ispunct	int ispunct(int ch);	检查字符 ch 是否为标点字符（不含空格）,即除字母、数字和空格以外的所有可打印字符	是,返回非 0 值,否则返回 0	ctype.h
isspace	int isspace(int ch);	检查字符 ch 是否为空格、制表符或换行符	是,返回非 0 值,否则返回 0	ctype.h
isupper	int isupper(int ch);	检查字符 ch 是否为大写字母（A～Z）	是,返回非 0 值,否则返回 0	ctype.h
isxdigit	int isxdigit(int ch);	检查字符 ch 是否为一个十六进制字符（0～9、A～F、a～f）	是,返回非 0 值,否则返回 0	ctype.h
memccpy	void *memccpy(void *dest, void *src,unsigned char ch,unsigned count);	从源 src 所指内存区域复制不多于 count 个字节到 dest 所指内存区域,若遇到字符 ch 则停止复制	成功复制 ch,返回指向 dest 中紧跟着 ch 以后的字符的指针；否则返回 NULL	string.h
memchr	void *memchr(void *s, char ch, unsigned n);	在 s 所指内存区域的前 n 个字节中查找字符 ch	找到,返回指向在 s 中最先遇到字符 ch 的指针；否则返回 NULL	string.h
memcpy	void *memcpy(void *dest, const void *src, unsigned count);	从源 src 所指的内存地址的起始位置开始复制 count 个字节到目标 dest 所指的内存地址的起始位置中	返回指向 dest 的指针	string.h
memcmp	int memcmp(void *s1, void *s2, unsigned count);	比较两个串 s1 和 s2 的前 count 个字节,考虑字母的大小写	s1<s2,返回负数 s1=s2,返回 0 s1>s2,返回正数	string.h
memicmp	int memicmp(void *s1, void *s2, unsigned count);	比较两个串 s1 和 s2 的前 count 个字节,但不考虑字母的大小写	s1<s2,返回负数 s1=s2,返回 0 s1>s2,返回正数	string.h

（续）

函数名	函数原型	功能	返回值	头文件
memmove	void *memmove(void* dest, const void* src, unsigned count);	由 src 所指的内存区域复制 count 个字节到 dest 所指的内存区域	返回指向 dest 的指针	string.h
memset	void *memset(void *s, char ch, unsigned count);	将 s 中的前 count 个字节设置为字符 ch	返回指向 s 的指针	string.h
strcat	char *strcat(char *str1, char *str2);	将字符串 str2 接到 str1 后面，str1 最后的 '\0' 被取消	返回指向 str1 的指针	string.h
strchr	char *strchr(const char *str, char ch);	查找字符串 str 中首次出现字符 ch 的位置	找到，返回指向该位置的指针；否则返回 NULL	string.h
strrchr	char *strrchr(const char *str, char ch);	查找字符串 str 中末次出现字符 ch 的位置	找到，返回指向该位置的指针；否则返回 NULL	string.h
strcmp	int strcmp(char* str1,char *str2);	比较两个字符串 str1、str2 的大小	str1<str2，返回负数 str1=str2，返回 0 str1>str2，返回正数	string.h
stricmp	int stricmp(char* str1,char *str2);	比较字符串 str1 和 str2，忽略大小写	str1<str2，返回负数 str1=str2，返回 0 str1>str2，返回正数	string.h
strncmp	int strncmp(char *str1, char *str2, int size);	比较字符串 str1 和 str2 的前 size 个字符	字符串前 size 个字符： str1<str2，返回负数 str1=str2，返回 0 str1>str2，返回正数	string.h
strnicmp	int strnicmp(char *str1, char *str2, int size);	比较字符串 str1 和 str2 的前 size 个字符，忽略大小写	字符串前 size 个字符： str1<str2，返回负数 str1=str2，返回 0 str1>str2，返回正数	string.h
strcpy	char*strcpy(char *dest, char *src);	将 src 指向的字符串复制到串 dest 中	返回指向 dest 的指针	string.h
strncpy	char*strncpy(char*dest,char*src, int size);	将串 src 中的前 size 个字符复制到串 dest 中	返回指向 dest 的指针	string.h
strlen	unsigned strlen(char *str);	统计字符串 str 中的字符个数（不包括 '\0'）	返回字符串中的字符个数	string.h
swab	void swab (char *src, char *dest, int n);	交换串 src 的相邻两个字符，共交换 n/2 次，将交换结果复制到 dest 中	无	string.h
strstr	char *strstr(char * str1, char *str2);	找出字符串 str2 在 str1 中第一次出现的位置（不包括 str2 中的 '\0'）	找到，返回指向该位置的指针，否则返回 NULL	string.h
tolower	int tolower(int ch);	将字符 ch 转换为小写字母	返回 ch 相应的小写字母	ctype.h
toupper	int toupper(int ch);	将字符 ch 转换为大写字母	返回 ch 相应的大写字母	ctype.h

3. 输入和输出函数

大部分输入、输出函数在头文件"stdio.h"中,个别输入、输出函数在"io.h"或"conio.h"中。

函数名	函数原型	功　能	返　回　值	头　文　件
cgets	char *cgets(char *str);	从控制台(键盘)读入一字符串,并将该字符串的长度存入由 str 所指向的地址中	成功,返回指向 str[2] 的指针,否则返回 NULL	conio.h
clearerr	void clearerr(FILE *fp);	使 fp 所指向文件中的错误标志和文件结束标志置 0	无	stdio.h
close	int close(int fd);	关闭文件	成功,返回 0,否则返回 -1	io.h
creat	int creat(char * filename, int mode);	以 mode 所指定的方式建立文件	成功,返回正数,否则返回 -1	io.h
eof	int eof(int fd);	检查文件是否结束	若遇文件结束,返回 1,否则返回 0	io.h
fclose	int fclose(FILE *fp);	关闭 fp 所指的文件,释放文件缓冲区	成功,返回 0;否则返回非 0 值	stdio.h
fcloseall	int fcloseall(void);	关闭除标准流(stdin、stdout、stderr、stdprn、stdaux)之外的所有打开的流(文件)	成功,返回关闭的流文件数目,否则返回 EOF	stdio.h
feof	int feof(FILE *fp);	检查文件是否结束(文件位置指示器是否到达文件的结尾)	若遇文件结束符,返回非 0 值,否则返回 0	stdio.h
ferror	int ferror(FILE *stream);	检测指定流(文件)的错误	未出现错误,返回 0,否则返回非 0 值	stdio.h
fflush	int fflush(FILE *stream);	清除一个流	成功,返回 0,否则返回非 0 值	stdio.h
flushall	int flushall(void);	清除所有缓冲区	成功,返回 0,否则返回非 0 值	stdio.h
filelength	long filelength(int handle);	获取文件的长度字节数	成功,返回文件的长度字节数,否则返回 -1L	io.h
fgetc	int fgetc(FILE *fp);	从 fp 所指定的文件中读取一个字符	返回所读取的字符,若遇文件结束或读入出错,返回 EOF	stdio.h
fgetchar	int fgetchar(void);	从流中读取字符,相当于 fgetc(stdin)	返回所读取的字符,若读入出错,返回 EOF	stdio.h
fgets	char *fgets(char *buf,int n,FILE *fp);	从 fp 所指向的文件中读取一个长度为 n-1 的字符串,存入起始地址为 buf 的空间	成功,返回地址 buf;若遇文件结束或出错,返回 NULL	stdio.h
fopen	FILE *fopen(char *filename, char *mode);	以 mode 指定的方式打开名为 filename 的文件	成功,返回指向新打开文件的指针,否则返回 NULL	stdio.h
freopen	FILE *freopen(const char *filename, const char *mode, FILE *stream);	以 mode 指定的方式,将流重新指定到另一个文件中	成功,返回指向流的指针,否则返回 NULL	stdio.h

（续）

函数名	函数原型	功能	返回值	头文件
fprintf	int fprintf(FILE *fp,char *format,args,…);	将 args 的值以 format 指定的格式输出到 fp 所指向的文件中	实际输出的字符数	stdio.h
fputc	int fputc(int ch,FILE *fp);	将字符 ch 写入（输出）到 fp 所指向的文件中	成功，返回字符 ch，否则返回 EOF	stdio.h
fputchar	int fputchar(int ch);	将字符 ch 写到标准输出流中，相当于 fputc(ch, stdout)	成功，返回字符 ch，否则返回 EOF	stdio.h
fputs	int fputs(char *str,FILE *fp);	将 str 指向的字符串写入（输出）到 fp 所指向的文件中	成功，返回 0，失败返回非 0 值	stdio.h
fread	int fread(char *pt,unsigned size,unsigned n,FILE *fp);	从 fp 所指向的文件中读取 n 个长度为 size 字节的数据项，并存入 pt 所指向的内存区	返回从文件中实际读取到的数据项的个数	stdio.h
fscanf	int fscanf(FILE *fp,char *format,args,…);	从 fp 所指定的文件中按 format 指定的格式读取数据并送到 args 所指向的内存单元	成功，返回已读取（输入）的数据个数，否则返回 EOF	stdio.h
fseek	int fseek(FILE *fp,long offset,int base);	将 fp 所指向的文件的位置指示器移到以 base 所指出的位置为基准、以 offset 为位移量的位置	成功，返回 0，否则返回非 0 值	stdio.h
fsetpos	int fsetpos(FILE *stream, const fpos_t *pos);	将文件位置指示器定位在 pos 指定的位置上	成功，返回 0，否则返回非 0 值	stdio.h
fstat	int fstat(int fd, struct stat *buf);	获取由文件句柄 fd 所打开文件的统计信息	成功，返回 0，否则返回 -1	sys\stat.h
ftell	long ftell(FILE *fp);	获取 fp 所指向的文件中的位置指示器的当前位置	成功，返回位置指示器相对文件头的位移量，否则返回 -1L	stdio.h
fwrite	int fwrite(char *ptr, unsigned size,unsigned n, FILE *fp);	将 ptr 所指向的 n 个长度为 size 个字节的数据项写入（输出）到 fp 所指向的文件中	返回实际写入文件中的数据项的个数	stdio.h
getc	int getc(FILE *fp);	从 fp 所指向的文件中读入一个字符	返回所读的字符，若遇文件结束或出错，返回 EOF	stdio.h
getch	int getch(void);	从控制台（键盘）读取一个字符，但不把字符回显在屏幕上	返回输入字符对应的 ASCII 码	conio.h
getche	int getche(void);	从控制台（键盘）读取一个字符，同时把字符回显在屏幕上	返回输入字符对应的 ASCII 码	conio.h
getchar	int getchar(void);	从标准输入设备读取下一个字符	返回所读的字符，若遇文件结束或出错，返回 EOF	stdio.h

（续）

函数名	函数原型	功能	返回值	头文件
gets	char *gets(char *str);	从标准输入设备读取字符串并放入 str 所指向的字符数组中，以回车结束读取	成功，返回 str 指针，否则返回 NULL	stdio.h
getw	int getw(FILE *fp);	从 fp 所指向的文件中读取下一个字（整数）	返回输入的整数，若遇文件结束或出错，返回 EOF	stdio.h
open	int open(char *filename, int mode);	以 mode 所指定方式打开已存在的名为 filename 的文件	成功，返回正数（文件描述符），失败返回 -1	io.h
printf	int printf(char * format, args，…);	按 format 指定的格式，将输出列表 args 的值输出到标准输出设备	返回实际输出字符的个数，若出错返回负数	stdio.h
putc	int putc(int ch,FILE *fp);	将一个字符 ch 输出到 fp 所指向的文件中	成功，返回输出的字符 ch，出错返回 EOF	stdio.h
putchar	int putchar(int ch);	将字符 ch 输出到标准输出设备	成功，返回输出的字符 ch，出错返回 EOF	stdio.h
puts	int puts(char *str);	将 str 指向的字符串输出到标准输出设备，将 '\0' 转换为换行符	成功，返回换行符，失败返回 EOF	stdio.h
putw	int putw(int w,FILE *fp);	将一个整数 w（即一个字）写入 fp 所指向的文件中	返回输出的整数，出错返回 EOF	stdio.h
read	int read(int fd,void *buf, unsigned count);	从 fd 所指向的文件中读取 count 个字节到由 buf 所指的缓冲区中	返回实际读取的字节个数，如遇文件结束返回 0，出错返回 -1	io.h
rename	int rename(char * oldname, char * newname);	将由 oldname 所指的文件名，改为由 newname 所指的文件名	成功，返回 0，出错返回 -1	stdio.h
rewind	void rewind(FILE *fp);	使 fp 所指向的文件中的位置指示器置于文件开头，并清除文件结束标志和错误标志	无	stdio.h
scanf	int scanf(char * format, args，…);	从标准输入设备按 format 指定的格式，输入数据给 args 指向的单元	返回读取并赋值给 args 的数据个数，遇文件结束返回 EOF，出错返回 0	stdio.h
ungetc	int ungetc(int ch, FILE *stream);	将一个字符退回到输入流中	成功，返回字符 ch，否则返回 EOF	stdio.h
ungetch	int ungetch(int ch);	将一个字符退回到键盘缓冲区中，相当于 ungetc(ch,stdin)	成功，返回字符 ch，否则返回 EOF	conio.h
write	int write(int handle, void *buf, unsigned count);	从 buf 所指向的缓冲区输出 count 个字节到 handle 所指的文件中	返回实际输出的字节数，若出错返回 -1	io.h

4. 动态存储分配函数

在标准 C 中，使用动态存储分配函数时，应包含头文件"stdlib.h"，但也有的 C 语言编译系统要求用"malloc.h"。

函数名	函数原型	功 能	返 回 值
malloc	void * malloc(unsigned size);	申请分配 size 字节的存储空间	所分配内存区的起始地址；若申请失败，返回 NULL
calloc	void * calloc(unsigned n, unsigned size);	申请分配 n 个 size 字节的存储空间	所分配内存区的起始地址；若申请失败，返回 NULL
relloc	void * relloc(void *p, unsigned newsize);	将 p 所指向的已分配的内存空间大小变为 newsize	返回指向该内存区的指针
free	void free(void *p);	释放 p 所指向的内存空间	无

附录 E Dev-C++ 的使用步骤和方法

1）在计算机硬盘上新建一个文件夹（例如 D:\C_STUDY），用于保存相关的文件。

2）启动 Dev-C++。单击"开始"→"程序"→"Bloodshed Dev-C++ \ Dev-C++"命令，或者双击桌面上的"Dev-C++"快捷方式，打开 Dev-C++ 开发环境界面，如图 E-1 所示。

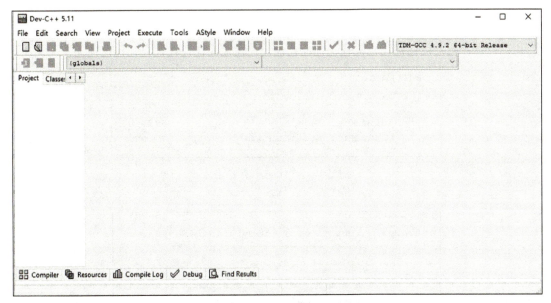

图 E-1 DEV-C++ 开发环境界面

3）新建项目。单击 Dev-C++ 菜单中的"File"→"New"→"Project..."命令，弹出如图 E-2 所示的对话框。在该对话框中选择"Console Application"图标以及"C Project"项，在"Name:"文本框中输入项目名称（如 test）。最后单击"OK"按钮，弹出如图 E-3 所示的对话框，在该对话框中选择所建工程的保存路径，将所建工程保存至在第 1）步中所建的文件夹中。单击"保存"按钮后，会弹出如图 E-4 所示的项目编辑界面。

图 E-2　选择项目类型、程序类型并输入项目名称

图 E-3　为项目选择保存路径

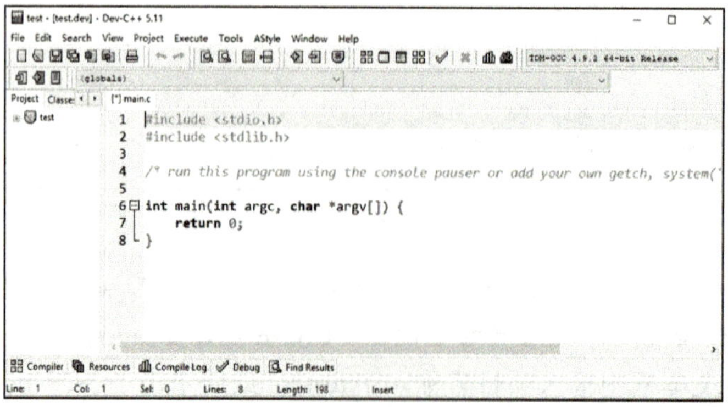

图 E-4　项目编辑界面

4）在所建项目中移除系统自带的 main.c 文件。首先单击项目名称"test"前面的"+"，展开项目，然后右击 main.c 文件，在弹出的快捷菜单中选择"Remove File"命令，在弹出的"Confirm"对话框中单击"No"按钮（不保存 main.c 文件），如图 E-5 所示。

 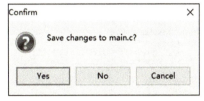

图 E-5　将 main.c 文件从工程中移除

5）在所建项目中新建文件。首先右击项目名称"test"，在弹出的快捷菜单中，选择"New File"命令，如图 E-6 所示。然后单击工具栏中的保存按钮 ，弹出如图 E-7 所示的对话框，在该对话框中对所建的文件重命名（如 ex1.c）。最后单击"保存"按钮，弹出如图 E-8 所示的界面，光标在程序代码编辑区闪烁，表示可以编写程序代码。

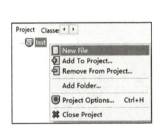 

图 E-6　新建文件　　　　　　　　　图 E-7　重命名所建文件并保存文件

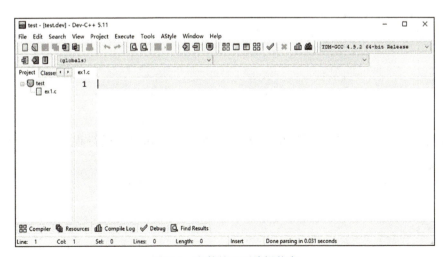

图 E-8　文件处于可编辑状态

6）在程序代码编辑区中编辑程序代码，如图 E-9 所示。

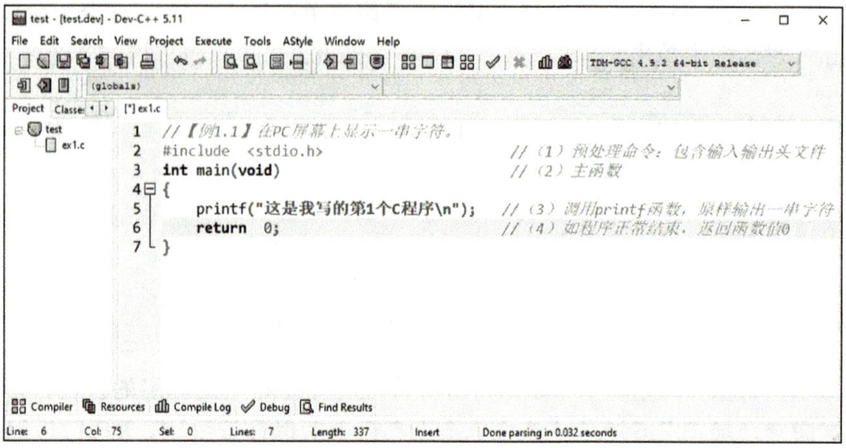

图 E-9　在程序代码编辑区编写程序代码

7）编译工程。单击工具栏中的"编译"按钮（Compile），对工程进行编译。在工程编译过程中，生成二进制目标代码文件（例如：D:\C_STUDY\ex1.o），并与库文件对应的目标代码文件连接，最后生成可执行 .exe 文件（例如：D:\C_STUDY\test.exe），工程编译结果将在"Compile Log"窗口中显示，如图 E-10 所示。当编译结果存在警告或错误时，可根据"Compile Log"窗口中的相关提示，对程序进行修改和完善。需要注意的是，对程序进行修改后，必须重新对工程进行编译。

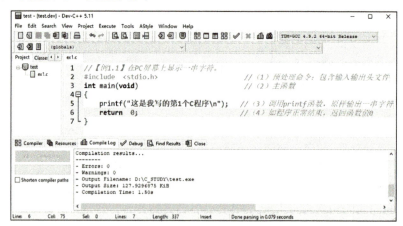

图 E-10　工程编译结果

8）运行程序。单击工具栏中的"运行"按钮（Run），运行程序，查看程序运行结果。

参考文献

[1] 谭浩强. C 程序设计 [M]. 5 版. 北京：清华大学出版社，2017.

[2] 索明何，邢海霞，王宜怀，等. 基于构件化的嵌入式系统设计：STM32 微控制器 [M]. 北京：机械工业出版社，2023.

[3] 王宜怀，李跃华，徐文彬，等. 嵌入式技术基础与实践 [M]. 6 版. 北京：清华大学出版社，2021.

[4] 王宜怀，刘洋，黄河，等. 实时操作系统应用技术：基于 RT-Thread 和 ARM 的编程实践 [M]. 北京：机械工业出版社，2024.

[5] 徐金梧，杨德斌，徐科. TURBO C 实用大全 [M]. 北京：机械工业出版社，2000.

[6] 陆玲，周航慈. 嵌入式系统软件设计中的数据结构 [M]. 北京：北京航空航天大学出版社，2008.

[7] 教育部教育考试院. 全国计算机等级考试二级教程：C 语言程序设计 [M]. 北京：高等教育出版社，2023.

[8] 同济大学数学系. 高等数学：上册 [M]. 7 版. 北京：高等教育出版社，2014.